“十三五”普通高等教育本科规划教材

先进制造技术工程实训

主编　崔伟清　邢迪雄
参编　曹　锋　刘　欢　李　伟
主审　张文建

中国电力出版社
CHINA ELECTRIC POWER PRESS

内 容 提 要

本书为“十三五”普通高等教育本科规划教材。本书共7章，设有基本数控加工技术训练项目以及综合多项技术的设计性、综合性训练项目，可以满足不同院校、不同专业学生工程训练的要求。主要内容包括数控车床加工技术、数控铣床加工技术、CAD/CAM与现代制造技术、特种加工技术、精密测量技术、快速成型技术、机电一体化技术。

本书可作为普通高等院校工程实训的教材，也可作为先进制造技术生产现场的参考和指导用书。

图书在版编目（CIP）数据

先进制造技术工程实训/崔伟清，邢迪雄主编．—北京：中国电力出版社，2017.3

“十三五”普通高等教育本科规划教材

ISBN 978-7-5198-0532-6

Ⅰ.①先… Ⅱ.①崔… ②邢… Ⅲ.①机械制造工艺—高等学校—教材 Ⅳ.①TH16

中国版本图书馆CIP数据核字（2017）第058314号

出版发行：中国电力出版社
地　　址：北京市东城区北京站西街19号（邮政编码100005）
网　　址：http：//www.cepp.sgcc.com.cn
责任编辑：周巧玲（010－63412539）
责任校对：马　宁
装帧设计：郝晓燕　赵姗姗
责任印制：吴　迪

印　　刷：北京雁林吉兆印刷有限公司
版　　次：2017年3月第一版
印　　次：2017年3月北京第一次印刷
开　　本：787毫米×1092毫米　16开本
印　　张：12
字　　数：291千字
定　　价：28.00元

前　言

制造业在国民经济中占有重要地位，它的发展水平和先进程度是衡量国家综合国力和现代化程度的重要因素。先进制造技术是指在制造过程和制造系统中融合电子、信息和管理技术以及新工艺、新材料等现代科学技术，使材料转换为产品的过程更有效、成本更低、更及时满足市场需求的先进工程技术的总称。随着科学技术的快速发展，先进制造技术已经成为制造企业在激烈的市场竞争中不断发展壮大的关键因素，对推动国民经济的发展起着重要的作用。

先进制造技术实训是高等学校工程训练中心的重点实训课程，参与课程的学生通过以项目驱动的实训环节，可以巩固课堂理论教学所获得的知识，加深对先进制造技术的认识和理解，提高工程实践能力和创新能力。随着先进制造技术的快速发展，为了适应新形势下高校人才培养的要求，工程训练教学的内容和手段也需要不断更新，实现“厚基础、重实践、强能力”的人才培养目标。华北电力大学工程训练中心结合目前先进制造技术的应用和发展，以及国家级示范中心的建设经验，不断推行教学改革，取得了一定的成果。

本书由华北电力大学工程训练中心组织编写，参编人员具有丰富的现场实践和教学经验。在本书的编写过程中，编者力求突出以下特点：

（1）教材内容与工程实际相结合，具有较强的应用价值。紧密结合工业技术的发展，对近些年先进制造技术领域的各种主要技术进行讲解；以硬件设备为支撑，加工实例力求翔实准确，既可用于本科教学，又可用于先进制造技术生产现场的参考和指导。

（2）与教学实际相结合，满足多层次的实践教学需求。从全书结构划分到内容整合都严格与教学实际相结合；坚持以实训项目为导向，满足多层次的教学需要；在训练项目内容上，既有基本数控加工技术训练项目，也有综合多项技术的设计性、综合性训练项目，可以满足不同院校、不同专业学生工程训练的要求。

（3）内容涵盖面广，集成度高。工程训练的内容和训练手段能够反映目前在工程实际中广泛应用的新技术、新工艺、新装备；本书根据实际教学内容编入了十一项实践项目，既包括传统的实践项目（如数控车床、电加工等），也涵盖了新兴的实践项目（如三维扫描、快速成型等）。

本书由崔伟清、邢迪雄任主编。其中，邢迪雄编写第 1 章，邢迪雄和李伟共同编写第 2 章，李伟编写第 3 章，曹锋和刘欢共同编写第 4 章，崔伟清和刘欢共同编写第 5 章，曹锋编写第 6、7 章。全书由华北电力大学张文建教授主审。

由于先进制造技术所涉及的内容广泛，学科跨度大，而编者水平和视野有限，不足之处在所难免，敬请广大读者批评指正。

编　者

2017 年 1 月

目　录

第 1 章　数控车床加工技术

数控加工技术是 20 世纪 40 年代后期为适应加工复杂外形零件而发展起来的一种自动加工技术，它采用数字信息对零件加工过程进行定义，并控制机床进行自动加工。数控加工技术是现代制造自动化技术最核心的技术之一，随着工业技术（主要是电工电子和计算机技术）的发展，数控技术不断改进和完善，已成为一种广泛应用于当代各个制造领域的先进制造技术。

数控车床是目前使用最广泛的数控机床之一，主要用于加工轴类、盘类、轴套类等回转体零件。通过数控加工程序的运行，可自动完成内外圆柱面、圆锥面、成形表面、螺纹和端面等工序的切削加工，并能进行车槽、钻孔、扩孔、铰孔等工作。车削中心可在一次装夹中完成更多的加工工序，提高加工精度和生产效率，特别适合于复杂形状回转类零件的加工。

1.1　数控车削加工概述

1.1.1　机床数控技术的组成

数控机床的加工原理如图 1-1 所示。

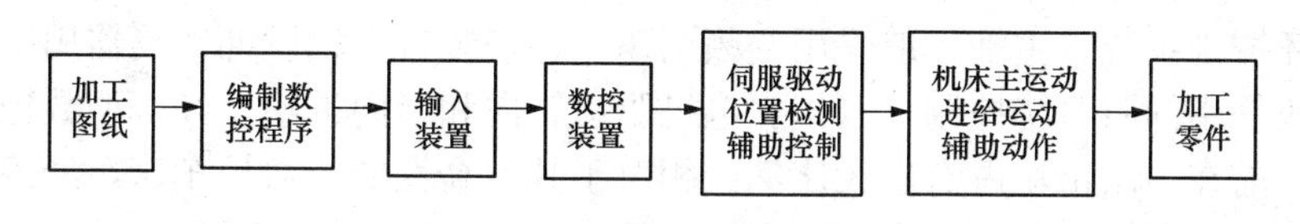

图 1-1　数控机床的加工原理

机床数控技术主要由机床本体、数控系统和数控加工技术三大部分组成。

数控车床的机床本体与普通车床类似，但性能有很大提高。一般采用高性能的主轴、进给伺服传动系统和滚珠丝杠等高效无间隙传动部件。

数控机床的数控系统是一种程序控制系统，它严格按照外部输入的数控加工程序控制机床运动。数控系统主要由输入/输出装置、数控装置、进给驱动装置、主轴驱动装置、电气控制装置等部分组成。

数控加工技术主要涉及数控加工工艺、数控加工工艺装备和数控加工程序编制等技术。在数控车床上加工零件时，要事先根据零件加工图样的要求确定零件加工的工艺过程、工艺参数、刀具路径和刀具参数，再按规定编写零件数控加工程序。

数控加工的工艺过程如下：

（1）确定工艺方案。

1）审图，确定毛坯的结构和尺寸。

2）根据零件加工图样进行工艺分析，确定加工工艺方案，包括选择加工方法、加工顺序、刀具、夹具、量具、切削用量及确定刀具路径等。

3）根据加工工艺方案形成工艺文件。

（2）编制加工程序。按照确定好的工艺方案，用规定的程序代码和格式人工编写加工程序单，或用自动编程软件在计算机上生成零件的加工程序文件。

（3）程序录入。通过数控机床面板输入编写的程序，也可以将程序通过传输通信技术直接传输到机床。

（4）通过对机床的正确操作，按照工艺方案完成工件装夹、刀具安装、试切对刀，然后运行程序，完成零件的加工。

1.1.2 数控车床特点及分类

1. 数控车床的特点

数控车床和普通卧式车床相比有以下几方面的特点：

（1）具有加工复杂形状零件的能力，加工运动任意可控。

（2）加工精度高，质量稳定，同批次零件的尺寸一致性好。

（3）生产效率高，劳动强度低。

（4）具有良好的加工柔性，适应不同类型零件的加工。

（5）有利于生产管理的现代化。

2. 数控车床的分类

数控车床按技术水平和机械结构的不同，可以分为经济型数控车床、全功能型数控车床及数控车削中心。

（1）经济型数控车床。如图 1-2 所示，经济型数控车床的机床母体结构和普通车床无太大区别，大多采用普通车床的平床身前置刀架结构，床身整体采用半封闭结构；一般采用开环或者半闭环控制系统，主轴一般采用变频调速，并安装有主轴脉冲编码器用于主轴转速反馈。进给一般采用伺服系统控制，以伺服电机驱动轴向和径向进给。经济型数控车床的造价相对较低，目前在国内市场占有较大比例。相对于其他高性能的数控车床，经济型数控机床在加工精度、机床刚性、加工效率上还有一定差距。

（2）全功能型数控车床。如图 1-3 所示，机床主体一般采用斜床身后置刀塔结构，床身具有良好的刚性，常见的全功能车床刀塔一般在 8～12 工位；床身整体采用全封闭结构；主轴采用伺服主轴或者伺服电主轴，以提高主轴低速扭矩和响应速度。目前，世界上主流厂家生产的数控车床数控系统一般都配置 Win2000 以上的操作系统，能够通过局域网、数据线与远程计算机实现数据互通。数控系统除了能运行标准程序外，都具有简化的计算机辅助编程功能。

图 1-2 经济型数控机床

图 1-3 全功能型数控机床

(3) 数控车削中心。如图 1-4 所示，它是在全功能数控车床的基础上进一步提升机床性能。车削中心具备三大典型特点：

1) 采用动力刀架。在刀塔上可安装铣刀钻头等刀具，刀具具备动力回转功能。启动此功能后，机床的主运动为刀架上刀具的旋转运动，可以进行钻铣加工。因此，车削中心也称为车铣复合机床。

2) 车削中心具有 C 轴功能，当动力刀具功能启动后，主轴旋转运动即成为进给运动，以实现工件的轴向定位和进给。

3) 刀架容量大，部分机床还带有刀库和自动换刀装置。

图 1-4　数控车削中心

1.1.3　CKA6136V/750 数控车床

CKA6136V/750 数控车床是沈阳数控集团生产的一款经济型数控车床，其机床母体沿用了 CA6134 机床的主要结构，采用平床身、前置 4 工位水平刀塔，主轴使用变频调速，是一台典型的经济型数控车床。数控系统选用广数 GSK980TA 系统，是广州数控设备有限公司出品的一款普及型数控系统。机床主要配置见表 1-1。

表 1-1　CAK6136V 经济型数控车床技术参数

序号	名　称	参　数	备注
1	床身最大回转直径	ϕ360mm	
2	床身与水平面倾斜角	水平	
3	滑板上最大切削直径	ϕ180mm	
4	最大加工长度	650mm	
5	盘类件加工范围	ϕ360mm×200mm	
6	卡盘直径	ϕ200mm	
7	主轴孔径	ϕ53mm	
8	主轴转速	200～3000r/min	
9	主电机功率	变频 5.5kW	
10	尾座套筒锥孔锥度	MT4	
11	尾座套筒行程	140mm	
12	X 轴最大行程	220mm	
13	Z 轴最大行程	750mm	至主轴头
14	X/Z 轴电机扭矩	7/7N·m	
15	X/Z 轴最大快移速度	3.8/7.6　m/min	
16	工件精度	IT6～IT7	
17	工件表面粗糙度	Ra 1.6	
18	刀架工位数	4 工位	
19	刀具安装尺寸	20mm×20mm	

1.2 数控车床的程序编制

1.2.1 机床坐标系和工件坐标系

实现数控加工的基本要求是要将机床加工过程中的使零件成形的刀具和工件之间的相对运动用数学模型描述出来。为了使机床上运动部件的成形运动有确定的方向和位置，就需要建立一个符合机床运动的坐标系。利用机床自身的几个轴建立的坐标系就是机床坐标系，编程时使用的坐标系为工件坐标系。

（1）机床坐标系。对于车床，刀具和工件之间的相对运动只有轴向和径向的运动，我们建立一个线性的平面直角坐标系就可以描述它的运动形式，如图 1-5 所示。在车床的数学模型中，机床坐标系的原点理论上设定在机床主轴的端面回转中心。按照国际标准的规定，该坐标系的确定采用右手笛卡尔坐标系，主轴的轴向方向为 Z 轴，水平径向方向为 X 轴。在实际机床上，机床物理坐标系的零点是由机床进给的伺服系统来确定的，零点设定在刀塔行程中的最远端。

（2）工件坐标系。工件坐标系又称编程坐标系，如图 1-6 所示，该坐标系是人为设定的。建立工件坐标系是数控车床加工前必不可少的一步。在编制加工程序时，为了描述零件上的各个点位和刀具相对工件的运动，必须在零件图纸上确定一个和机床坐标系方向一致的直角坐标系。它的优点就是让参数或者程序看起来非常直观，操作起来也很方便，同时也简化了编程的工作。理论上工件坐标系可以设在工件的任意位置，在实际编程中为了编程方便，一般将车削类零件的工件坐标系原点设定在工件轴线的右端。

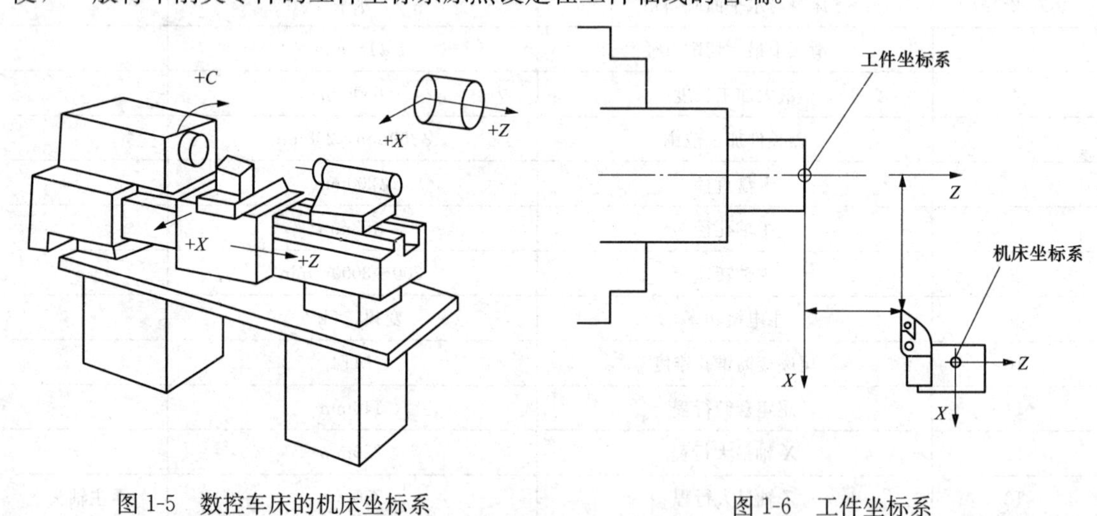

图 1-5 数控车床的机床坐标系　　图 1-6 工件坐标系

当零件装夹到机床上后，工件的位置固定下来，工件坐标系的位置就确定了。通过对刀确定机床坐标系和工件坐标系之间的数值差值，就可以确定机床坐标系和工件坐标系之间的关系。

1.2.2 程序结构介绍

1. 指令字

指令字是用于命令数控系统完成控制功能的基本指令单元，指令字由一个英文字母（称为指令地址）和其后的数值（称为指令值）构成。

2. 程序段

一个程序段由若干个指令字所构成，程序以程序段为单位执行。通常一个程序段执行完才能执行下一个程序段，同一个段落内的指令在程序运行中是同时执行的。程序段之间用字符“;”或“*”分开。例如：

```
N100 G01 X20 Z  30 F100；
```

3. 程序的结构

一个程序是由程序名和若干个程序段所构成，一个程序最多为 9999 程序段。

例如：

```
O0002；                 （程序号）
N10 T0101；
N20 M03 S500；
N30 M08；
G00 X50. Z2.；          （程序内容）
G01 Z-35. F100；
G00 X100. Z10.；
M05 M09；
M30；                   （程序结束）
```

1.2.3　常用加工指令（广数系统）

广数系统的指令分为准备功能（G 指令）、辅助功能（M 指令）、主轴指令（S 指令）、刀具功能（T 指令）和进给指令（F 指令）。

1. 准备功能（G 指令）

G 指令由指令地址 G 和其后的 1、2 位指令值组成，它用来规定刀具相对工件的运动方式、进行坐标设定等多种操作，常用 G 指令功能见表 1-2。其他指令请参照说明书。

表 1-2　常用 G 指令功能表

<table>
<tr><th>指令或地址</th><th>组别</th><th>功能含义</th><th>编　程</th></tr>
<tr><td>G00</td><td rowspan="7">01</td><td>快速移动</td><td>G00 X_ Z_；</td></tr>
<tr><td>G01</td><td>直线插补</td><td>G01 X_ Z_ F_；</td></tr>
<tr><td>G02</td><td>圆弧插补（逆时针）</td><td>G02 X_ Z_ R_ F_；</td></tr>
<tr><td>G03</td><td>圆弧插补（顺时针）</td><td>G03 X_ Z_ R_ F_；</td></tr>
<tr><td>G90</td><td>轴向切削循环</td><td>G90 X_ Z_ F_；</td></tr>
<tr><td>G92</td><td>螺纹切削循环</td><td>G92 X_ Z_ F_；（F 为螺距）</td></tr>
<tr><td>G94</td><td>径向切削循环</td><td>G94 X_ Z_ F_；</td></tr>
<tr><td>G70</td><td rowspan="2">00</td><td>精加工循环</td><td>G70 P（ns）Q（nf）；</td></tr>
<tr><td>G71</td><td>轴向粗车循环</td><td>G71 U_R_F_S_T_；
G71 P（ns）Q（nf）U_W_；
N（ns）…；
…F；
…S；
…T；
N（nf）……；</td></tr>
</table>

续表

指令或地址	组别	功能含义	编　程
G96	02	恒线速开	模态G指令
G97		恒线速关	初态G指令
G98	03	每分钟进给	初态G指令
G99		每转进给	模态G指令

G指令分为00、01、02、03、04组，在同一程序段中可以输入几个不同组的G指令，如果在同一个程序段中输入了两个以上的同组G指令，最后一个G指令字有效。没有共同参数（指令字）的不同组G指令可以在同一个程序段中，功能同时有效并且与先后顺序无关。G指令为模态代码，它保持有效指令直到改变。模态G指令可以在同一块中混合指定。

下面介绍几种经常用到的G指令（其他指令请参照广数系统说明书）：

（1）轴向切削循环（G90）。

编程格式：G90 X（U）__ Z（W）__ R __ F __；

切削起点：直线插补（切削进给）的起始位置。

切削终点：直线插补（切削进给）的结束位置。

其中，R表示切削终点和切削起点X轴绝对坐标的差值（半径值）。当R不赋值时，为切削圆柱面；当R赋值时，为切削圆锥面。

（2）螺纹切削循环（G92）。

编程格式：G92 X（U）__ Z（W）__ I __ F __；

螺纹切削循环指令把切入—螺纹切削—退刀—返回四个动作作为一个循环，用一个程序段来指令。

其中，X（U）、Z（W）为 螺纹切削的终点坐标值；I为螺纹部分半径之差，即螺纹切削起始点与切削终点的半径差；F为螺纹的螺距。

加工圆柱螺纹时，I=0。加工圆锥螺纹时，当X向切削起始点坐标小于切削终点坐标时，I为负；反之，为正。

（3）外圆粗车多重循环（G71）。本系统中多重循环指令有轴向粗车循环（G71）、径向粗车循环（G72）、封闭切削循环（G72）、精加工循环（G70）轴向切槽多重循环（G74）等多种多重循环，本书仅就轴向粗车多重循环（G71）为例讲解。

G71指令适用于外圆柱面需多次走刀才能完成的粗加工，如图1-7所示。

编程格式：

G71 U（Δd）R（e）F __ S __ T __；

G71 P（ns）Q（nf）U（Δu）W（Δw）；

N（ns）…；

… F S;

N（nf）…；

G71指令分为三个部分。第一句给定粗车时的进给量、退刀量和切削速度、主轴转速。第二句给定定义精车轨迹的程序段区间和精车余量。后半部（给出程序段号的区间）定义精车轨迹的若干连续的程序段。执行G71时，这些程序段仅用于计算粗车轨迹，实际并未执行。

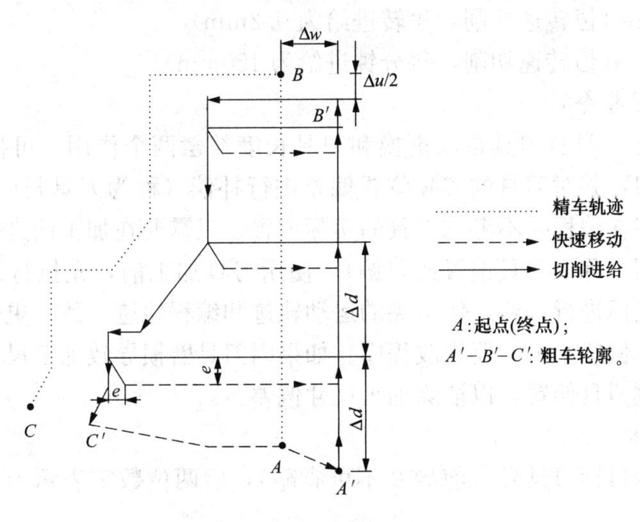

图 1-7　G71 指令运行轨迹

其中，Δd 为背吃刀量；e 为退刀量；ns 为精加工轮廓程序段中开始程序段的段号；nf 为精加工轮廓程序段中结束程序段的段号；Δu 为 *X* 轴向精加工余量；Δw 为 *Z* 轴向精加工余量。

注意：

1）ns→nf 程序段中的 F、S、T 功能，即使被指定也对粗车循环无效。

2）零件轮廓必须符合 *X* 轴、*Z* 轴方向同时单调增大或单调减小；*X* 轴、*Z* 轴方向非单调时，ns→nf 程序段中第一条指令必须在 *X*、*Z* 轴方向同时有运动。

3）ns 程序段只能是不含 Z（W）指令字的 G00 或 G01 指令；否则，机床 P/S 065 报警。

(4) 多重精加工循环 G70。由 G71 完成粗加工后，可以用 G70 进行精加工。精加工时，G71 程序段中的 F、S、T 指令无效，只有在 ns→nf 程序段中的 F、S、T 才有效。

编程格式 ：G70 P（ns）　Q（nf）

其中，ns 为精加工轮廓程序段中开始程序段的段号；nf 为精加工轮廓程序段中结束程序段的段号。

2. 切削进给功能（F 指令）

F 指令是指定切削进给速度的指令，由 F 与其后面的数字组成。在定义 F 指令之前，必须用 G 指令定义是每分钟进给还是每转进给，若程序无指定，系统默认为每分钟进给 G98。

G98：用以定义 F 指令以每分钟进给的方式执行（进给速度的单位为 mm/min）。

G99：用以定义 F 指令以每转进给的方式执行（进给速度的单位为 mm/r）。

G96：用以定义在加工时以恒定的线速度进行切削，使用 G96 时必须用 G50 指令设定最高转速。

G97：用于定义在加工时以恒定的转速进行切削。

例如：

N05 G50 S1200；（设定主轴最高转速为 1200r/mm）

N10 G99 G97 F0.2；（恒转速切削，每转进给为 0.2mm）

N20 G98 G97 F150；（恒转速切削，每分钟进给为 150mm）

3. 刀具功能（T 指令）

刀具功能 T 指令，具有刀具自动更换和刀具长度补偿两个作用，可控制四刀位刀架在加工过程中实现换刀，并对刀具的实际位置偏差进行补偿（称为刀具长度补偿）。使用刀具长度补偿功能，允许在编程时不考虑刀具的实际位置，只需要在加工前进行对刀操作获得每把刀的刀具偏置数据（称为刀具偏置或刀偏），使用刀具加工前，先执行刀具长度补偿。即按刀具偏置对系统坐标进行偏移，使刀尖的运动轨迹和编程轨迹一致。更换刀具后，只需要重新对刀、修改刀具偏置，不需要修改程序。如果因刀具磨损导致加工尺寸出现偏差，可直接根据尺寸偏差修改刀具偏置，以消除加工尺寸偏差。

指令格式　T ××××

前两位数字表示目标刀具号（前导 0 不可省略），后两位数字表示刀具偏置号（前导 0 不可省略）。

指令功能：自动更换到指定目标号刀具，并按指令的刀具偏置号所对应的刀具偏置执行刀具长度补偿。刀具偏置号可以与刀具号相同也可以不同。对应偏置号为 00 时，系统为无刀具补偿状态，执行该命令称为取消刀补。

例如：T0101 ——（选择 1 号刀并执行 1 号刀具偏置）

T0100 ——（选择 1 号刀并取消刀补）

4. 辅助功能（M 指令）

辅助功能指令是用来控制机床开关量的指令，这些指令表示在加工过程中必备的辅助动作。辅助功能格式为 M××，其功能与含义见表 1-3。

其中，用于 CNC 系统和机床停止的 M 指令有 M00、M01、M02 和 M30；用于内部处理的 M 指令有 M98 和 M99；用于机床控制的 M 指令有 M03、M04、M05、M08 和 M09。

表 1-3　　辅助功能一览表

M 指令	含　义	备　注
M00	程序暂停	
M01	程序选择暂停	
M02	循环执行指令	
M03	主轴正转	在 M03 和 M04 之间不能直接转化，中间必须插入 M05 指令
M04	主轴反转	
M05	主轴停	
M08	冷却液开	
M09	冷却液关	
M30	程序结束	
M41	低速挡	
M42	高速挡	
M98	子程序调用	

1.2.4　数控车削加工工艺的说明

数控车床是在传统机床的基础上增加了数控系统，所以数控车削的加工工艺与普通车床有共通之处，但也有以下特点：

（1）数控机床加工零件，工序一般采用工序集中原则，在一次装夹中尽可能完成全部加工内容。

（2）在确定定位和装夹方案时，需考虑批量加工时装夹零件的重复定位要求，保证定位的准确性。

（3）加工顺序安排应根据加工零件的结构、毛坯状况和定位夹紧需要综合考虑，重点保证定位夹紧、加工时工件的刚性和有利于保证加工精度。

（4）进给路线是刀具在整个加工工序中的运动轨迹，它不但包括工步的内容，也反映工步顺序。进给路线是编程重要依据，是在编程前必须明确的。

（5）在加工中换刀时，刀塔一定要退刀安全位置换刀，保证换刀时不与工件和机床上其他部件干涉。

（6）数控加工对刀具要求较高，目前一般采用数控机夹可转位刀具，常用刀具见图 1-8。在编程前，必须确定程序中所用刀具装夹在几号刀位，一把刀装夹在几号刀位便是编程中的几号刀。

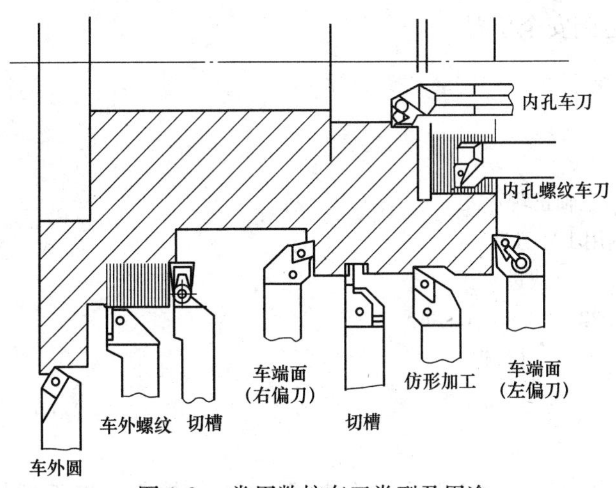

图 1-8　常用数控车刀类型及用途

（7）数控加工的切削用量要综合考虑各种因素进行选择，包括材质、材料的热处理、刀具材料和性能、工步特点、零件的结构和刚性、机床性能、装夹的形式和刚性等。切削用量的选择既要参考切削手册，又要综合现场多种因素，是学生实训中的难点。

以加工材料为 45 钢、刀具材料为 YT15 硬质合金为例，切削参数的选择见表 1-4。

表 1-4　切削参数的选择

切削参数 / 切削方式	切削速度（m/min）	切削深度（mm）	进给量（mm/r）
粗车	60～80	≤2	0.2～0.4
精车	100～140	0.2～0.5	0.1～0.15
车螺纹	50～70	按螺纹高度分刀	螺距
切槽、切断	25～35	刀宽	0.02～0.04

1.2.5 编程实例

【例 1-1】 如图 1-9 所示，直径 ϕ30mm 的毛坯，粗车外圆至 ϕ28mm，轴向切削长度 20mm。

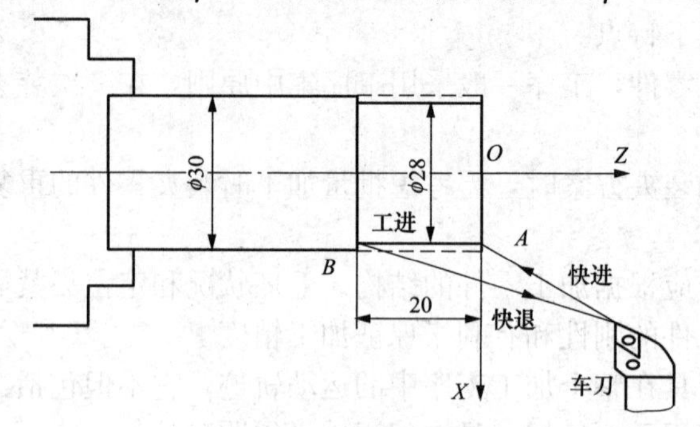

图 1-9 例 1-1 图

(1) 审图。

(2) 确定工艺方案：数控车床加工，三爪自定心卡盘装夹、定位工件。

(3) 工步：93°外圆车刀粗车外圆。

(4) 刀具路径：从换刀点快进到 *A* 点（X28 Z2)；以每转 0.22mm 的进给速度工进到 *B* 点（X28 Z-20)；快退到安全位置。

(5) 编程：

```
O0001;
G99;
M03  S400;        (主轴正转)
T0101;            (调用 1 号刀具)
G00 X28. Z2.;           (快进)
G01 X28. Z-20. F0.22;          (工进)
G00 X100. Z100.;          (快退)
M05;
M30;
```

【例 1-2】 如图 1-10 所示，零件毛坯为直径 ϕ32mm 棒料。加工到长度尺寸（64±0.1）mm 处。

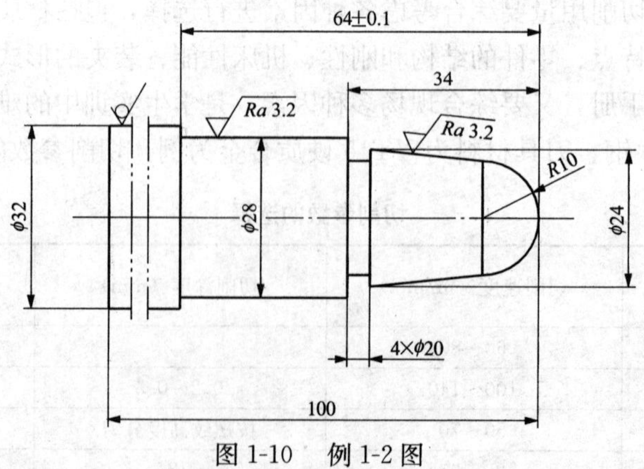

图 1-10 例 1-2 图

工步一：1 号刀 93°外圆车刀粗车去余量（轴向粗车循环 G71）。

工步二：1 号刀 93°外圆车刀精车轮廓（轴向精车循环 G71）。

工步三：2 号刀 4mm 切槽刀切槽。

程序：

```
O1234;
G99;
M03 S400;
T0101;
G00 X33. Z2.;                          (将刀具移到毛坯外缘)
G71 U1. R0.5 F0.22;                    (粗加工多重循环指令)
G71 P10 Q 70 U0.5 W0.1;
N10 G00 X0;                            (此句不能有 Z)
N20 G00 Z0;
N30 G03 X20. Z-10. R10. S800  F0.1;    (此句切削参数为精加工参数)
N40 G01 X24. Z-30.;
N50 G01 X24. Z-34.;
N60 G01 X28.;
N70 G01 X28. Z-64.;
G70 P10 Q70;                           (精加工多重循环指令)
G00 X150. Z100.;                       (退回换刀点)
T0202;
S300;
G00 X29. Z-34.;
G01 X21. F0.03;
G00 X30.;                              (切槽后必须先直径方向退刀)
G00 X150. Z100.;
M05;
M30;
```

1.3　数控车床的操作

下面以广数系统为例，介绍数控系统操作面板、操作方式、对刀方式和操作过程。CKA6140 数控车床采用广数 GSK980TA 系统，其操作面板见图 1-11。

1.3.1　操作面板

（1）状态指示。广数系统的机床状态指示在面板的右上端，共有六种状态显示，见表 1-5。

（2）编辑键盘，见表 1-6。

（3）显示菜单，见表 1-7。

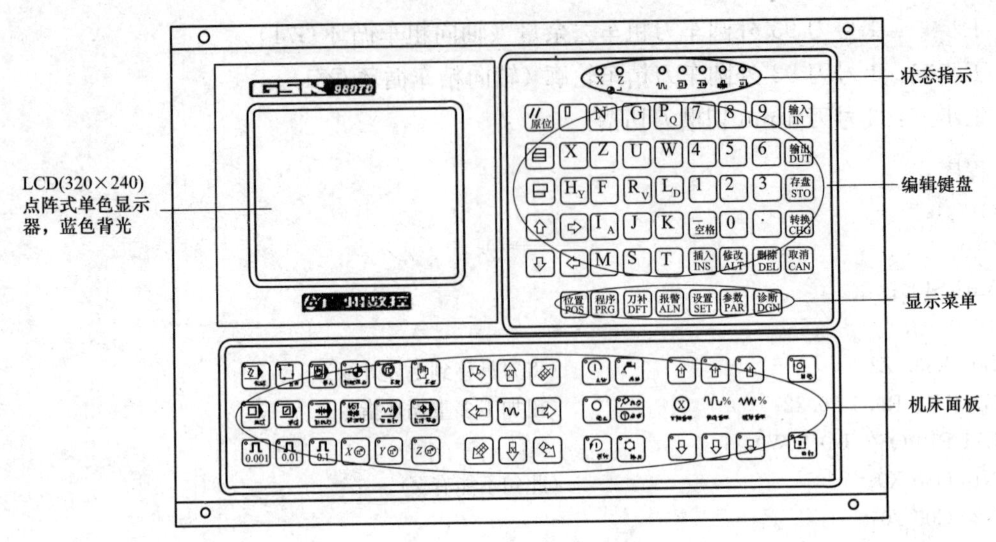

图 1-11　广数 GSK980 系统操作面板

表 1-5　**状　态　指　示**

X　Z	X、Z 向回零结束指示灯		快速指示灯
	单段运行指示灯		机床锁指示灯
MST	辅助功能指示灯		空运行指示灯

表 1-6　**编　辑　键　盘**

按　键	名　称	功　能
//	复位键	系统复位，进给、输出停止等
O N G / X Z U W H F R T I S K M	地址键	地址输入
P/Q D/L J/#		双地址键，反复按键，在两者之间转换

续表

按　键	名　称	功　能
7 8 9 4 5 6 1 2 3 0	数字键	数字输入
-	负号键	负号的输入
·	小数点	小数点的输入
输入 IN	输入键	参数、补偿量等数据输入的确定，启动数据出入
输出 DUT	输出键	启动通信输出
存盘 STO	存盘键	程序、参数、刀补数据保存到电子盘
转换 CHG	转换键	信息、显示的切换
取消 CAN	取消键	清除输入行中的内容
插入 INS　修改 ALT　删除 DEL	编辑键	编辑时程序、字段等的插入、修改、删除
EOB	EOB 键	程序段结束符的输入
⇧ ⇩	光标移动键	控制光标移动
	翻页键	同一显示界面下页面的转换

表 1-7 显示菜单

菜单键	备注
位置 POS	进入位置界面。位置界面有相对坐标、绝对坐标、综合坐标、位置/程序四个页面
程序 PRG	进入程序界面。程序界面有程序、程序目录和 MDI 三个页面
刀补 OFT	进入刀补界面。刀补界面可显示刀补数据、宏变量
报警 ALM	进入报警界面。报警界面有外部信息和报警信息两个页面
设置 SET	进入设置界面、图形界面（反复按键可在两界面间转换）。设置界面有代码设置、开关设置两个页面；图形界面有图形参数、图形显示两个页面
参数 PAR	进入参数界面。显示系统参数
诊断 DGN	进入诊断界面、机床面板（反复按键可在两界面间转换）。诊断界面显示诊断信息及诊断参数；机床面板可进行机床软键盘操作

（4）机床面板，见表 1-8。

表 1-8 机床面板

按键	名称	功能说明
	进给保持键	程序、MDI 指令运行暂停
	循环启动键	程序、MDI 指令运行启动
⇧ ww% ⇩	进给倍率键	进给速度的调整
⇧ ∿∿% ⇩	快速倍率键	快速移动速度的调整

续表

按　键	名　称	功能说明
⇧ % ⇩	主轴倍率键	主轴速度调整（主轴转速模拟量控制方式有效）
	手动换刀键	手动换刀
	润滑液开关键	机床润滑开/关
	冷却液开关键	冷却液开/关
	主轴控制键	主轴正转 主轴停止 主轴反转
−X −Z +Z +X	手动进给键	手动、单步操作方式 X、Z 轴正向/负向移动
	快速开关	快速速度/进给速度切换
X Z	手轮控制轴选择键	手轮操作方式 X、Z 轴选择
0.001 0.01 0.1 1	手轮/单步增量选择键	手轮每格移动 0.001/0.01/0.1/1mm 单步每步移动 0.001/0.01/0.1/1mm
	单段开关	程序单段运行/连续运行状态切换，单段有效时单段运行指示灯亮
	锁住开关机床	机床锁住时机床锁住指示灯亮，X 、Z 轴输出无效

续表

按　键	名　称	功 能 说 明
MST	辅助功能锁住开关	辅助功能锁住时辅助功能锁住指示灯亮，M、S、T功能输出无效
	空运行开关	空运行有效时空运行指示灯点亮，加工程序/MD工指令段以空运行方式运行
	编辑方式选择键	进入编辑操作方式
	自动方式选择键	进入自动操作方式
	录入方式选择键	进入录入（MDI）操作方式
	机械回零方式选择键	进入机械回零操作方式
	单步/手轮方式选择键	进入单步或手轮操作方式（两种操作方式由参数选择其一）
	手动方式选择键	进入手动操作方式
	程序回零方式选择键	进入程序回零操作方式

1.3.2 数控车床的操作介绍

1. 操作方式

广数系统有编辑、自动、录入、机械回零、手轮、手动六种操作方式。

(1) 编辑操作方式。在编辑操作方式下，可以进行加工程序的建立、删除和修改等操作。

(2) 自动操作方式。在自动操作方式下，自动运行程序。

(3) 录入操作方式。在录入操作方式下，可进行参数的输入以及指令段的输入和执行。

(4) 机械回零操作方式。在机械回零操作方式下，可分别执行 X、Z 轴回机械零点操作。

(5) 手轮操作方式。在手轮进给方式中，系统利用手轮（电子脉冲发生器）按选定的方向和增量控制机床进行移动。

(6) 手动操作方式。在手动操作方式下，可进行手动进给、手动快速、进给倍率调整、快速倍率调整及主轴启停、冷却液开关、润滑液开关、手动换刀等操作。

2. 对刀方法

为简化编程，在编程时使用工件坐标系编程，不需要考虑刀具的实际位置。在加工时，只需要在机床上通过对刀操作，对每一把刀具建立机床坐标系和工件坐标系的对应关系，就可以正常运行程序完成加工。

广数系统提供了定点对刀、试切对刀及回机械零点对刀三种对刀方法，通过对刀操作来获得刀具偏置数据。实际操作过程中我们常用试切对刀方式进行对刀。

试切对刀方法是否有效，取决于系统参数 No. 012 的 Bit5 位的设定。下列操作是在系统参数 No. 013 的 Bit3 位设定为 1 的前提下描述的。

试切对刀的操作步骤如下（工件右端面回转中心为工件坐标系原点）：

（1）如图 1-12 所示，选择任一把刀（一般选择外圆精车刀），使刀具沿 A 表面切削。

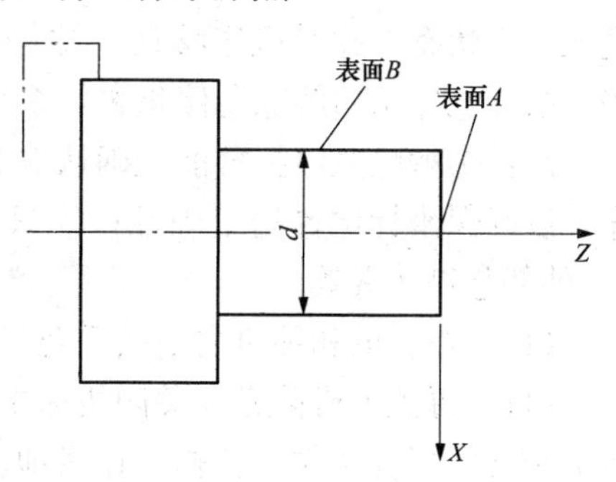

图 1-12　试切对刀

（2）在 Z 轴不动的情况下沿 X 轴退出刀具，并且停止主轴旋转。

（3）按 [刀补 OFT] 键进入偏置界面，按 [⇧] 键、[⇩] 键移动光标选择偏置号（该刀具对应的偏置号＋100）。

（4）依次键入地址键 [Z]、数字键 [0] 及 [输入 IN] 键，Z 向刀尖被设为 0。

（5）使刀具沿 B 表面切削（切削余量尽量接近精加工余量）。

（6）在 X 轴不动的情况下，沿 Z 轴退出刀具，并停止主轴旋转。

（7）精确测量直径 d（假定 $d=15$）。

（8）按 [刀补 OFT] 进入偏置界面，按 [⇧] 键、[⇩] 键移动光标选择偏置号（对应的偏置号＋100）。

（9）依次键入地址键 [X] —数字键 [1] 和 [5] — [输入 IN] 键，X 向刀尖被置为 0；完成这把刀的对刀。

移动刀具至安全换刀位置，换另一把刀，重复以上步骤对程序中用到的其他所有刀具进行对刀。

后续刀具（如切断刀和螺纹刀）在对刀操作时，可以不进行实际切削，而只是将刀具刀尖置于表面 A 和表面 B 位置，即可录入已知的数值。

1.3.3　数控车床安全操作注意事项

在操作数控车床时，一旦误操作或者违规操作，会造成设备损坏，甚至发生重大的人身伤亡事故。在操作过程中必须注意以下内容：

（1）学生在操作时，必须严格按照工艺方案，正确地完成工件的装夹定位和刀具的安装，并保证对刀的正确性和准确性。必须保证程序编制和录入的正确性。

（2）现场指导教师必须在现场指导，并严格的检查上述内容。

（3）加工时必须关好防护罩，机床工作时，操作者不能离开车床。

（4）在机床主轴未停止前，禁止进行测量工件、换刀、装夹工件等工作。

（5）禁止学生随意改变机床内部设置。

（6）手潮湿时，勿触摸任何开关或按钮；手上有油污时，禁止操作控制面板。严禁戴手套操作机床。

(7) 手动操作时，设置刀架快速移动速度在750mm/min以内，一边按键，一边要注意刀架移动的情况。

(8) 机床出现故障时，应立即停机，并报告现场指导教师，严禁带故障操作或擅自处理。现场指导教师应做好相关记录。

(9) 机床运行过程中在危险或紧急情况下按急停按钮（外部急停信号有效时），系统即进入急停状态，此时机床移动立即停止，所有的输出（如主轴的转动、冷却液等）全部关闭。松开急停按钮解除急停报警，系统进入复位状态。

注：①解除急停报警前先确认故障已排除；②急停报警解除后应重新执行回机械零点操作，以确保坐标位置的正确性；③只有将诊断参数DGN.072的Bit3位（MBSP）设置为0，外部急停才有效。

(10) 在上电和关机之前按下急停按钮可减少设备的电冲击。

(11) 每天下班前必须关闭机床电气和照明，清理工具、量具、刀具和材料，做好设备清洁和日常保养工作，打扫工作场地。

1.4 数控车床工程实训

1.4.1 加工实例

下面以图1-13所示的零件为例，分析数控车削工艺的制订和加工程序的编制。

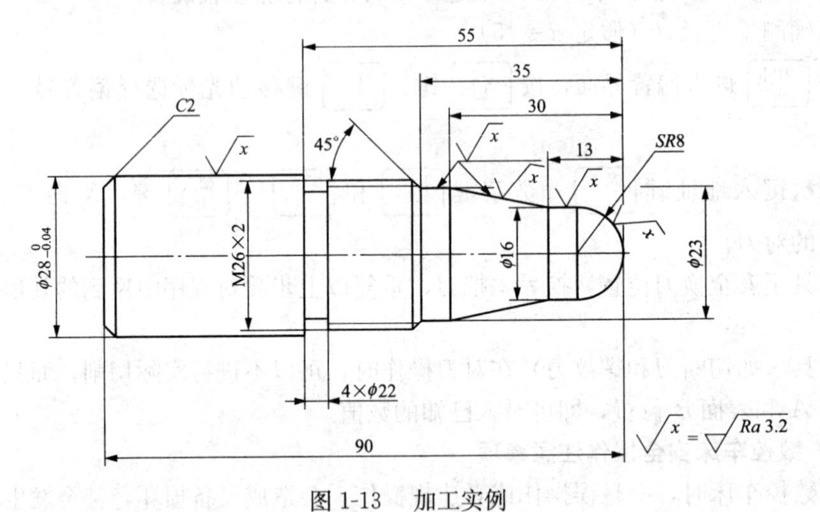

图1-13 加工实例

1\. 工艺分析

此零件可在数控车床上一次装夹完成加工。

毛坯：ϕ30mm棒料。

机床：数控车床CAK6136U/750。

装夹方式：8in三爪自定心卡盘。

工步：①粗车去余量；②精车外形；③切螺纹退刀槽；④车螺纹；⑤车倒角C2，切断。

刀具：1号外圆93°车刀，2号切槽刀，3号螺纹车刀。

切削参数：粗加工，转速 400r/min，进给量 0.28mm/r，切深 1mm；精加工，转速 800r/min，进给量 0.12mm/r，切深 0.25mm；切槽，转速 300r/min，进给量 0.03mm/r，刀宽 4mm；螺纹加工，转速 600r/min，进给量 2mm/r（螺距），分 5 刀加工。

2.　编制加工工序卡

工艺方案确定后，编写数控加工工序卡（见表 1-9），作为编程和操作的指导性文件。

表 1-9　　　　数控加工工序卡片

<table>
<tr><td rowspan="2">××××大学工程训练中心</td><td rowspan="2" colspan="2">数控加工工序卡片</td><td colspan="3">产品名称或代号</td><td colspan="2">零件名称</td><td>零件图号</td></tr>
<tr><td colspan="3">数车实训</td><td colspan="2">轴三</td><td>SK1-09</td></tr>
<tr><td rowspan="6" colspan="3">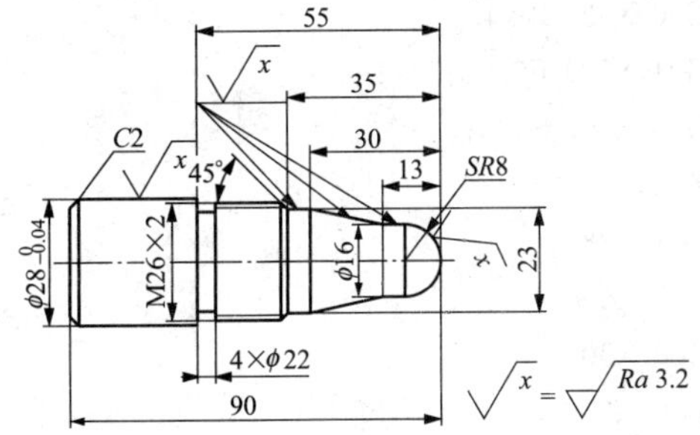
</td><td colspan="3">车间</td><td colspan="3">使用设备</td></tr>
<tr><td colspan="3">先进制造实验室</td><td colspan="3">GKA6136</td></tr>
<tr><td colspan="3">工艺序号</td><td colspan="3">程序编号</td></tr>
<tr><td colspan="3">车工序 1</td><td colspan="3">O0011</td></tr>
<tr><td colspan="3">夹具名称</td><td colspan="3">毛坯尺寸</td></tr>
<tr><td colspan="3">8in 三爪卡盘</td><td colspan="3">φ30mm 棒料</td></tr>
<tr><td>工步号</td><td colspan="2">工步作业内容</td><td>加工面</td><td>刀具号</td><td>量具</td><td>主轴转速（r/min）</td><td>进给速度（mm/min）</td><td>背吃刀量（mm）</td><td>备注</td></tr>
<tr><td>1</td><td colspan="2">粗车外圆尺寸 R8、φ16、锥面、螺纹实际大径、φ28</td><td>外圆</td><td>1</td><td>卡尺</td><td>400</td><td>0.28</td><td>1.0</td><td></td></tr>
<tr><td>2</td><td colspan="2">精车外形尺寸 R8、φ16、锥面、螺纹实际大径、φ28</td><td>外圆</td><td>1</td><td>卡尺</td><td>800</td><td>0.12</td><td>0.25</td><td></td></tr>
<tr><td>3</td><td colspan="2">切螺纹退刀槽 4×φ22</td><td>外圆</td><td>2</td><td>卡尺</td><td>300</td><td>0.03</td><td>4</td><td></td></tr>
<tr><td>4</td><td colspan="2">车螺纹 M26×2</td><td>外圆</td><td>3</td><td>螺纹规</td><td>600</td><td>2</td><td>5 刀</td><td>切削面积等同准则</td></tr>
<tr><td>5</td><td colspan="2">车倒角 C2，切断</td><td>端面</td><td>2</td><td>卡尺</td><td>300</td><td>0.02</td><td>4</td><td></td></tr>
<tr><td></td><td colspan="2"></td><td></td><td></td><td></td><td></td><td></td><td></td><td></td></tr>
<tr><td></td><td colspan="2"></td><td></td><td></td><td></td><td></td><td></td><td></td><td></td></tr>
<tr><td>编制</td><td></td><td>审核</td><td></td><td>批准</td><td></td><td>年　月　日</td><td>共　页</td><td colspan="2">第　页</td></tr>
</table>

3. 零件加工程序

```
O0011;
G99;
M03 S400 T0101;
G00 X32. Z2. ;
G71 U1. R0.5 F0.25;
G71 P10 Q80 U0.5 W0.1;
N10 G00 X0;
Z0;
G03 X16. Z－8. R8. F0.1 S800;
G01 X16. Z－13. ;
G01 X23. Z－30. ;
Z-35. ;
X25.74 Z-36.5;
Z-55. ;
X27.98;
N80 Z95. ;
G70 P10 Q80;
G00 X150. Z150. ;
T0202;
S300;
G00 X30. Z-55. ;
G01 X22. F0.03;
G00 X35. ;
G00 X150. Z150. ;
T0303;
S600;
G00 X27. Z-32. ;
G92 X25. Z-51. F2;
X24.3;
X23.8;;
X23.4;
X23.3;
G00 X150. Z150. ;
T0202 S300;
G00 X32. Z-94. ;
G01 X22. F0.02;
G00 X30. S500;
Z-92.5;
G01 X28. ;
X25. Z-94. ;
G00 X30. ;
Z-92. ;
G01 X28. ;
X24. Z-94. ;
S300;
X0;
G00 X32. ;
G00 X150. Z150. ;
M05;
M30;
```

1.4.2 练习件的编程与制作

练习件一：练习典型轴类零件外形尺寸的粗、精车，如图 1-14 所示。

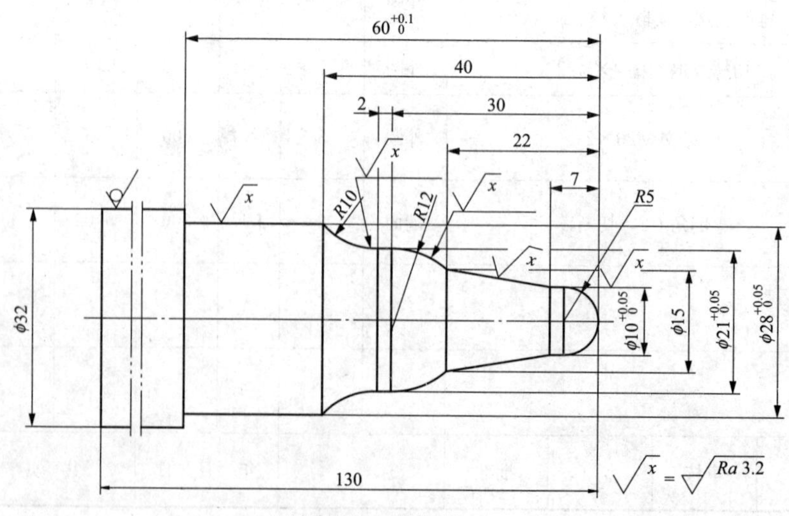

图 1-14 练习件一

注：用外圆车刀粗、精车（G71/G70 指令）外形到零件长度 60mm 处。

练习件二：练习粗精车循环指令、切槽及螺纹加工，如图 1-15 所示。重点是切槽的刀具路径和螺纹加工的尺寸计算和编程。

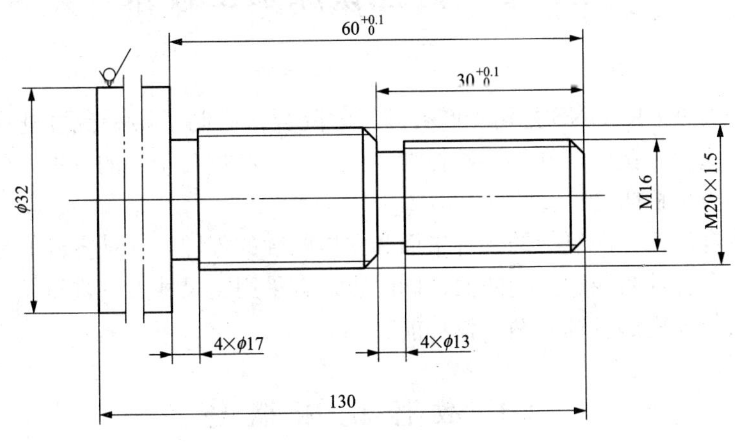

图 1-15　练习件二

注：图示未注倒角 1.5×45°，先用 G71/G70 指令粗精车外形到 M16、M20×1.5 螺纹大径尺寸，长度 60mm 处，再用切断刀切两个螺纹退刀槽，最后用螺纹刀加工两处螺纹。需先计算出螺纹大、小径尺寸及每次分刀的尺寸。

第 2 章　数控铣床加工技术

1952 年，美国 PARSONS 公司和麻省理工学院合作研制了第一台可进行连续空间曲面加工的三坐标立式数控铣床，开创了数控加工的先河。经过几十年的发展，数控铣床已经成为应用最广泛的数控机床之一。

数控铣床适合加工型面复杂的各种平面和立体轮廓的零件，这种零件的母线形状除了直线和圆弧外，还有各种曲线和空间曲面；同时也适合采用定尺寸刀具进行钻、扩、铰、镗及攻螺纹等，一般数控铣都有镗、钻、铰功能。

2.1　数 控 铣 床 概 述

2.1.1　数控铣床的加工过程

数控铣床的加工过程（见图 2-1）与普通铣床不同，主要分为以下几个步骤：

（1）首先根据图纸上的零件几何形状、技术要求、材料等分析制订合理的加工工艺、选用合适的夹具及刀具。

（2）根据工艺要求及毛坯材料性质等编写加工程序，程序格式需要根据当前机床的控制系统进行编写，经过校对无误后输入数控装置，模拟加工过程。

（3）确定一切正常无误后对刀，进行试切，检查零件尺寸是否符合图样要求，并根据实际情况修改刀补，零件完全符合要求后即可通过正确的操作机床完成加工。

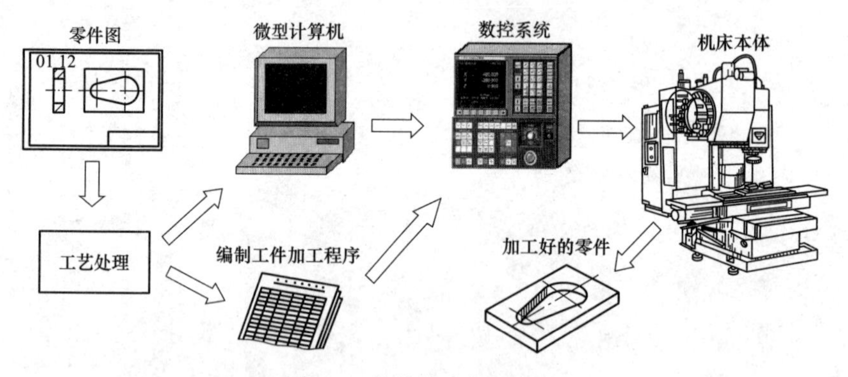

图 2-1　数控铣床加工流程

2.1.2　数控铣床的系统组成

与通用铣床的分类方法相同，数控铣床也可以分为立式数控铣床、卧式数控铣床和立卧两用数控铣床。在数控铣床的基础上增加自动换刀装置的机床，习惯上称为数控加工中心。

数控铣床与普通机床相比，它的整体布局、外观造型、传动机构、刀具系统及操作机构等方面都发生了很大变化，如图 2-2 所示。

（1）数控系统主要由输入装置、监视器、主控制系统、可编程控制器、各类输入/输出接口等组成。

(2) 反馈装置主要包括光电脉冲编码器，光栅位置传感器、直线感应同步器等。

(3) 伺服系统主要由伺服电动机、伺服驱动控制器组成。

(4) 辅助装置主要包括工件夹紧放松机构、回转工作台、液压控制系统、润滑装置、切削液装置、过载和保护装置等。

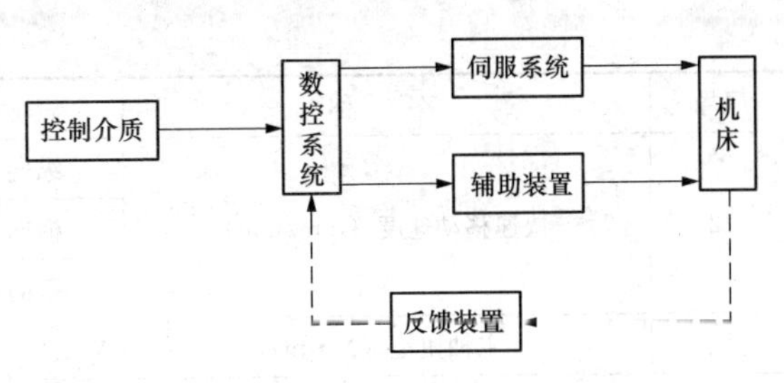

图 2-2　数控机床的组成框图

2.1.3　XKA714/F 数控铣床介绍

XKA714/F 数控床身铣床（见图 2-3）主要由床身底座、立柱（床身）、主轴箱、工作台底座（滑座）、工作台、进给箱、液压系统、润滑系统、冷却系统组成。它的横向 Y 移动由底座上的滑座来完成，滑座上的工作台可沿纵向 X 移动，立柱上的主轴可进行垂向 Z 移动，工作台、滑座、主轴箱的移动共同组成了机床 X、Y、Z 三个方向的运动。可安装各种圆柱铣刀、圆片铣刀、角度铣刀、端面铣刀等刀具，还可借助弹簧夹头安装小规格直柄铣刀。适用于铣削具有复杂曲线轮廓及截面的零件，如凸轮、样板、叶片、弧形槽等零件，尤其适用于模具的加工。XKA714/F 数控床身铣床主要配置见表 2-1。

图 2-3　XKA714/F 数控床身铣床

表 2-1　XKA714/F 数控床身铣床主要配置

序号	名　称	参　数		备　注
1	控制系统	日本 FUNAC 0*i*-MC 数控系统		
2	工作台面尺寸（宽×长）(mm×mm)	400×1100		
3	工作台纵向（*X*）行程（mm）	600		
4	工作台横向（*Y*）行程（mm）	450		
5	工作台垂向（*Z*）行程（mm）	500		
6	工作台 T 形槽数	3		
7	工作台 T 形槽宽（mm）	18		
8	主轴端部	ISO NO. 40		
9	主轴端面至工作台面的距离	100～600mm		
10	主轴转速范围（r/min）	低档	100～800	
		高档	500～4000	
11	进给速度范围（mm/min）	纵向	6～3200	
		横向	6～3200	
		垂向	3～1600	

续表

序号	名　称	参　数		备　注
12	快速移动速度（mm/min）	纵向	8000	
		横向	8000	
		垂向	4000	
13	主轴扭矩（N·m）	180		
14	机床最大承重（kg）	1500		

2.2　数控铣削加工工艺

2.2.1　数控铣床的主要加工对象

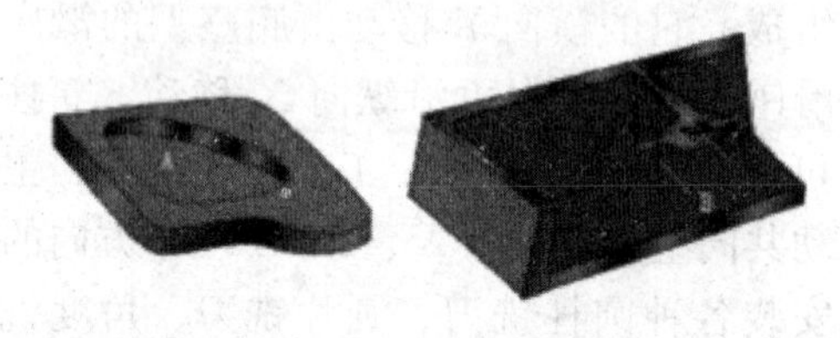

图 2-4　平面类零件

（1）平面类零件。如图 2-4 所示，加工面平行、垂直于水平面或其加工面与水平面的夹角为定角的零件称为平面类零件，这一类零件的特点是单元面为平面或可展开成平面。平面类零件的数控铣削相对比较简单，一般用两坐标联动就可以加工出来。

（2）曲面类零件。如图 2-5 所示，加工面为空间曲面的零件称为曲面类零件，其特点是加工面不能展开成平面，加工中铣刀与零件表面始终是点接触。

（3）变斜角类零件。如图 2-6 所示，加工面与水平面的夹角呈连续变化的零件称为变斜角类零件，以飞机零部件较为常见。其特点是加工面不能展开成平面，加工中加工面与铣刀周围接触的瞬间为一条直线。

图 2-5　曲面类零件

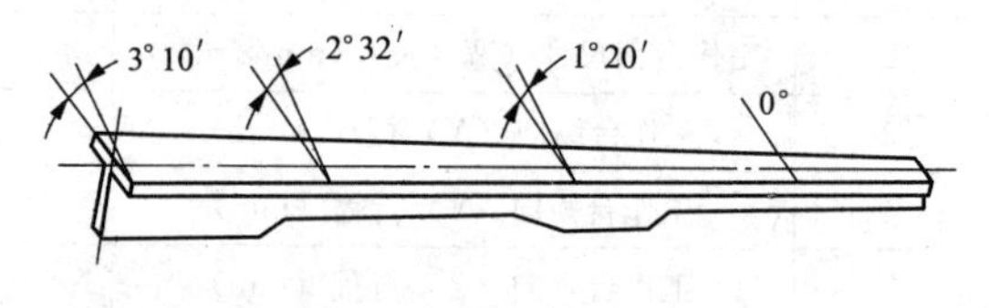

图 2-6　变斜角类零件

（4）孔及螺纹。采用定尺寸刀具进行钻、扩、铰、镗及攻螺纹等，一般数控铣都有镗、钻、铰功能。

2.2.2　数控铣床加工工艺的主要内容

（1）明确加工内容及技术要求。拿到图纸之后，首先根据零件的几何形状和图纸对零件的技术要求对零件进行分析。

（2）制订数控加工工艺路线。制订数控加工工艺路线主要包括划分工序、走刀路线和工步顺序。在钻、镗孔时注意各孔定位方向保持一致，走刀路线应能保证零件的加工精度和表面粗糙度要求。例如，铣削轮廓切入切出时，应注意添加延长线，避免影响零件的表面粗糙度，如图 2-7 所示；缩短刀具空行程时间，使走刀路线最短等。

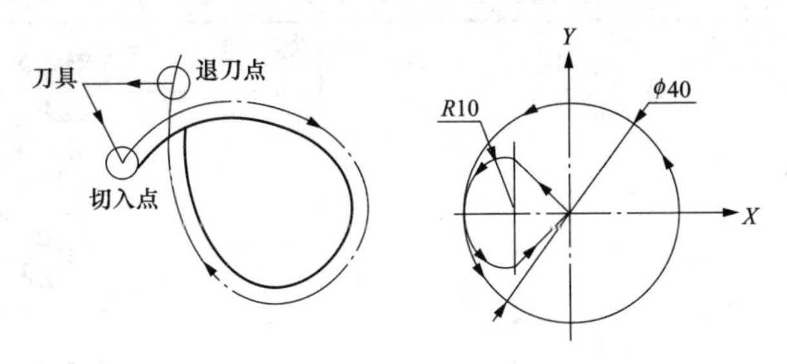

图 2-7　铣削轮廓时的切入切出位置

（3）加工工艺的设计。进行加工工艺时可根据零件的几何形状和材质进行工步划分，确定定位基准、夹具方案、刀具选择和切削用量。

铣削加工时的切削用量包括主轴转速（切削速度）、进给速度、背吃刀量和侧吃刀量。粗加工时，首先选取尽可能大的背吃刀量和进给量，最后根据刀具耐用度确定最佳的切削速度；而精加工时则根据余量确定背吃刀量，选取较小的进给量，最后在保证刀具耐用度前提下，尽可能选取较高的切削速度。

2.2.3　数控铣床工艺装备

1. 夹具

数控铣床常用的夹具类型有通用夹具、组合夹具、专用夹具等，在选择时需要考虑产品的生产批量、生产效率及质量保证。

通用铣削夹具主要包括平口钳、分度头、三爪卡盘等。在加工小型和形状规则的零件时多使用平口钳装夹，平口钳在数控铣床工作台上的安装要根据加工精度要求控制钳口与 X 或 Y 轴的平行度，工件夹紧时要注意控制工件变形和一端钳口上翘，如图 2-8 所示。当加工回转体零件时，可以采用三爪卡盘装夹，铣床用卡盘的使用方法与车床卡盘相似，使用时用 T 形槽螺栓将卡盘固定在机床工作台上即可，如图 2-9 所示。组合夹具适用于小批量生产，或在研制中、小型工件时使用，在装夹多个零件时，可以采用多工位夹具，这样便于一边加工，一边装卸工件，有利于缩短辅助时间和提高生产效率。

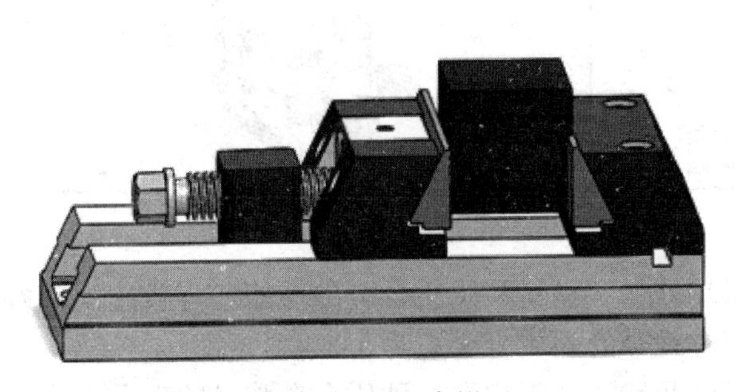

图 2-8　平口虎钳

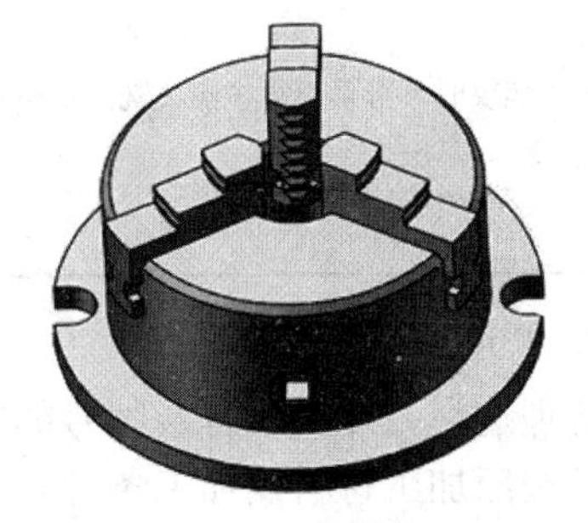

图 2-9　铣床用卡盘

2. 刀具

数控铣床上所采用的刀具要根据被加工零件的材料、几何形状、表面质量要求、热处理状态、切削性能及加工余量等，选择刚性好、耐用度高的刀具。常用刀具见表 2-2。

表 2-2 数控铣床刀具

数控铣床上所采用的刀具	
加工曲面类零件时，为了保证刀具切削刃与加工轮廓在切削点相切，而避免刀刃与工件轮廓发生干涉，一般采用球头刀，粗加工用两刃铣刀，半精加工和精加工用四刃铣刀	
铣较大平面时，为了提高生产效率和降低加工表面粗糙度，一般采用刀片镶嵌式盘形铣刀	
铣小平面或台阶面时一般采用通用铣刀	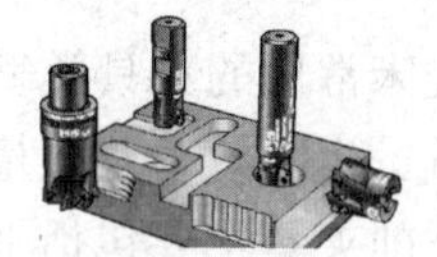
孔加工时，可采用钻头、镗刀等孔加工类刀具	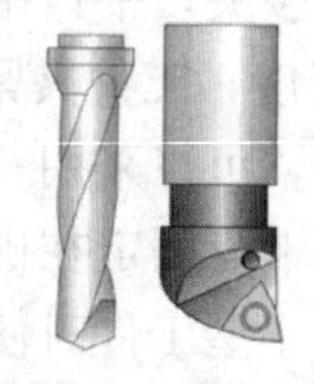
进行攻螺纹时，可采用圆柱螺纹铣刀和机夹螺纹铣刀	

3. 刀片牌号的选择

合理选择刀片硬质合金牌号的主要依据是被加工材料和硬质合金的性能。一般选用铣刀时，可按照加工材料及加工条件，来配备相应牌号的硬质合金刀片。

由于各厂生产的同类用途硬质合金的成分及性能各不相同，硬质合金牌号的表示方法也不同，为方便用户选用，国际标准化组织规定，切削加工用硬质合金按其排屑类型和被加工材料分为 P 类、M 类和 K 类三大类。根据被加工材料及适用的加工条件，每大类中又分为若干组，组号用两位阿拉伯数字表示，同一类中组号越大，其耐磨性越低、韧性越高。

其中，P 类合金（包括金属陶瓷）用于加工产生长切屑的金属材料，如钢、铸钢、可锻铸铁、不锈钢、耐热钢等；M 类合金用于加工产生长切屑和短切屑的黑色金属或有色金属，如钢、铸钢、奥氏体不锈钢、耐热钢、可锻铸铁、合金铸铁等；K 类合金用于加工产生短切屑的黑色金属、有色金属及非金属材料，如铸铁、铝合金、铜合金、塑料、硬胶木等。上述三类牌号的选择原则见表 2-3。由表 2-3 可见，刀片组号越大，则可选用越大的进给量和切削深度，而切削速度则应越小。

表 2-3　刀片牌号选择原则

刀片牌号	P01	P05	P10	P15	P20	P25	P30	P40	P50
	M01	M02	M03	M04					
	K01	K10	K20	K30	K40				
进给量	→								
背吃刀量	→								
切削速度	←								

4. 顺铣和逆铣对加工的影响

在铣削加工中，采用顺铣还是逆铣方式是影响加工表面粗糙度的重要因素之一。逆铣时切削力 F 的水平分力 F_X 的方向与进给运动 v_f 方向相反，顺铣时切削力 F 的水平分力 F_X 的方向与进给运动 v_f 的方向相同。铣削方式的选择应视零件图样的加工要求，工件材料的性质、特点，以及机床、刀具等条件综合考虑。通常，由于数控机床传动采用滚珠丝杠结构，其进给传动间隙很小，顺铣的工艺性就优于逆铣。

图 2-10（a）所示为采用顺铣切削方式加工轮廓，图 2-10（b）所示为采用逆铣切削方式加工轮廓。

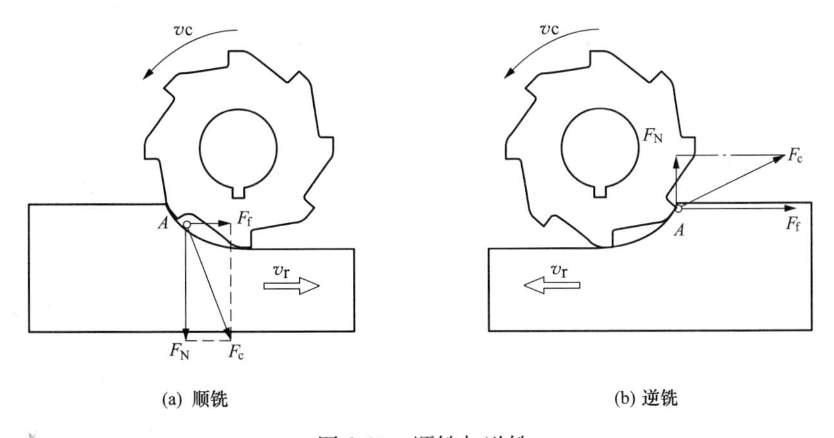

图 2-10　顺铣与逆铣

同时，为了降低表面粗糙度，提高刀具耐用度，对于铝镁合金、钛合金和耐热合金等材料，尽量采用顺铣加工。但如果零件毛坯为黑色金属锻件或铸件，表皮硬而且余量一般较大，这时采用逆铣较为合理。

2.2.4　数控铣床操作的注意事项

（1）每次开机前要检查铣床后面润滑油泵中的润滑油是否充裕，切削液是否足够等。

（2）开机时，首先打开总电源，然后按 CNC 电源中的开启按钮，把急停按钮顺时针旋转，等铣床检测完所有功能后，按下机床按钮，使铣床复位，处于待命状态。

（3）在手动操作时，必须时刻注意，在进行 X、Y 方向移动前，必须使 Z 轴处于抬刀位置。移动过程中，不能只看 CRT 屏幕中坐标位置的变化，而是要观察刀具的移动，等刀具移动到位后，再看 CRT 屏幕进行微调。

（4）在编程过程中，对于初学者而言，应尽量少用 G00 指令，特别在 X、Y、Z 三轴联动中，更应注意。在走空刀时，应把 Z 轴的移动与 X、Y 轴的移动分开进行，即多抬刀、少斜插。有时斜插会令刀具碰到工件而致使刀具被破坏。

（5）在使用电脑进行串口通信时，先开铣床后开电脑，先关电脑后关铣床。避免铣床在开关的过程中，由于电流的瞬间变化而冲击电脑。

（6）在利用 DNC（电脑与铣床之间相互进行程序的输送）功能时，要注意铣床的内存容量，一般从电脑向铣床传输的程序总字节数应小于 23kB。如果程序比较长，则必须采用由电脑边传输边加工的方法，但程序段号不得超过 N9999。如果程序段超过 1 万个，可以借助 MasterCAM 中的程序编辑功能，把程序段号取消。

（7）铣床出现报警时，要根据报警号查找原因，及时解除报警，不可关机了事，否则开机后仍处于报警状态。

2.3 数控铣床的程序编制

2.3.1 机床坐标系和工件坐标系

1. 机床坐标系

数控铣床坐标系仍按右手笛卡尔规则建立。三个坐标轴互相垂直，机床主轴轴线方向为 Z 轴，刀具远离工件的方向为 Z 轴正方向，X 轴位于与工件安装面相平行的水平面内。对于卧式铣床，人面对机床主轴，左侧方向为 X 轴正方向；对于立式铣床，人面对机床主轴，右侧方向为 X 轴正方向。Y 轴方向则根据 X、Z 轴按右手笛卡尔直角坐标系来确定，如图 2-11 所示。

机床坐标系是机床本身固有的，机床坐标系的原点称为机床零点，它是一个固定的点，由生产厂家在设计机床时确定，如图 2-12 所示。

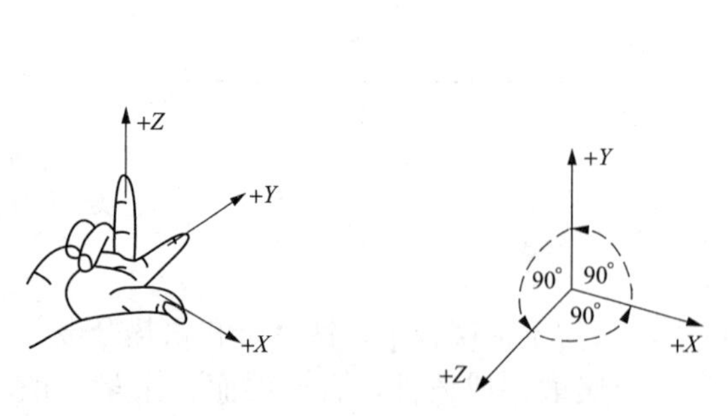

图 2-11 右手笛卡尔直角坐标系

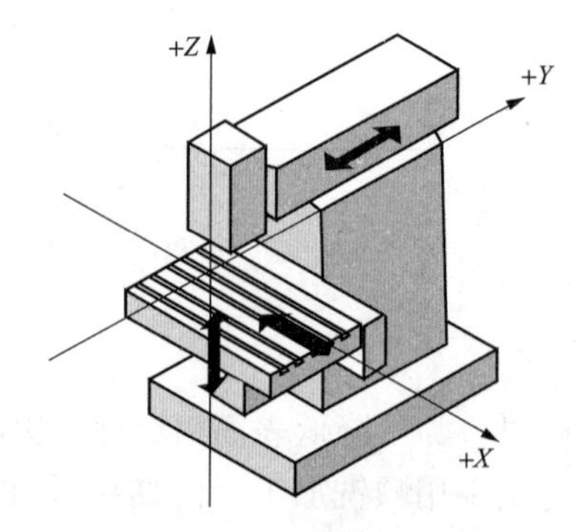

图 2-12 机床坐标系

2. 工件坐标系

工件坐标系是为了确定工件几何形体上各要素的位置而设置的坐标系，工件坐标系的原点即为工件零点。工件零点的位置是任意的，由编程人员在编制程序时根据零件的特点选定。选择工件零点的位置时应注意机床与工件坐标系的关系，如图2-13所示。工件坐标系的零点应选在零件图的尺寸基准上，这样便于坐标值的计算，减少错误；其次应尽量选在精度较高的加工表面，以提高被加工零件的加工精度。对于对称零件，工件零点应设在对称中心上；而一般零点，通常设在工件外轮廓的某一角上；Z 轴方向的零点，一般设在工件表面。

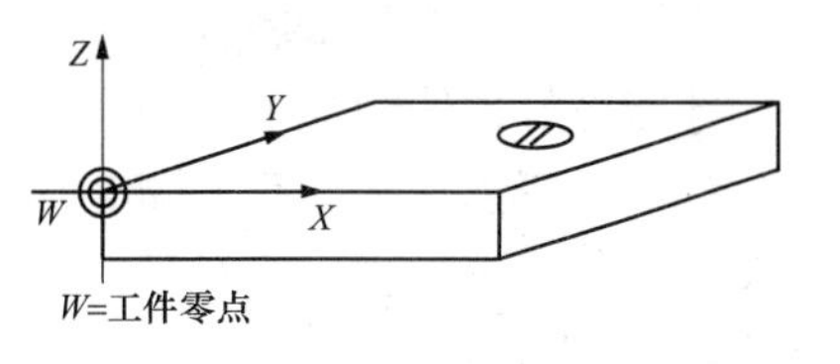

图2-13　工件坐标系

在编制程序时，通常将编程零点作为计算坐标值时的起点。编程人员在编制程序的时候不考虑工件在机床上的安装位置，只是根据零件的特点及尺寸来编程，对于一般零件，工件零点即为编程零点。

2.3.2　数控铣削程序的编制

下面以FANUC的0*i*-MC为例进行介绍。程序结构主要包括程序名、程序内容和程序结束，例如：

O1000；（主程序）	O1200；（子程序）
N10 G90 G54；	N10 G91 G01；
…	…
M98；	M98；
…	…
M30；	M99；

其程序段格式主要包括语句号、程序字和结束符，例如：

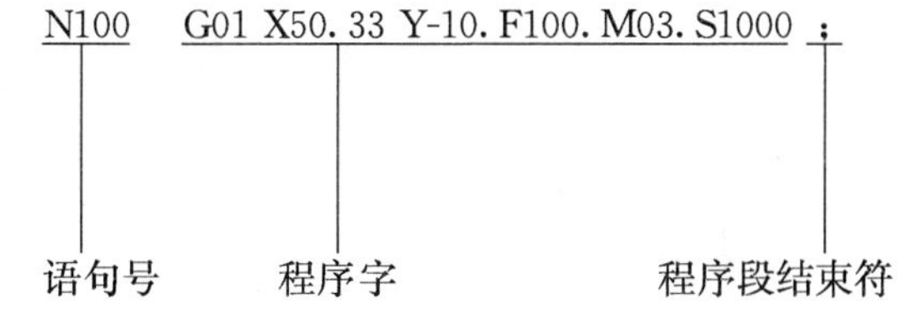

在程序段中还包括地址符和数字符。数字符有整数型和实数型两种形式，其中，整数型用于功能地址；实数型用于坐标字，是否必须写小数点，取决于机床参数的设定。

1. 常用准备功能（G指令）

常用的G指令可分为两大类：模态和非模态。按其功能分在不同组，见表2-4。

表2-4　G指令分组

G指令	分组	G指令	分组	G指令	分组
G00	01组	G17	02组	G90	03组
G01		G18		G91	
G02		G19		G22	04组
G03				G23	

非模态指令：只在所使用的本程序段中有效，程序段结束时，该指令功能自动被取消。

模态指令：一组可以互相注销的指令，这类指令一旦被执行，则一直有效，直到被同组的其他指令注销为止。

常用准备功能是编制程序中的核心内容，必须熟练掌握这些基本功能的特点、使用方法，才能更好地编制加工程序。

(1) 设置加工坐标系（G92）。G92 指令是规定工件坐标系原点的指令，工件坐标系原点又称编程零点。当用绝对尺寸编程时，必须先建立一坐标系，用来确定刀具起始点在坐标系中的坐标值。

编程格式：G92 X＿Y＿Z＿；

坐标值 X、Y、Z 为刀位点在工件坐标系中的初始位置。如图 2-14 所示。执行 G92 指令时，机床不动作，即 X、Y、Z 轴均不移动，但 CRT 显示器上的坐标值发生了变化。G92 指令可以在程序中指定，也可以在 MDI 操作中设定。

(2) G54、G55、G56、G57、G58、G59 加工坐标系。这些指令可以分别用来选择相应的加工坐标系，如 G54 指令使刀具快速定位到机床坐标系中的指定位置上。

编程格式：G54 G90 X＿Y＿Z＿；

其中，X、Y、Z 后的值为机床坐标系中的坐标值，其尺寸均为负值。

执行后刀具在机床坐标系中的位置如图 2-15 所示。

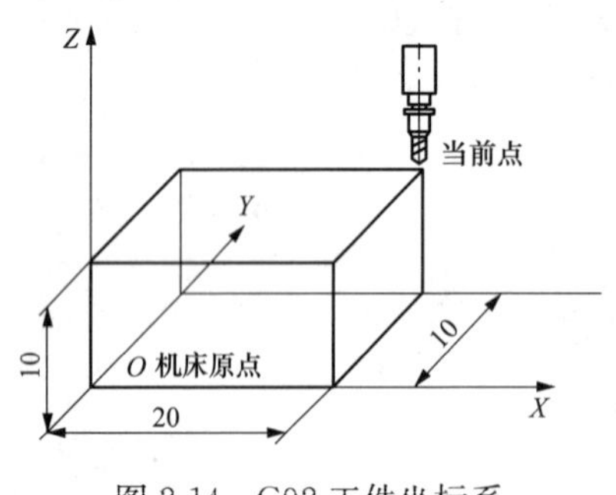

图 2-14　G92 工件坐标系

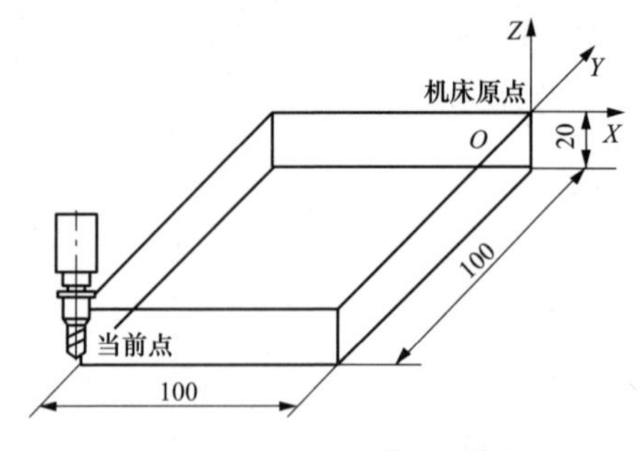

图 2-15　G54 工件坐标系

(3) 绝对尺寸指令（G90）。ISO 代码中绝对尺寸指令用 G90（续效指令）指定。它表示程序段中的尺寸字为绝对坐标值，即以编程零点为基准的坐标值。

编程举例：

G90 G01 X30. Y-60. F150.；

其中，X30. Y-60. 表示 X、Y 的值为相对于编程坐标系 X、Y 的绝对尺寸。

(4) 增量尺寸指令（G91）。ISO 代码中增量尺寸指令用 G91（续效指令）指定。它表示程序段中的尺寸字为增量坐标值，即刀具运动的终点相对于起点的坐标值增量。

编程举例：

G91 G01 X-40. Y30. F100.；

即 X、Y 的值为目标点相对于起始点的增量值。

在实际编程中，是选用 G90 还是 G91，要根据具体的零件确定，尺寸都是根据零件上某一设计基准给定的，可以选用 G90 编程。如果选用 G91 编程时，则避免了各点坐标值的计算。

(5) 坐标平面选择指令（G17、G18、G19）。平面选择指令 G17、G18、G19 分别用来指定程序段中刀具的圆弧插补平面和刀具半径补偿平面。在笛卡尔直角坐标系中，三个互相垂直的轴 X、Y、Z 分别构成三个平面。如图 2-16 所示，G17 表示选择在 X、Y 平面内加工，G18 表示选择在 Z、X 平面内加工，G19 表示选择在 Y、Z 平面内加工。立式数控铣床大都在 X、Y 平面内加工，故 G17 可以省略。

（6）快速点定位指令（G00）。G00 指令指刀具以点位控制方式，从刀具所在点以最快的速度，移动到目标点。

编程格式：G00 X＿ Y＿ Z＿；

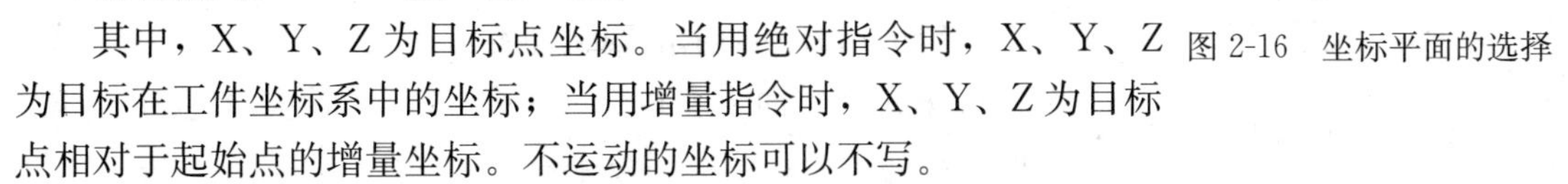

其中，X、Y、Z 为目标点坐标。当用绝对指令时，X、Y、Z 为目标在工件坐标系中的坐标；当用增量指令时，X、Y、Z 为目标点相对于起始点的增量坐标。不运动的坐标可以不写。

图 2-16　坐标平面的选择

（7）直线插补（G01）。直线插补指令 G01 表示刀具相对于工件以 F 指令的进给速度从当前点向终点进行直线插补，加工出任意斜率的平面（或空间）直线。

编程格式：G01 X＿ Y＿ Z＿ F＿；

其中，X、Y、Z 为目标点坐标，用绝对值坐标或增量坐标编程均可为 F 刀具移动速度。G01 与 F 都是续效指令，G01 程序中必须含有 F 指令，否则认为进给速度为零。

加工如图 2-17（a）所示的型腔，加工深度为 2mm，刀心轨迹如图 2-17（b）所示，工件零点为 O_P 点，分别用绝对值和相对值编程，程序见表 2-5。

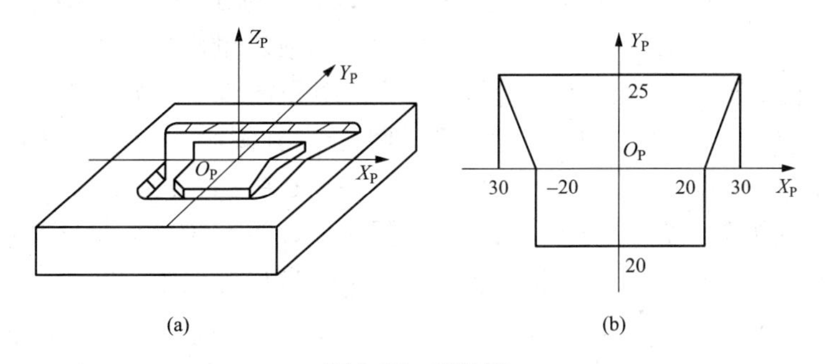

图 2-17　型腔图

表 2-5　　　　**型腔加工程序**

绝对值编程	相对值编程
N0010 G00 X0 Y0. Z2. S1000 M03；	N0010 G00 X0. Y0. Z2. S1000 M03；
N0020 X20. Y0；；	N0020 X20. Y0；
N0030 G01 Z-2. F120.	N0030 G91 G01 Z-4. F120.；
N0040 Y-20.；	N0040 Y-20.；
N0050 X-20.；	N0050 X-40.；
N0060 Y0；	N0060 Y20.；
N0070 X-30. Y25.；	N0070 X-10. Y25.；
N0080 X30.；	N0080 X60.；
N0090 X20. Y0；	N0090 X-10. Y-25.；
N0100 G90 G00 X0 Y0 Z100. M30；	N0100 G90 G00 X0 Y0 Z100. M30；

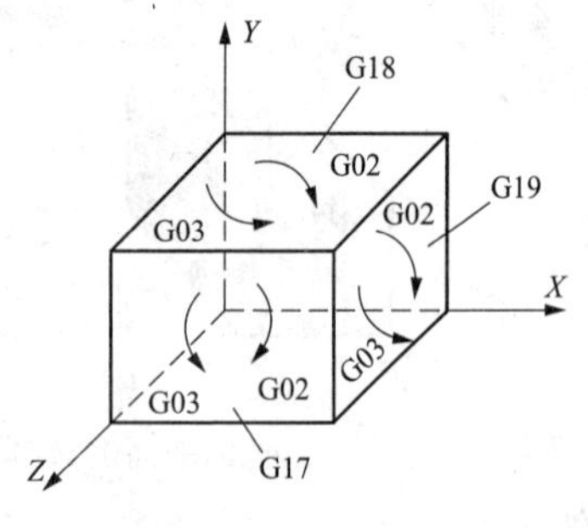

图 2-18 圆弧方向辨别

(8) 圆弧插补 G02、G03。用 G02 和 G03 指定圆弧插补时，G02 表示顺时针插补，G03 表示逆时针插补，如图 2-18 所示。圆弧的顺逆方向判断方法是，沿圆弧所在平面（如 X、Y）的另一个坐标的负方向（$-Z$）看去，顺时针方向为 G02，逆时针方向为 G03。

编程格式：

用 I、J、K 表示的圆弧插补：

在 XY 平面上 G17（G02、G03）X __ Y __ I __ J __ K __；

在 ZX 平面上 G18（G02、G03）X __ Z __ I __ J __ K __；

在 YZ 平面上 G19（G02、G03）Y __ Z __ I __ J __ K __；

用 R 表示的圆弧插补格式：

$$\left.\begin{matrix}G17\\G18\\G19\end{matrix}\right\{\begin{matrix}G02\\ \\G03\end{matrix}\left\}\begin{matrix}X\_\ Y\_\\X\_\ Z\_\\Y\_\ Z\_\end{matrix}\right\}R\_\ F\_;$$

G17、G18、G19 为圆弧插补平面选择指令，以此来确定被加工表面所在的平面，G17 可以省略。X、Y、Z 为圆弧终点坐标值（用绝对坐标或增量坐标均可），采用相对坐标时，其值为圆弧终点相对于圆弧起点的增量值。I、J、K 分别表示圆弧圆心相对于圆弧起点在 X、Y、Z 轴方向上的增量值，也可以理解为圆弧起点到圆心的矢量（矢量方向指向圆心）在 X、Y、Z 轴上的投影，与前面定义的 G90 或 G91 无关。I、J、K 为零时可以省略。F 规定了沿圆弧切向的进给速度。用圆弧半径 R 编程时，数控系统为满足插补运算需要，规定当所插补圆弧小于 180 时，用正号编制半径程序；而当圆弧大于 180 时，用负号编制半径程序。

编程举例：分别用 G02、G03 指令和 R 对图 2-19 所示的圆弧进行编程。

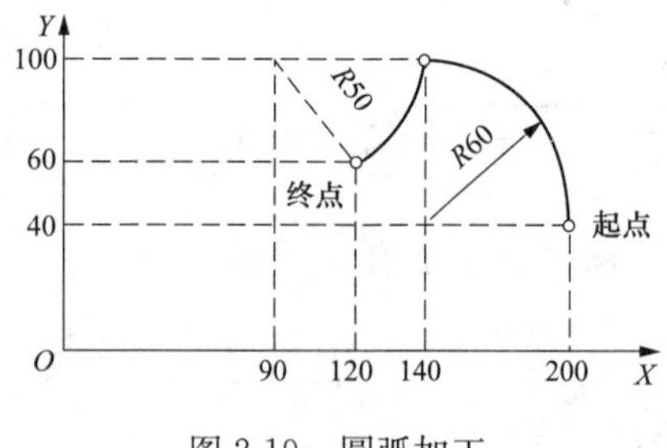

图 2-19 圆弧加工

程序如下：

G90 G03 X140. Y100. R60. F300. ;

G02 X120. Y60. R50.

G90 G03 X140. Y100. I -60. J0 F300. ;

G02 X120. Y60. I -50. J0;

(9) 刀具半径补偿（G41、G42、G40）。G41、G42 为刀具半径补偿指令。G41 为刀具左偏置，G42 为刀具右偏置，G40 为取消刀具半径补偿。刀具半径补偿的过程分为三步：刀补的建立，刀具中心从与编程轨迹重合过渡到与编程轨迹偏离一个偏置量的过程刀补进行；执行有 G41、G42 指令的程序段后，刀具中心始终与编程轨迹相距一个偏置量；刀补的取消，刀具离开工件，刀具中心轨迹要过渡到与编程重合的过程。G40 必须和 G41 或 G42 成对使用。

刀具补偿功能给数控加工带来了方便，简化了编程工作。编程人员不但可以直接按零件轮廓编程，而且可以用同一个加工程序，对零件轮廓进行粗、精加工。

（10）固定循环（G73、G74、G76、G80、G89）。数控铣床配备的固定循环功能，主要用于孔加工，包括钻孔、镗孔、攻螺纹等。使用一个程序段就可以完成一个孔加工的全部动作。如果孔加工的动作无须变更，则程序中所有模态的数据可以不写，因此可以大大简化编程。FANUC 0*i*-MD 系统的固定循环功能见表 2-6。

表 2-6　固定循环功能说明

G 指令	钻孔操作（$-Z$ 方向）	在孔底的动作	退刀操作（$+Z$ 方向）	用　途
G73	间歇进给		快速进给	高速深孔钻循环
G74	切削进给	主轴停止—主轴正转	切削进给	攻左螺纹循环
G76	切削进给	主轴定向停止	快速进给	精镗孔循环
G80				取消固定循环
G81	切削进给		快速进给	钻孔循环、点钻循环
G82	切削进给	暂停	快速进给	钻孔循环、锪镗循环
G83	间歇进给		快速进给	深孔钻循环
G84	切削进给	主轴停止—主轴反转	切削进给	攻右螺纹循环
G85	切削进给		切削进给	镗孔循环
G86	切削进给	主轴停止	快速进给	镗孔循环
G87	切削进给	主轴停止	快速进给	背镗孔循环
G88	切削进给	暂停—主轴停止	手动进给	镗孔循环
G89	切削进给	暂停	切削进给	镗孔循环

固定循环通常由 6 个动作组成：X、Y 轴定位；刀具快速从初始点进给到 R 点；以切削进给的方式执行孔加工；在孔底的动作；返回到 R 点；快速返回到初始点，如图 2-20 所示。

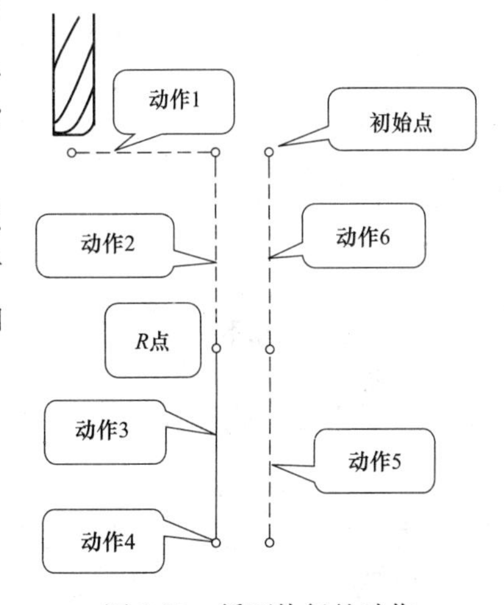

图 2-20　循环执行的动作

初始平面是为了安全下刀而规定的一个平面。R 点平面表示刀具下刀时自快进转为工进的高度平面。对于立式数控铣床，孔加工都是在 X、Y 平面定位并在 Z 轴方向进行。

固定循环的编程格式：

$$\left.\begin{matrix}G98/G99\\G90/G91\end{matrix}\right\}G\_X\_Y\_Z\_R\_Q\_P\_F\_K\_;$$

指令编程格式中的内容见表 2-7 和图 2-21。

表 2-7　　**固定循环指令格式内容**

指定内容	地址	说　明
加工方式	G98	结束后返回 Z 平面
	G99	结束后返回 R 平面
	G90	绝对值编程
	G91	相对值编程
孔加工方式	G	孔加工方式
孔加工数据	X、Y	用增量值或绝对值指定孔位置，轨迹及进给速度与 G00 相同
	Z	用增量指定从 R 点到孔底的距离，用绝对值指定孔底的位置，进给在动作 3 由 F 指定，动作 5 时根据加工方式变为快速进给或由 F 指定
	R	用增量值指定从初始平面到 R 平面的距离，或用绝对值指定 R 点位置，进给速度在动作 2 和动作 6 均变为快速进给
	Q	指定 G73、G83 中每次的切入量或 G76、G87 中的偏移量（常为增量）
	P	指定孔底的停留时间，其指定数值与 G04 相同
	F	指定切削进给速度
重复次数	K	决定动作的重复次数，未指定时为 1 次

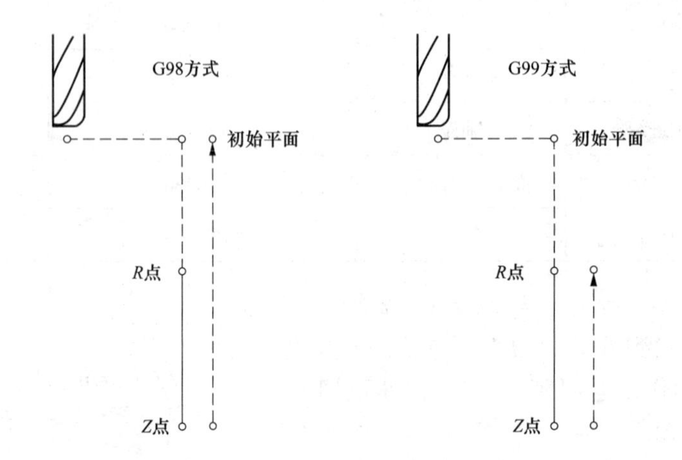

图 2-21　G98 与 G99 指令的区别

下面以钻孔循环指令 G81 为例，加工如图 2-22 所示的零件。

G81 编程格式：

G81 X＿ Y＿ Z＿ R＿ F＿ K＿；

其中，X、Y 为孔心的位置；Z 为从 R 点到孔底的距离；R 为从初始位置到 R 点的距离；F 为切削进给速度；K 为重复次数。

加工路径和钻头见图 2-22。

加工程序如下：

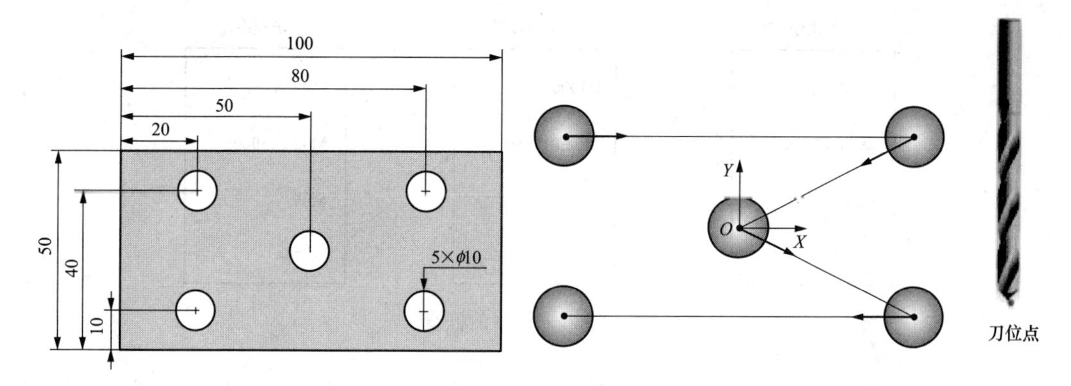

图 2-22　孔加工零件图

O0001；	（程序代号）
G80 G40 G49 G90；	（绝对值输入）
G54 G00 X-30. Y15.；	（快速移动到 X-30. Y15.）
M03 S800；	（主轴正传）
Z25. M08；	（快速移动到 Z25.，冷却液开）
G98 G81 X-30. Y15. Z-15. R2. F80.；	（G98 加工方式，加工第一个孔）
X-30. Y-15.；	（加工第二个孔）
X0. Y1. 038；	（加工第三个孔）
X30. Y15.；	（加工第四个孔）
X30. Y-15.；	（加工第五个孔）
G80；	（加工完毕撤销钻孔循环）
M09；	（冷却液关）
M05；	（主轴停止转动）
M30；	（程序结束返回起点）

（11）子程序。程序中有固定的顺序和重复的模式时，可将其作为子程序存放，使程序简单化。主程序执行过程中如果需要某一个子程序，可以通过一定格式的子程序调用指令来调用该子程序，执行完再返回主程序，继续执行后面的程序段。

子程序的编程格式：

```
O××××；
…；
M99；
```

在子程序的开头编制子程序号，在子程序的结尾用 M99 指令结束。

子程序的调用格式：

```
M98 P×××  ××××；
```

P 后面的前 3 位为重复调用次数，省略时为调用一次，后 4 位为子程序号。

1）子程序的嵌套。为了进一步简化程序，可以让子程序调用另一个子程序，称为子程序的嵌套。编程中使用较多的是二重嵌套，其程序执行情况如图 2-23 所示。

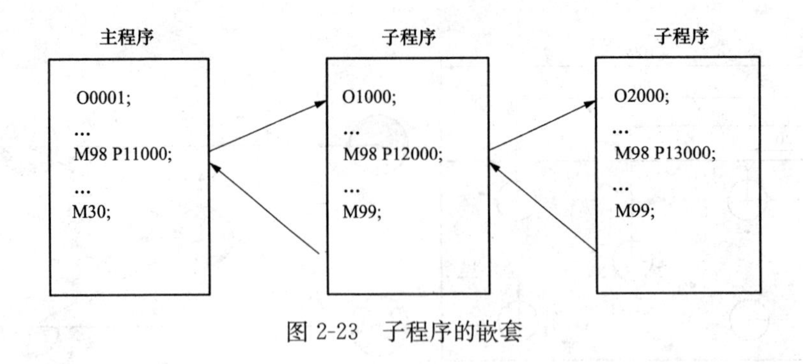

图 2-23　子程序的嵌套

2）子程序的特殊应用。子程序结束时，如果用 P 指定顺序号，则不返回到上一级子程序调出的下一个程序段，而返回到用 P 指定的顺序号 N 程序段。但这种情况只用于存储器工作方式，如图 2-24 所示。

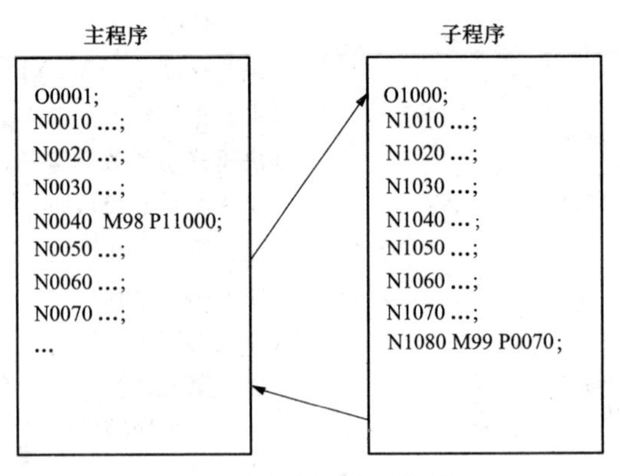

图 2-24　子程序的特殊使用方法

2. 常用的辅助功能

常用辅助指令见表 2-8。

表 2-8　M 指令及其功能

M00	执行有 M00 指令的程序段后，主轴的转动、进给、切削液都将停止。它与单程序段停止相同，模态信息全部被保存，以便进行某一手动操作，如换刀、测量工件的尺寸等
M02	该指令编在程序的最后一条，表示执行完程序内所有指令后，主轴停止、进给停止、切削液关闭，机床处于复位状态
M03/M04	用于主轴顺时针、逆时针方向转动
M05	主轴停止转动
M08/M09	切削液开或关
M98/M99	用于调用子程序、子程序结束及返回
M30	使用 M30 时，除表示执行 M02 的内容之外，还返回到程序的第一条语句，准备下一个工件的加工

3. 进给功能 F 指令

在执行 G94 以后，F __进给速度为 mm/min；在执行 G95 以后，F __进给速度为主轴每转进给量 mm/r；在执行中如果不指定 F 指令则会出现报警。

可以通过操作面板上的速度倍率开关进行调整，倍率值为 0～120%，间隔 10%；F 为模态指令，最大值由机床参数确定。

4. 主轴转速指令

S1000；

表示主轴转速 1000r/min，S 为模态代码。机床最高转速由机床参数规定。

2.3.3　编程实例

根据 FANUC 公司的 0*i*-MC 数控系统的编程格式要求，编制如图 2-25 所示零件的数控铣削精加工程序。

（1）零件。工件外形尺寸为 100mm×100mm×10mm，所有表面均已进行完粗加工。

（2）确定工艺方案。数控铣床加工，使用机械平口钳装夹、定位工件。

（3）工步。ϕ10 立铣刀进行加工。

（4）刀具路径。对零件进行顺向铣削，从零点快速移动到 1 点（X-5.—Y-5.），以进给速度 50mm/min 完成加工，加工轨迹如图 2-26 所示。

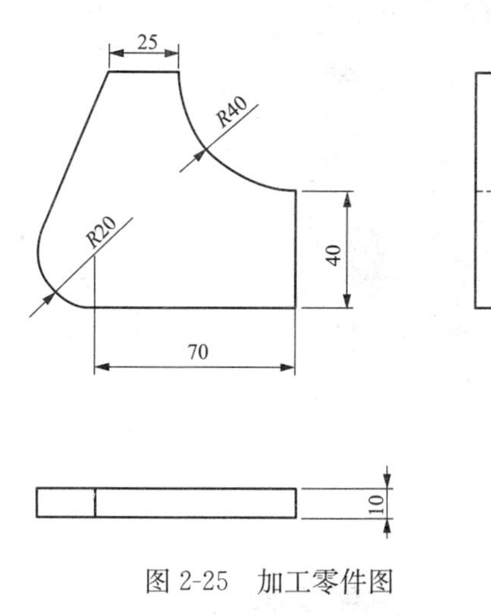

图 2-25　加工零件图

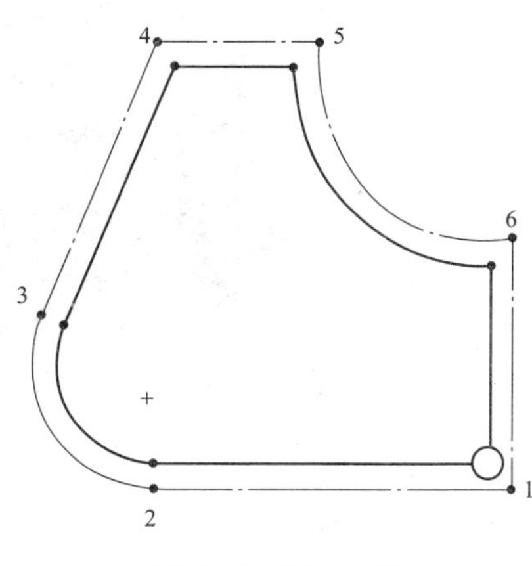

图 2-26　加工轨迹

加工程序如下：

O0001；	（程序代号）
N01 G90 G00 X0 Y0 Z30.；	（绝对值输入快速移动到 X0 Y0 Z35.）
N05 X5. Y-5. M03 S600；	（快速移动到 X-5. Y-5.，主轴正传）
N10 Z5. M08；	（快速移动到 Z5.，冷却液开）
N15 G01 Z-10. F50.；	（直线插补，向下移 10mm，进给速度 50mm/min，注意，加工深度大多数情况下需要分层进行加工）
N20 X-70.；	（直线插补，加工直线至 2 点的位置）
N25 G02 X-95. Y25. R25.；	（顺时针圆弧插补，加工圆弧至 3 点的位置）
N30 G01 X-65. Y85.；	（直线插补，加工斜线至 4 点的位置）
N35 G01 X-35.；	（直线插补，加工直线至 5 点的位置）

N40 G03 X5. Y40. R35. ;　　（逆时针圆弧插补，加工圆弧至 6 点的位置）
N45 G01 Y-5. ;　　（直线插补，回到 1 点，结束加工）
N50 G00 Z50. ;　　（快速移动到 Z50.）
N55 M05;　　（主轴停止转动）
N60 M09;　　（冷却液关闭）
N65 M30;　　（程序结束）

2.4　XKA714/F 数控铣床的操作

本节以日本 FANUC 公司的 0*i*-MC 数控系统为例，介绍数控系统的操作面板、操作方式、对刀方式、操作过程。FANUC 0*i*-MC 数控系统操作面板如图 2-27 所示。

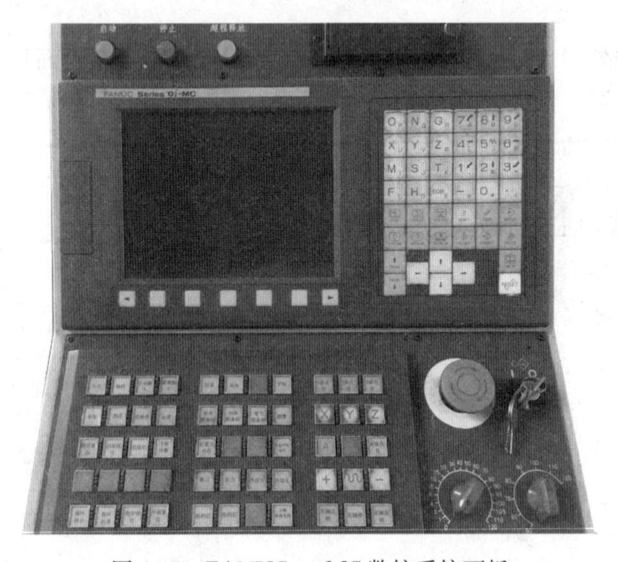

图 2-27　FANUC 0*i*-MC 数控系统面板

2.4.1　系统操作面板

系统操作面板见图 2-28。

图 2-28　系统控制面板

面板各功能键功能见表 2-9。

表 2-9　面板功能键及其功能

名　称		说　明
复位键	RESET	按此键可使 CNC 复位，用于消除报警等
帮助键	HELP	按此键用来显示如何操作机床，如 MDI 键的操作。可在 CNC 发生报警时提供报警的详细信息（帮助功能）
软键		根据其使用场合，软键有各种功能。软键功能显示在 CRT 屏幕的底部
地址和数字键	N Q 4 [	按这些键可输入字母、数字和其他字符
换档键	SHIFT	在有些键的顶部有两个字符，按 SHIFT 键来选择字符。当一个特殊字符 $\hat{E}$ 在屏幕上显示时，表示键面右下角的字符可以输入
输入键	INPUT	当按了地址键或数字键后，数据被输入到缓冲器，并在 CRT 屏幕上显示出来。为了把键入到缓冲器的数据复制到寄存器，按 INPUT 键，这个键相当于软键的 INPUT 键，按此两键的作用是一样的
取消键	CAN	按此键可删除已输入到键的输入缓冲器的最后一个字符或符号。当显示键入缓冲器的数据为＞N001×100Z_ 时，按 CAN 键，则字符 Z 被取消，并显示＞N001×100
程序编辑键	ALTER INSERT DELETE	当编辑程序时按这些键，分别为替换、插入、删除功能
功能键	POS PROG	用于切换各种功能显示画面

MDI 面板的功能键见表 2-10。

表 2-10　　MDI 面板的功能键及其功能

名　称		说　明
光标移动键	← ↑ ↓ →	→：用于将光标朝右或是前进方向移动 ←：用于将光标朝左或是倒退方向移动 ↓：用于将光标朝下或是前进方向移动 ↑：用于将光标朝上或是倒退方向移动
翻页键	↑PAGE PAGE↓	PAGE↓：用于在屏幕上朝前翻一页 ↑PAGE：用于在屏幕上朝后翻一页

2.4.2　机床控制面板

机床控制面板如图 2-29 所示。

图 2-29　机床控制面板

主要功能键的作用如下：

（1）单段工作方式：自动逐段地加工工件。

（2）回零工作方式：手动返回参考点，建立机床坐标系，机床开机后应首先进行回参考点操作。

（3）循环启动：自动与单段方式下有效，按下该键后，机床可进行自动加工或模拟加工。

（4）循环停止：自动加工过程中，按下该键后，机床上刀具相对工件的进给运动停止，但机床的主运动不停止，在按下循环启动键后继续运行下面的运动。

(5) 主轴停止：按下该键后，主轴停止转动。机床正在做进给运动时，该键无效。

(6) 主轴正转：按下该键后，主轴正转。但在反转过程中该键无效。

(7) 主轴反转：按下该键后，主轴反转。但在正转过程中该键无效。

2.4.3　XKA714/F 数控床身铣床操作介绍

FANUC 公司的 0*i*-MC 数控系统有编辑、自动、录入、机械回零、手轮、手动六种操作方式，见表 2-11。

表 2-11　操作方式及其功能

操作方式	功能
编辑操作方式	可以进行加工程序的建立、删除和修改等操作
自动操作方式	可以自动运行程序
录入操作方式	可进行参数的输入及指令段的输入和执行
机械回零操作方式	可分别执行 *X*、*Z* 轴回机械零点操作
手轮、单步操作方式	在单步、手轮进给方式中，系统按选定的增量进行移动
手动操作方式	可进行手动进给、手动快速、进给倍率调整、快速倍率调整及主轴启停、冷却液开关、润滑液开关、手动换刀等操作

在机床上，工件坐标系的确定，是通过对刀的过程实现的。对刀点可以设在工件上，也可以设在与工件的定位基准有一定关系的夹具的某一位置上。其选择原则是：对刀方便，对刀点在机床上容易找正，加工过程中检查方便，引起的加工误差小等。对刀点与工件坐标系原点如果不重合（在确定编程坐标系时，最好考虑到使对刀点与工件坐标系重合），在设置机床零点偏置时（G54 对应的值），应当考虑到二者的差值。

对刀过程的操作步骤如下：

(1) 选择机床回零方式，选择需要回零的坐标轴，按下 + ，在坐标轴的原点灯亮起，即代表该轴回零完毕，回零顺序按照 *Z*、*Y*、*X* 顺序依次回零。

(2) 将工件通过夹具装在工作台上，装夹时，工件的四个侧面都应留出对刀的位置。

(3) 启动主轴旋转，转速为 300～500r/min，快速移动工作台，让寻边器快速移动到靠近工件 *X* 轴一侧有一定安全距离的位置。然后降低速度移动至接近工件，靠近工件时改用手轮微调操作，一般使用 0.01mm 来靠近，让寻边器慢慢接近工件，在寻边器下端钢珠轻轻接触到工件边缘，上端红灯亮起时停止。记下此时机床坐标系中显示的 *X* 坐标值，沿 *Z* 轴正方向退刀，至工件表面以上，通过当前显示的机床坐标系 *X* 轴方向的值计算出工件坐标系的零点位置。将寻边器移动到工件坐标系的零点位置上。按下“OFS/SET”键，选择工件坐标系设定，将光标移动到 G54 下的 *X* 轴上，输入 X0 后按下“测量”键，系统会根据寻边器当前的位置自动计算出工件坐标系 *X* 轴方向上的零点位置，*X* 轴零点位置坐标值会显示在 G54 的 *X* 轴选项内，如图 2-30 所示的 348.967。使用同样的方法测量出 *Y* 轴和 *Z* 轴方向上的零点位置。

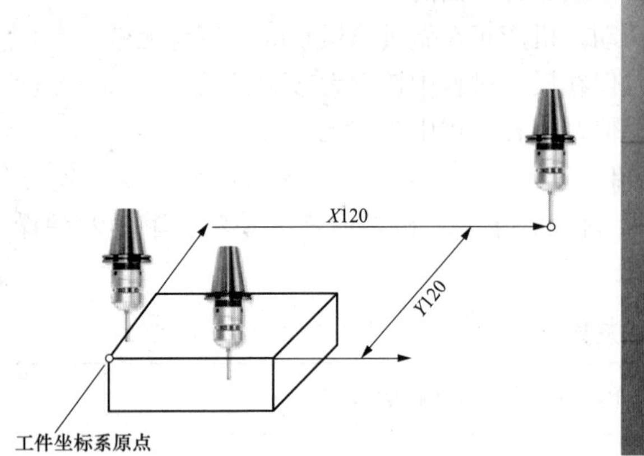

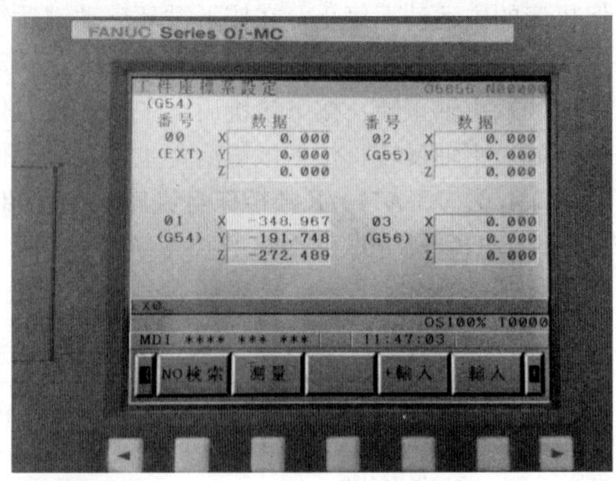

图 2-30 工件坐标设定

2.5 数控铣床加工实例

下面以图 2-31 所示的零件来分析数控铣削工艺的制订和加工程序的编制。

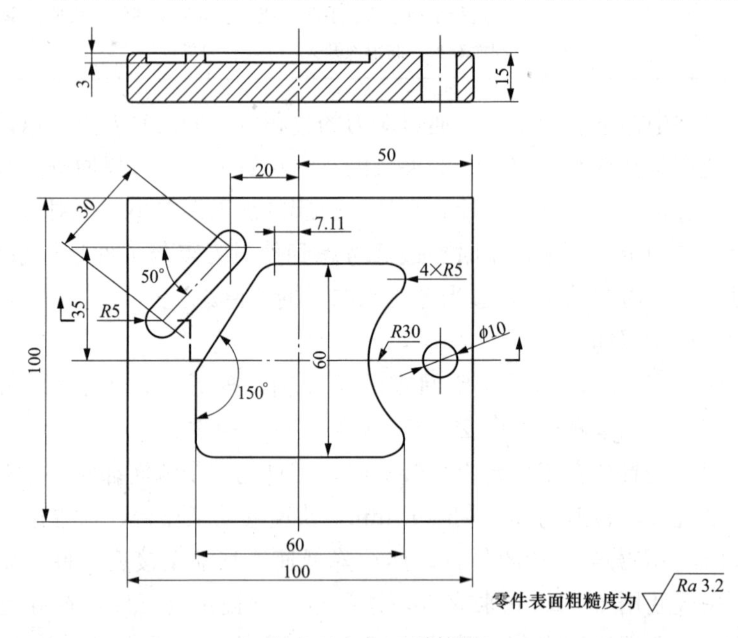

图 2-31 加工零件图

2.5.1 工艺分析

(1) 审图。工件外形尺寸分别为 100mm×100mm×15mm，所有表面均已进行完粗加工，并符合尺寸和表面粗糙度要求。

(2) 机床。使用 XKA714/F 数控床身铣床一次装夹完成工件的加工。

(3) 夹具。使用机械平口钳来装夹和定位工件，在安装时需要校正平口钳固定钳口，使之与工作台 X 轴移动方向平行，在工件下表面与平口钳之间放入精度较高、厚度与宽度适当的平行垫块，使用木棒等工具敲击工件，使平行垫块不能移动后加紧工件。

(4) 利用寻边器找正工件 X、Y 方向的零点位置，该零点位于工件的中心。

(5) 刀具。选用 ϕ10mm 立铣刀、ϕ2.5mm 中心钻和 ϕ10mm 的钻头来完成工件的内轮廓、挖槽和钻孔的加工。

(6) 切削参数。粗加工内轮廓，转速 500r/min，进给量 250mm/min，切深 3mm；精加工内轮廓，转速 800r/min，进给量 160mm/min，切深 3mm；点孔，转速 1200r/min，进给量 120mm/min；钻孔，转述 500r/min，进给量 80mm/min。

(7) 数控加工程序。编程时不考虑刀具补偿，加工工件中间内轮廓时，粗加工时给侧壁留 0.3mm 的精加工余量。

2.5.2 编制加工工序卡

工艺方案确定后，编写数控加工工序卡见表 2-12，作为编程和操作的指导性文件。

表 2-12　　　　加 工 工 序 卡

××××工程训练中心	数控加工工序卡片	产品名称或代号	零件名称	零件图号
		数铣实训	图六	SYS-0409-0006
零件表面粗糙度为 Ra 3.2		车间	使用设备	
		先进制造实验室	XKA714/F	
		工艺序号	程序编号	
		铣工序 1	O0001	
		夹具名称	毛坯尺寸	
		机械平口钳	100mm×100mm×15mm	

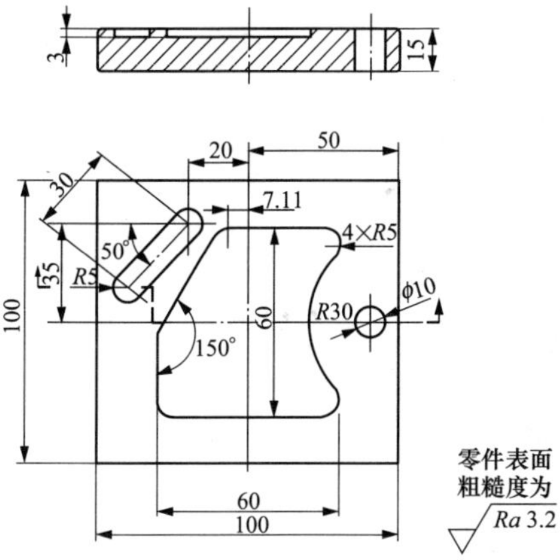

工步号	工步作业内容	加工面	刀具号	量具	主轴转速	进给速度	背吃刀量	备注
1	ϕ10mm 立铣刀挖槽加工			卡尺	800	160	3	
2	ϕ10mm 立铣刀粗加工内轮廓			卡尺	500	250	3	
3	ϕ10mm 立铣刀精加工内轮廓			卡尺	800	160	3	
4	ϕ2.5mm 中心钻点孔加工				1200	120		
5	ϕ10mm 钻头钻孔加工			卡尺	500	80		
编制	审核	批准		年 月 日		共 页		第 页

2.5.3 零件加工程序

(1) 零件加工主程序。

```
%
O0001;                    (程序代号)
```

```
G80 G40 G49 G90 G54;          (撤销刀补，撤销刀具长度补偿，绝对值输入，设定工件坐标系)
G00 X0Y0;                     (快速定位)
M03 S800;                     (主轴正转 800r/min)
Z10. M08;                     (切削液开)
G00 X-20. Y35.;               (加工斜槽)
Z2.;
G01 Z-3. F160.;
X-39.28 Y12.02;
G00 Z10.;
X-4.964 Y-1.883;
Z2.;
M03 S500;                     (主轴正转 500r/min)
G01 Z-3. F250.;
M98 P2000;                    (调用子程序粗加工中心内轮廓)
G00 Z10.;
X0 Y-25.;
Z2.;
M03 S800;                     (主轴正转 800r/min)
G01 Z-3. F160.;
M98 P3000;                    (调用子程序精加工中心内轮廓)
G00 Z10.;
G00 X0 Y0;
M05;                          (主轴停止转动)
M09;                          (切削液停)
M30;                          (主程序结束)
%
```

（2）中心内轮廓粗加工程序（子程序）。

```
O2000;
G01 G90 G54 X-9.477 Y-9.7 F250.;
X0.142;
G02 X-.802 Y0 R50.3;
X-0.451 Y5.935 R50.3;
G01 X-4.964 Y-1.883;
X-9.294 Y0.617;
X-14.697 Y-8.741;
Y-14.7;
X6.65;
G02 X4.198 Y0.0 R45.3;
X6.65 Y14.7 R45.3;
G01 X-1.163;
X-9.294 Y.617;
X-13.624 Y3.117;
```

```
X-19.697 Y-7.401;
Y-19.7;
X14.341;
G02 X9.198 Y0 R40.3;
X14.341 Y19.7 R40.3;
G01 X-0.45;
X-13.624 Y3.117;
X-17.954 Y5.617;
X-24.697 Y-6.061;
Y-24.7;
X24.279;
G02 X14.198 Y0 R35.3;
X24.279 Y24.7 R35.3;
G01 X-6.937;
X-17.954 Y5.617;
M99;
```

（3）中心内轮廓精加工程序（子程序）。

```
O3000;
G01 G90 G54 X0 Y-25. F160.;
X25.;
G02 X15. Y0 R35.;
X25. Y25. R35.;
G01 X-7.11;
X-25. Y-5.981;
Y-25.;
X0;
M99;
```

（4）中心钻点孔加工程序。

```
%
O0002;
G80 G40 G49 G90 G54;
M03 S1200;
G00 Z2.;
X40. Y0;
G01 Z-5. F120.;
G00 Z10.;
X0 Y0;
M05;
M30;
%
```

（5）钻孔加工程序。

```
%
O0003;
G80 G40 G49 G90 G54;
M03 S800;
M09;
G00Z10.;
G98G81 X-40. Y0. Z-16. R2. F80.;
G80;
M05;
M09;
M30;
%
```

第 3 章 CAD/CAM 与现代制造技术

CAD/CAM 技术是随着计算机和数字化信息技术发展而形成的新技术，具有知识密集、学科交叉、综合性强等特点，已经越来越多地应用于数控加工领域，它与数控机床加工相结合，是现代数控机床技术应用的主流。计算机辅助设计（computer aided design，CAD）在数控加工过程中是一种生产辅助工具，它将计算机高速而精确的运算功能、大容量存储和处理数据的能力、丰富而灵活的图形、文字处理功能与设计者的创造性思维能力、综合分析及逻辑判断能力结合起来，形成了一个设计者思想与计算机处理能力紧密结合的系统，大大加快了设计进程。主要包括以下功能：几何建模、计算分析、仿真与实验、绘图与技术文档、工程数据库的管理和共享。计算机辅助制造（computer aided manufacturing，CAM）用于数控加工程序的编制，主要包括刀具路径的规划、刀具文件的生成、刀具轨迹仿真及 NC 代码的生成。现在对 CAD/CAM 技术人才的需求不断增加，学习和掌握 CAD/CAM 的原理、方法与技术，适应形势的发展和社会的需要是现代技术人员的基本要求。

CAD/CAM 软件主要有美国 PTC 公司的 Pro/E、美国 UGS 公司的 UG NX、法国达索公司的 CATIA、SolidWorks/SolidCAM，以及我国的 CAXA-ME、金银花系统等软件。本章主要介绍 SolidWorks/SolidCAM 在数控加工中的应用。

3.1 SolidWorks 设计与应用

SolidWorks 是一款应用较广、绘图便利的三维设计 CAD 软件，本节以 SolidWorks 为主介绍 CAD 软件的应用。

3.1.1 SolidWorks 特点

（1）基于特征。SolidWorks 的建模是以特征作为基本单元，零件的设计过程就是特征累积的过程。SolidWorks 采用智能化、易于理解的几何体（如凸台、切除、孔、筋、圆角、倒角、拔模斜度等）建立特征，并允许对特征进行编辑操作（如特征重定义、特征排序、特征插入与删除等）。

（2）参数化。参数化是指对零件上的各个特征施加各种约束形式。各个特征的几何形状与尺寸大小用变量参数的方式来表示，这个变量参数不仅可以是常数，而且可以是某种代数式。如果定义某个特征的变量参数发生改变，则零件的这个特征的几何形状或尺寸大小也发生变化，软件会随之重新生成该特征及其相关的各个特征，而无须用户重新绘制。

（3）单一数据库，全相关性。多个设计模块，建立在单一数据库上。单一数据库是指工程中的全部资料都来自一个数据库。在整个设计过程中，任何一处发生改动都可以反映在整个设计的相关过程上，此功能称为全相关性。如果对三维模型进行修改，与其相关的工程图及装配模型均会自动修改。

3.1.2 SolidWorks2014 操作界面

达索公司推出的 SolidWorks2014 在设计的创造性、使用的方便性及界面的人性化等方面都得到了增强，性能和质量得到大幅度的完善，还开发了许多 SolidWorks 新设计功能，使产品开发流程产生了根本性的变革。同时它还支持全球性的协作和连接，增强了项目的广泛合作，大大缩短了产品设计时间，提高了产品设计的效率。

1. 用户界面的启动

双击“SolidWorks 2014”快捷方式图标，或依次在电脑桌面上选择“开始”—“所有程序”—“SolidWorks 2014”，进入 SolidWorks 2014 初始界面，如图 3-1 和图 3-2 所示。

图 3-1 SolidWorks 启动界面

图 3-2 SolidWorks 初始界面

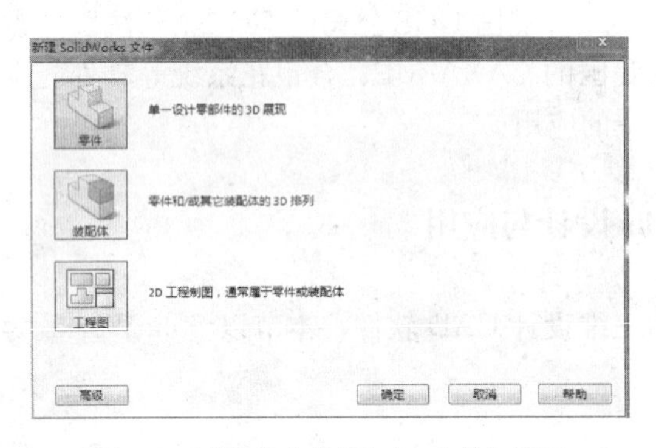

图 3-3 “新建 SolidWorks 文件”窗口

2. 新建文件

单击初始界面菜单栏中的“文件”—“新建”命令，在弹出的“新建 SolidWorks 文件对话框”中选择“零件”选项，显示如图 3-3 所示“新手”界面，以“高级”进入时，会获得更多的提示。单击“确定”按钮，进入到操作界面，如图 3-4 所示。SolidWorks 2014 的操作界面由以下几部分组成：

(1) 菜单栏。菜单栏几乎包括了 SolidWorks 系统所有的命令。SolidWorks 的菜单是嵌入式的，可以用“图钉”固定在屏幕上。菜单与文档类型有关，文档类型不同，菜单项不同，相关菜单项所包含的内容也有区别。菜单分为下拉菜单和快捷菜单，单击鼠标左键可以调用下拉菜单命令，单击鼠标右键可以调用快捷菜单中的命令。此外，系统还提供了快捷键功能。

(2) 工具栏。提供了快速调用命令的方式。默认设置中，系统根据文档类型而显示不同的工具栏。用户可以根据需要配置工具栏，决定当前文档中显示哪些工具栏。同时，也可以根据需要移动工具栏或自行增减工具栏中的命令按钮。常用的工具栏主要包括以下几种：

1) 前导工具栏。前导工具栏提供操纵视图所需的所有普通工具，如图 3-5 所示。

2) 草图工具栏。草图工具栏提供绘制草图时所需的草图绘制、智能尺寸、中心线、圆等命令，如图 3-6 所示。草图工具栏的命令可分为 3 类，如图 3-7 所示。

注意：在绘制二维草图时，草图必须绘制在平面上，这个平面既可以是基准面，也可以是三维模型上的平面，图形可以先绘制出大致形状，之后再通过尺寸标注或者在线条管理器

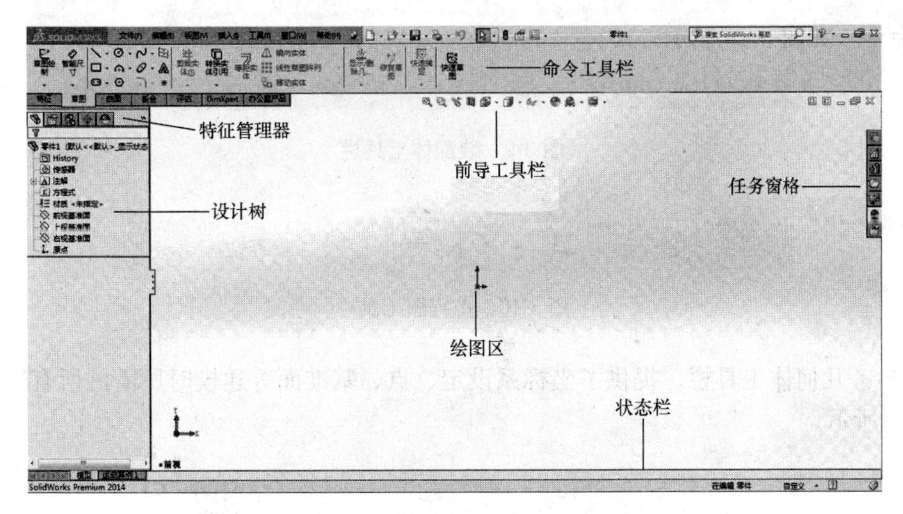

图 3-4 SolidWorks2014 操作界面

图 3-5 前导工具栏

图 3-6 草图工具栏

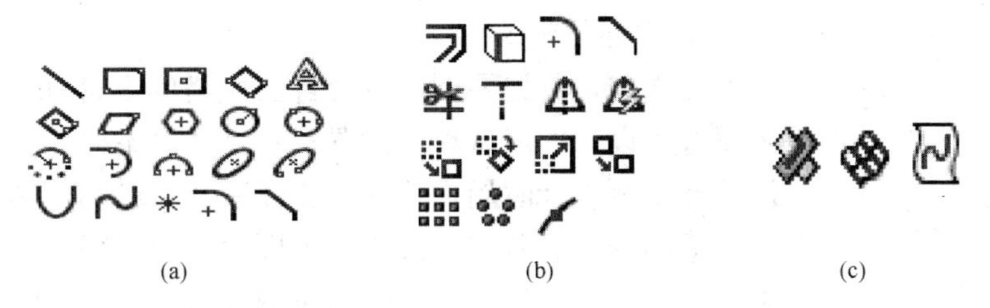

图 3-7 草图工具栏命令分类

(a) 草图实体绘制工具；(b) 草图实体编辑工具；(c) 曲线曲面工具

中来修改尺寸值。

3）特征工具栏。特征工具栏提供了拉伸、旋转、放样、扫描等特征命令，如图 3-8 所示。

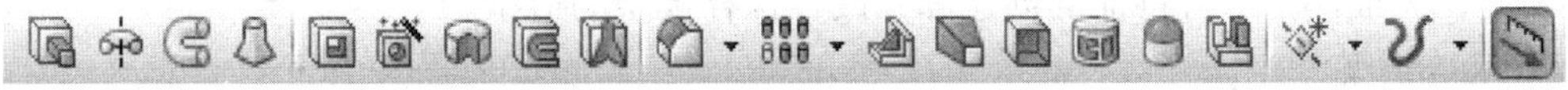

图 3-8 特征工具栏

4）装配体工具栏。可用于控制零部件的管理、移动及配合。包含插入零部件、移动零部件、装配体特征等命令，如图 3-9 所示。

5）工程图工具栏。工具栏提供了完成工程图所需的模型视图、局部视图、断裂视图等工程图命令，如图 3-10 所示。

图 3-9　装配体工具栏

图 3-10　工程图工具栏

6）参考几何体工具栏。提供了坐标系设定、点、基准面等建模时所需的所有辅助命令，如图 3-11 所示。

图 3-11　参考几何体工具栏

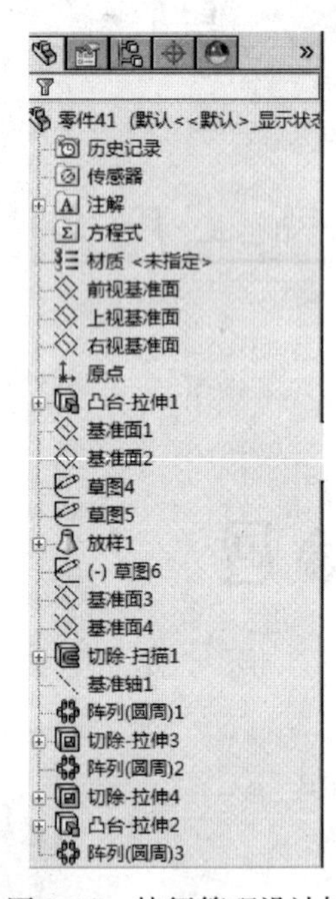

图 3-12　特征管理设计树

（3）特征管理设计树。特征管理设计树是 SolidWorks 中一个独特的部分，它可以显示零件或装配体中的所有特征。特征创建后就自动加入到特征管理设计树中，因此特征管理设计树代表了建模的时间序列，在工程图文档中则是记录视图的生成过程，如图 3-12 所示。通过特征管理设计树，可以进行如下操作：选择对象，更改特征生成顺序，查看父子关系，压缩与解除压缩特征或装配体中的零件，提供编辑项目的快捷方式。

3. 基本环境设置

设计之前，首先要创建适合自己风格的设计环境，SolidWorks 提供了各种设计的默认环境设置，并且针对不同的标准，给出不同的设计环境。设计时用户首先要选择适合自己的作图标准，然后再选择合适的选项。若修改设置，可以通过“选项”命令实现。选择菜单“工具”—“选项”命令或从标准工具栏上直接单击“选项”命令，弹出如图 3-13 所示的“系统选项-常规”窗口，通过该窗口可以设定符合自己要求的设计环境。

3.1.3　SolidWorks 建模实例

创建模型的一般步骤如下：进入模型的创建界面；分析模型，确定模型的创建顺序；画出零件草图，创建和修改模型的基本特征；创建和修改模型的其他辅助特征；完成模型所有特征的创建和修改，保存模型的造型。

1. 压盖造型

设计如图 3-14 所示的压盖。

（1）新建文件。启动 SolidWorks 2014，单击菜单栏中的“文件”—“新建”命令，在显示的“新建 SolidWorks 文件”窗口中选择“零件”，单击“确定”，进入操作界面，在左侧的“特征”管理器中选择“上视基准面”，单击草图工具栏中的“直线”图标下拉箭

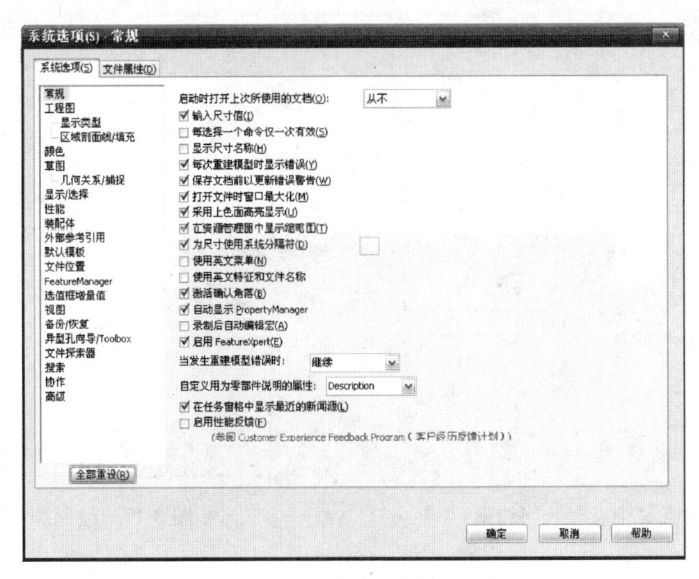

图 3-13　“系统选项-常规”窗口

头，选择“中心线”命令，绘制过原点的垂直线和水平线，单击“智能尺寸”图标，对图形添加尺寸约束，如图 3-15 所示。

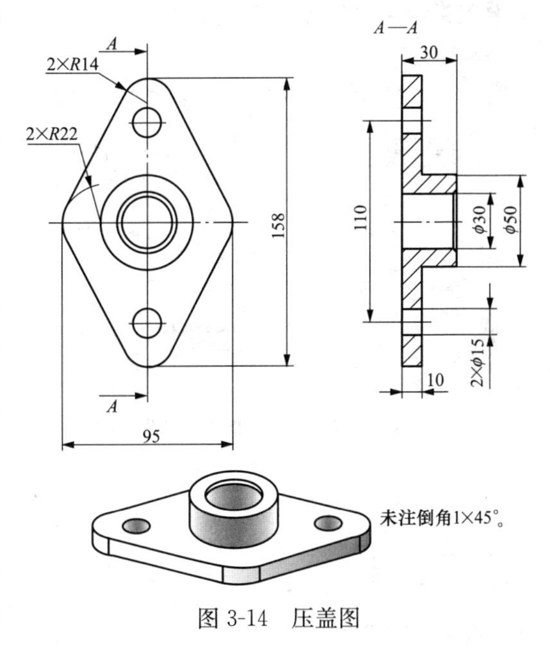

图 3-14　压盖图

（2）同时选中垂直线和原点，在显示的“属性”管理器“添加几何关系”中选择“中点”的几何约束，如图 3-16 所示，同样对水平线和原点建立“中点”的几何约束。

（3）单击草图工具栏中的“圆”图标，分别绘制半径为 14mm 和 22mm 的圆；单击“直线”图标，在绘图区任意绘制一条直线；单击“智能尺寸”图标，对图形添加尺寸约束，如图 3-17 所示。

（4）同时选中直线和半径为 22mm 的圆，在“属性”管理器“添加几何关系”中选择“相切”的几何约束，同样对直线和半径为 14mm 的圆建立“相切”的几何约束，如图 3-18 所示；单击“裁剪实体”图标，裁剪掉多余的草图实体，如图 3-19 所示。

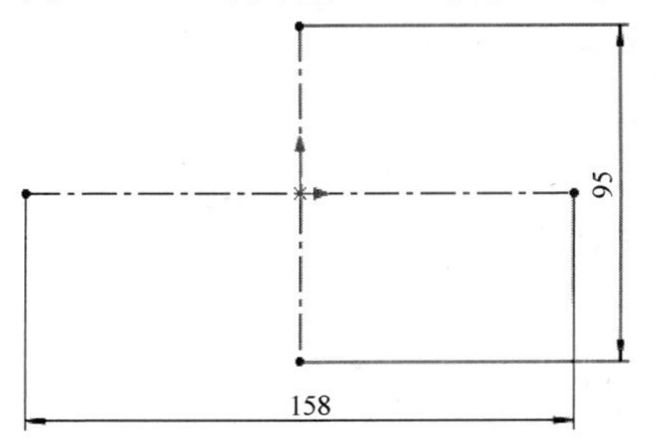

图 3-15　在“上视基准面”绘制草图

（5）单击草图工具栏中的“镜向”图标，在“镜向”管理器“要镜像的实体”中选择草图实体，在“镜向点”列表框中添加垂直线，单击“确定”按钮，完成草图实体水平镜向，如图 3-20（a）所示。同样对草图进行竖直镜像操作，单击“确认”图标，退出草图，如图 3-20（b）所示。

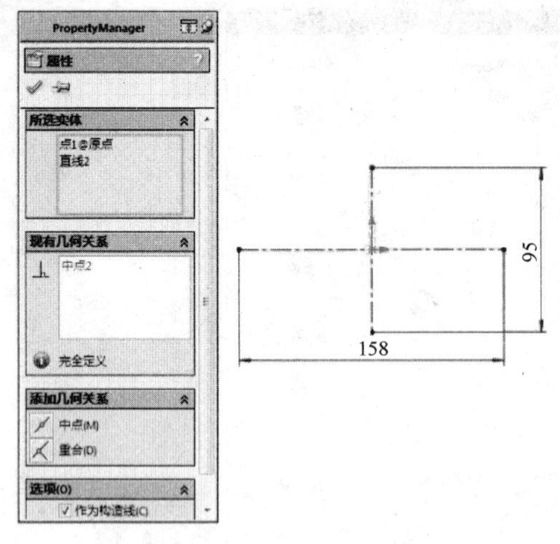

图 3-16　建立“中点”几何约束

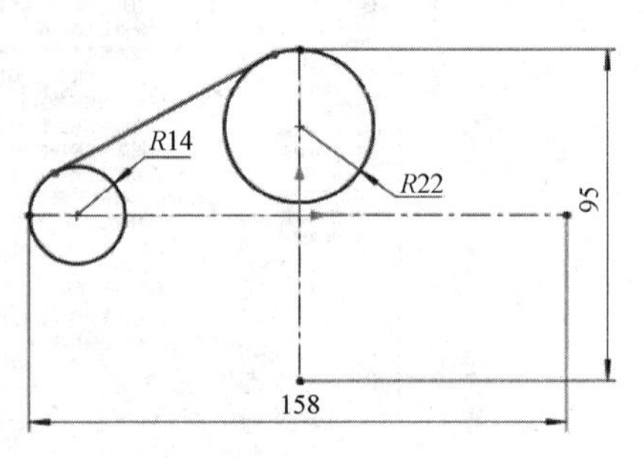

图 3-17　绘制圆和直线

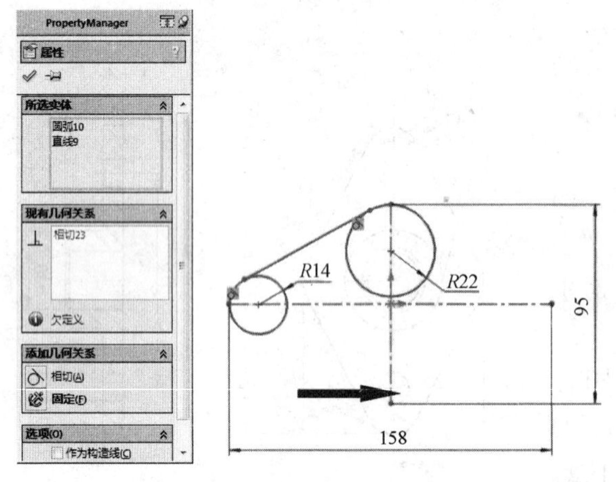

图 3-18　添加“相切”约束

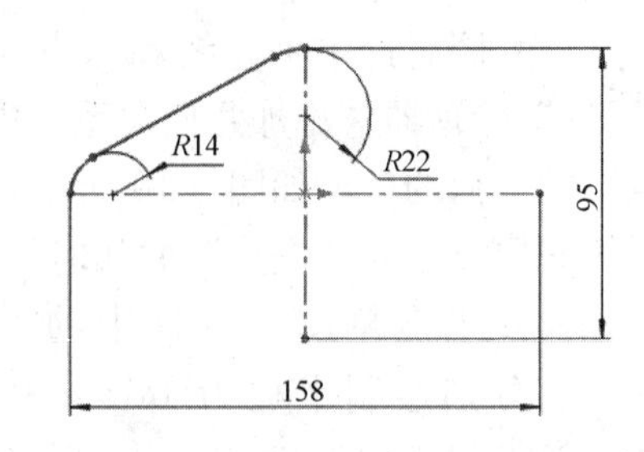

图 3-19　裁剪后的草图实体

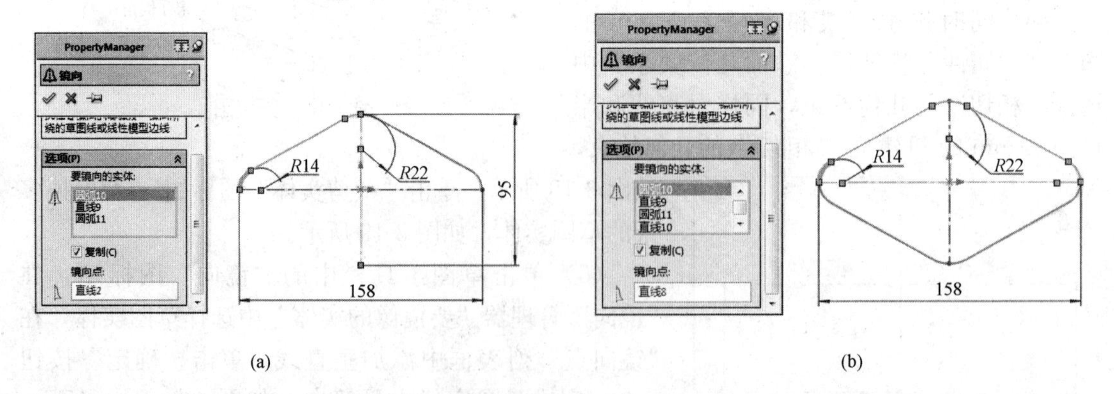

图 3-20　镜向草图实体

（a）完成水平镜向；（b）完成竖直镜向

（6）单击特征工具栏中的“拉伸凸台/基体”图标，在“凸台-拉伸”管理器“方向1”选项组里设定“深度”为10mm，其他参数不变。单击“确定”按钮，完成实体拉伸，如图3-21所示。

（7）选择实体上表面作为草图绘制平面，单击草图工具栏中的“圆”图标，以原点为圆心，绘制如图3-22所示直径为50mm的圆。单击“确认”图标，退出草图。

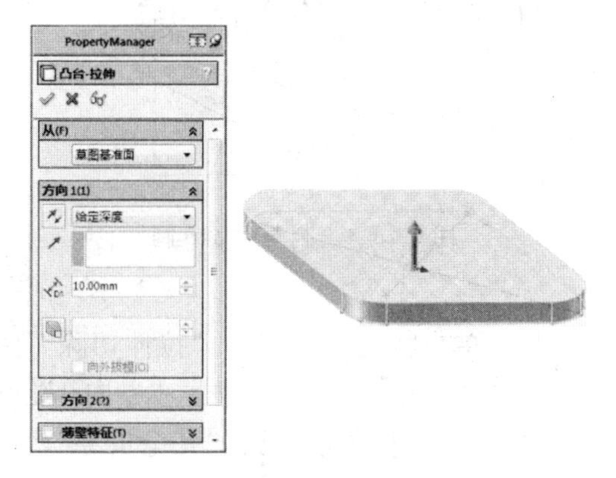

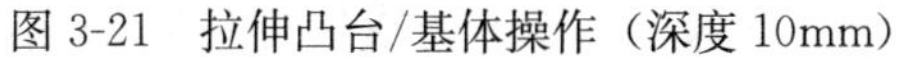
图3-21　拉伸凸台/基体操作（深度10mm）

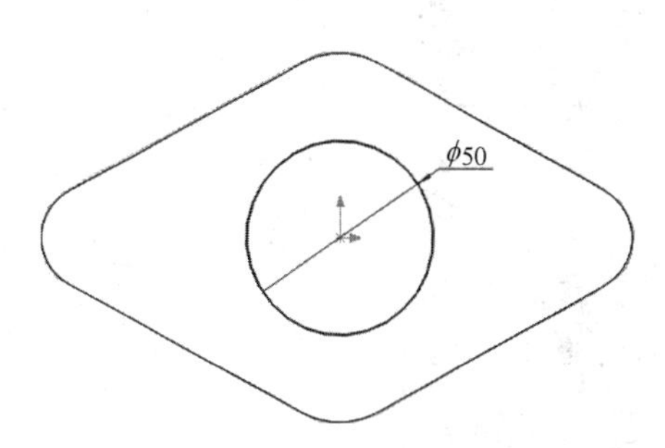

图3-22　绘制ϕ50圆

（8）单击特征工具栏中的“拉伸凸台/基体”图标，在“凸台-拉伸”管理器“方向1”选项组里设定“深度”为20mm，其他参数不变，单击“确定”按钮，完成实体拉伸，如图3-23所示。

（9）选择圆柱上表面作为草图绘制平面，单击草图工具栏中的“圆”图标，以原点为圆心，绘制如图3-24所示的直径为30mm的圆。单击“确认”图标，退出草图。

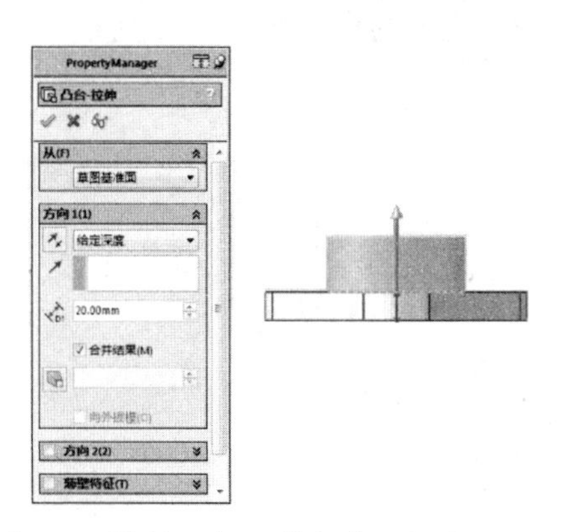

图3-23　拉伸凸台/基体操作（深度20mm）

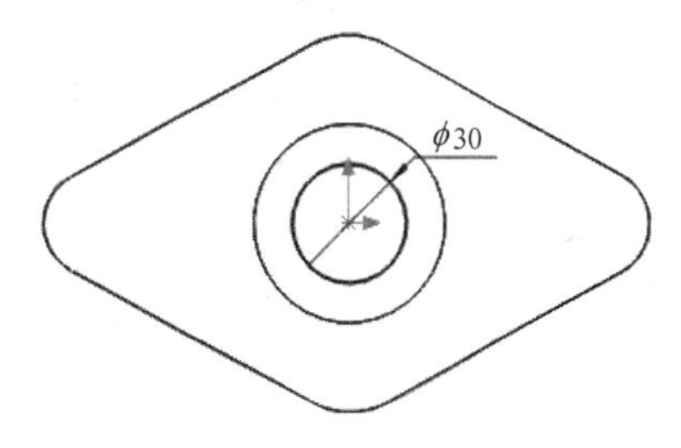

图3-24　绘制ϕ30圆

（10）单击特征工具栏中“拉伸切除”图标，在左侧的“切除-拉伸”管理器“方向1”选项组中，设置“终止条件”为“完全贯穿”，单击“确定”按钮，完成拉伸切除操作，如图3-25所示。

（11）选择基体上表面作为草图绘制平面，单击草图工具栏中的“圆”图标，绘制如图3-26所示的两个直径为15mm、距离为110mm的圆。单击“确认”图标，退出草图。

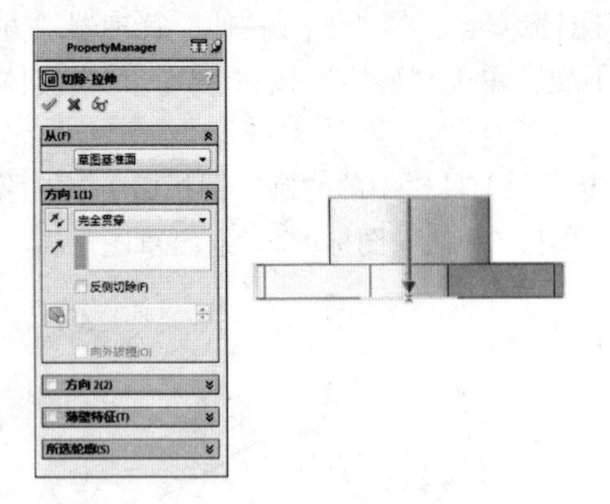

图 3-25　拉伸切除操作 Ⅰ

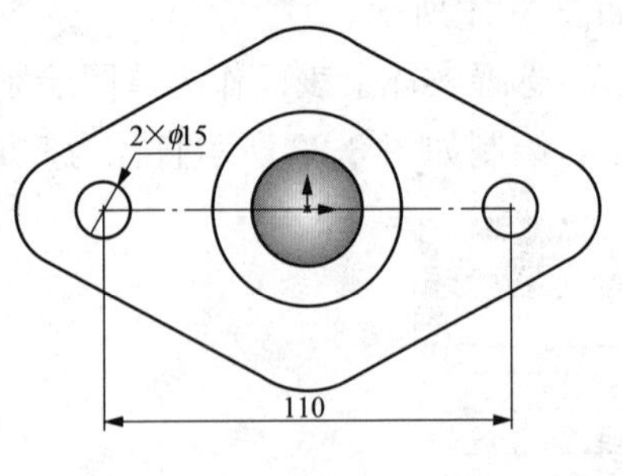

图 3-26　绘制两个 ϕ15 圆

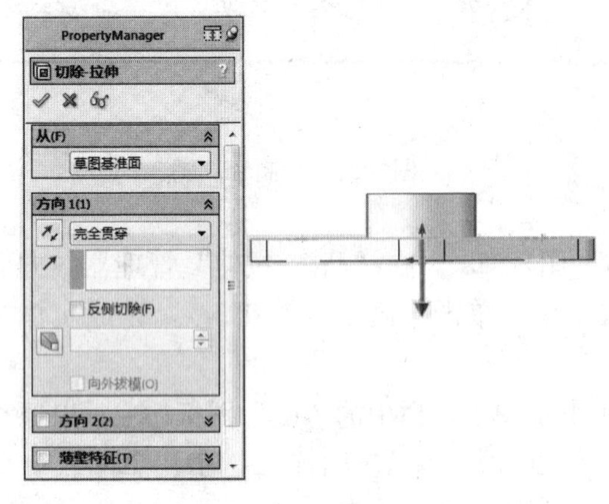

图 3-27　拉伸切除操作 Ⅱ

（12）单击特征工具栏的“拉伸切除”图标，在“切除-拉伸”管理器“方向 1”选项组，设置“终止条件”为“完全贯穿”，单击“确定”按钮，完成拉伸切除操作，如图 3-27 所示。

（13）单击特征工具栏中的“圆角”图标下拉箭头，选择“倒角”，在“倒角”管理器“距离”中输入 1mm，选择孔口的边线，单击“确定”按钮，完成倒角，如图 3-28 所示。

（14）完成的模型如图 3-29 所示。

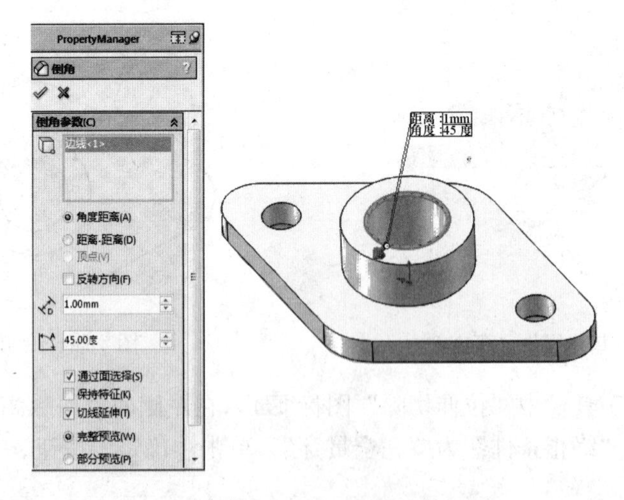

图 3-28　倒角操作

2. 六角螺母

设计如图 3-30 所示的六角螺母。

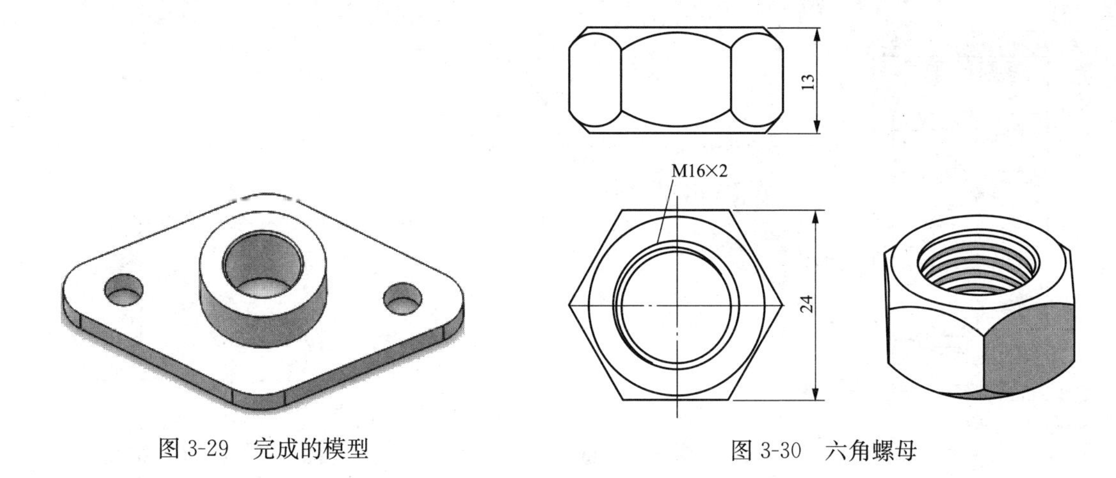

图 3-29　完成的模型　　　　图 3-30　六角螺母

（1）新建文件。启动 SolidWorks，单击菜单栏中的“文件”—“新建”命令，在显示的“新建 SolidWorks 文件”窗口中选择“零件”，单击“确定”后进入到操作界面。在“特征”管理器中选择“上视基准面”，单击草图工具栏中的“多边形”图标，以原点为基准，在“多边形”管理器中将“边数”设为 6，设置“内切圆”直径为 24mm，绘制正六边形，如图 3-31 所示。单击“确认”图标，退出草图。

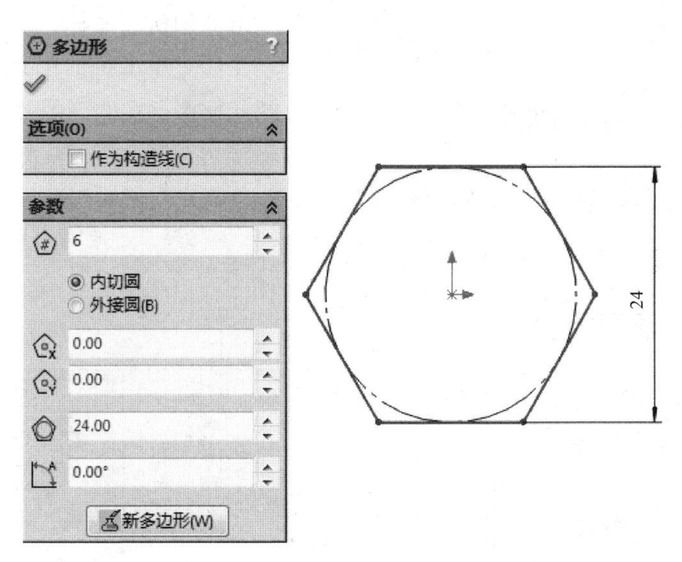

图 3-31　绘制六边形

（2）单击特征工具栏中的“拉伸凸台/基体”图标，在左侧“凸台-拉伸”管理器“方向 1”选项组里设定六边形的“深度”为 13mm，其他参数不变，如图 3-32 所示，单击“确定”按钮，完成实体拉伸。

（3）选择特征管理器中的“前视基准面”，单击草图工具栏中的“直线”图标，绘制三角形及过原点的垂直线和水平线，如图 3-33 所示。单击“智能尺寸”图标，对三角形添加尺寸约束，同时选中两条直线，在“属性”管理器中选择“作为构造线”，改变两条直线的属性为构造线，如图 3-34 所示。

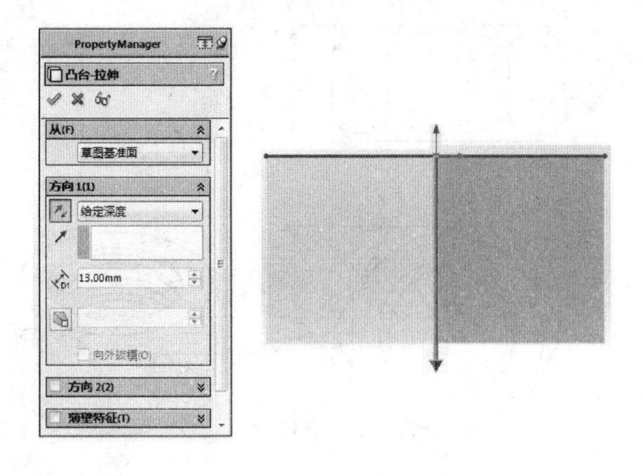

图 3-32 拉伸凸台/基体操作（深度 13mm）

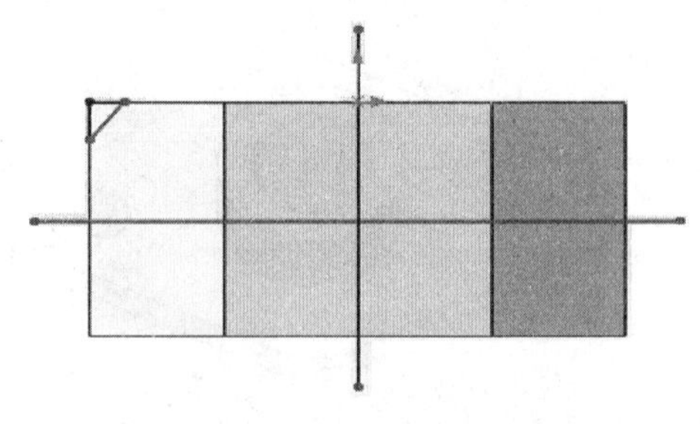

图 3-33 绘制草图

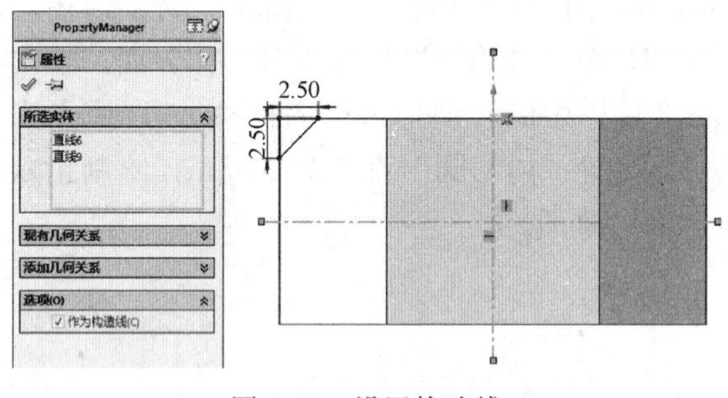

图 3-34 设置构造线

（4）单击草图工具栏中“镜向实体”图标，在“镜向”管理器中选择三角形作为要镜像的实体，在“镜向点”选项中添加水平的直线，单击“确定”按钮，完成镜向操作，如图 3-35 所示。单击“确认”图标，退出草图。

（5）单击特征工具栏的“旋转切除”图标，在左侧的“旋转切除”管理器中选择三角形作为截面，在“旋转轴”选项中选择垂直线，绘图区显示旋转切除预览，单击“确定”按钮，完成旋转切除操作，如图 3-36 所示。

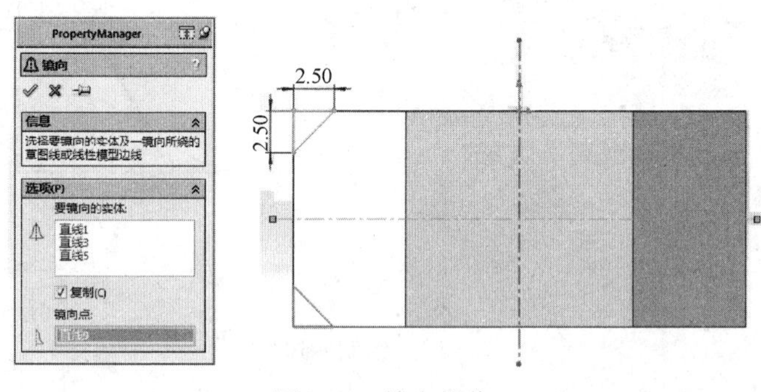

图 3-35 镜向操作

（6）选择实体上表面作为草图绘制平面，单击草图工具栏中的“圆”图标，绘制半径为 7mm 的圆，单击“确定”按钮，完成圆的绘制，如图 3-37 所示。单击“确认”图标，退出草图。

（7）单击特征工具栏中“拉伸切除”图标，在“切除-拉伸”管理器“方向 1”选项组，设置“终止条件”为“完全贯穿”，单击“确定”按钮，完成拉伸切除操作，如图 3-38 所示。

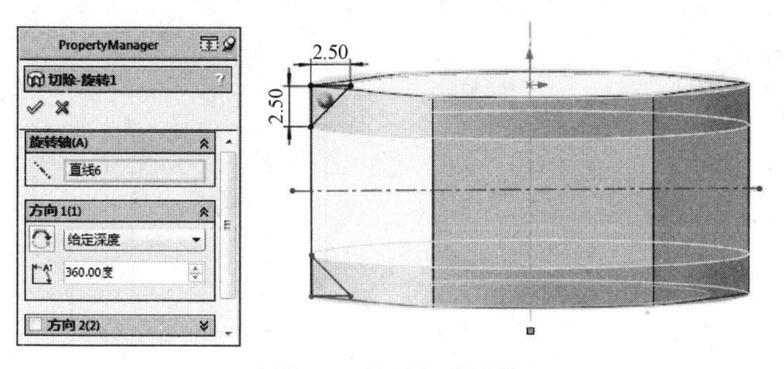

图 3-36　旋转切除操作

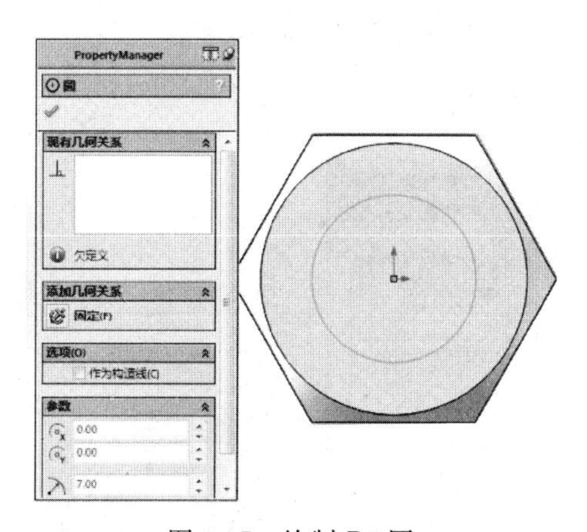

图 3-37　绘制 $R7$ 圆

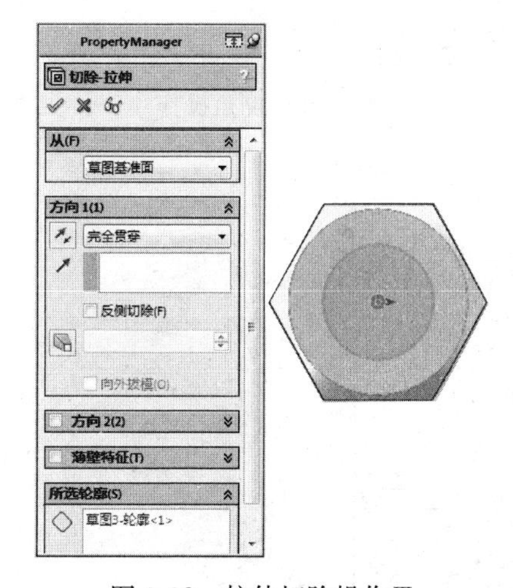

图 3-38　拉伸切除操作Ⅲ

（8）单击特征工具栏中的“圆角”图标下拉箭头，选择“倒角”，在“倒角”管理器中输入“距离”为 1mm，选择孔口的两条边线，单击“确定”按钮，完成实体倒角，如图 3-39 所示。

（9）建立基准面。单击特征工具栏“参考几何体”图标下拉箭头，选择“基准面”，在“基准面”管理器“第一参考”中选择实体上表面，在“偏移距离”中输入 5mm，单击“确定”按钮，完成基准面的建立，如图 3-40 所示。

（10）选择特征管理器设计树中的“基准面 1”作为草图绘制平面，单击草图工具栏中的“圆”图标，以原点为圆心绘制半径为 8mm 的圆，单击“确定”按钮，完成圆的绘制，如图 3-41 所示。单击“确认”图标，退出草图。

（11）单击特征工具栏的“曲线”图标下拉箭头，选择“螺旋线/涡状线”，在“螺旋线/涡状线”管理器中设置“螺距”为 2mm，“圈数”为 12 圈，如图 3-42 所示。单击“确定”按钮，生成螺旋线，如图 3-43 所示。

（12）单击特征工具栏“参考几何体”图标下拉箭头，选择“基准面”，在“基准面”管理器“第一参考”中选择螺旋线，在“第二参考”中选择螺旋线上方的端点，生成垂直于螺旋线端点的基准面，单击“确定”按钮，完成“基准面 2”的建立，如图 3-44 所示。

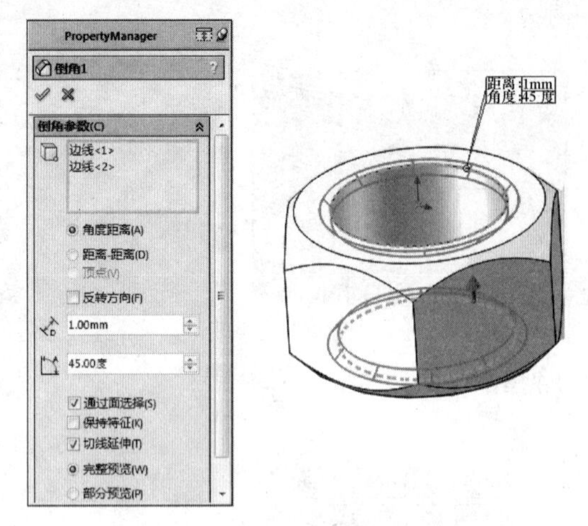

图 3-39　倒角操作

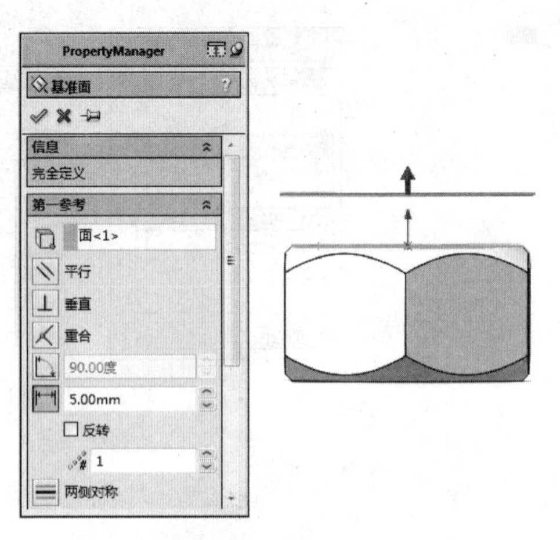

图 3-40　建立基准面

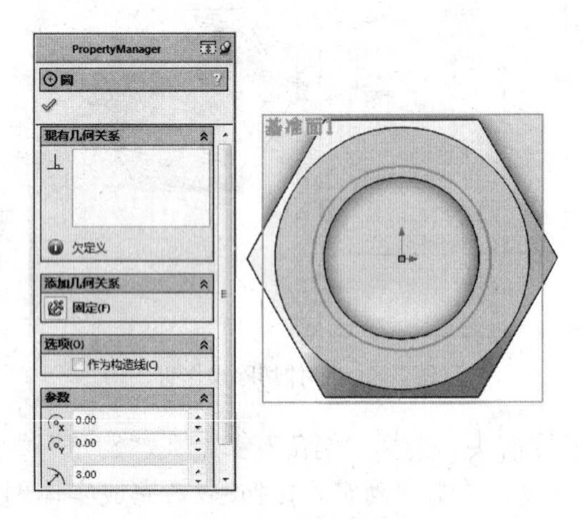

图 3-41　绘制 $R8$ 圆

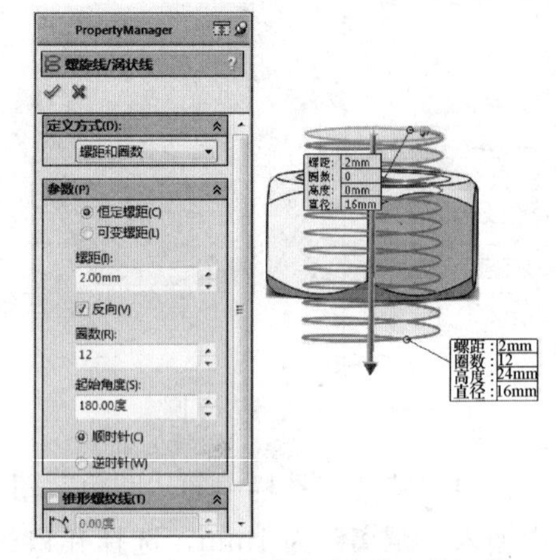

图 3-42　“螺旋线/涡状线”管理器

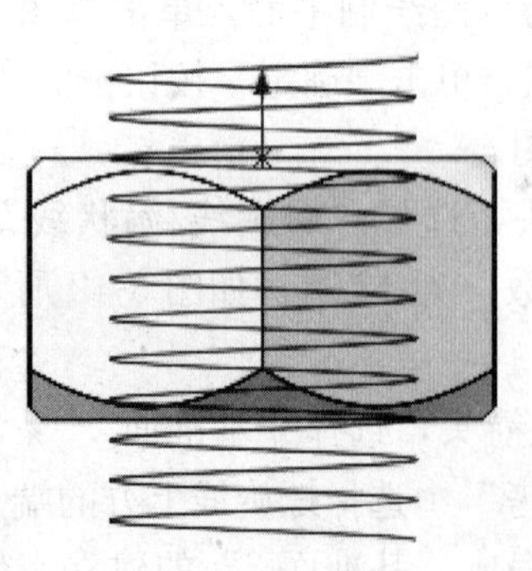

图 3-43　生成的螺旋线

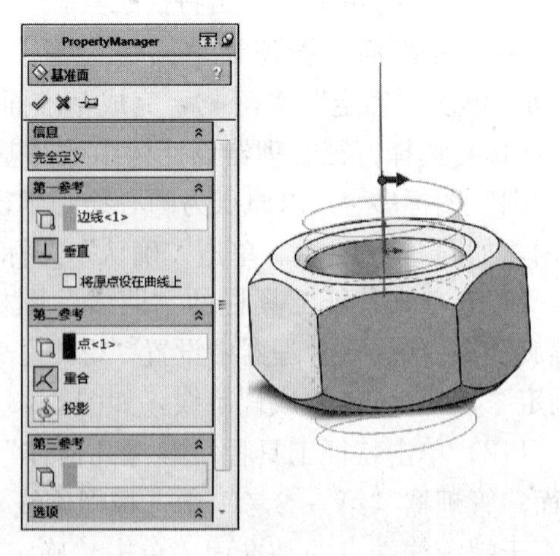

图 3-44　“基准面 2”的建立

（13）选择特征管理器设计树中的“基准面2”作为草图绘制平面，单击草图工具栏中的“多边形”图标，在“多边形”管理器中将“边数”设为3，以原点为基准绘制任意尺寸的三角形。单击“智能尺寸”图标，对三角形添加尺寸约束，选择三角形右侧端点，在“点”管理器“参数”选项中将该点坐标设为X0、Y0，单击“确定”按钮，如图3-45所示。单击“确认”图标，退出草图。

（14）单击特征工具栏中的“扫描切除”图标，在“切除-扫描”管理器中将三角形作为扫描轮廓，螺旋线作为扫描路径，绘图区显示预览，如图3-46所示。单击“确定”按钮，完成实体模型，如图3-47所示。

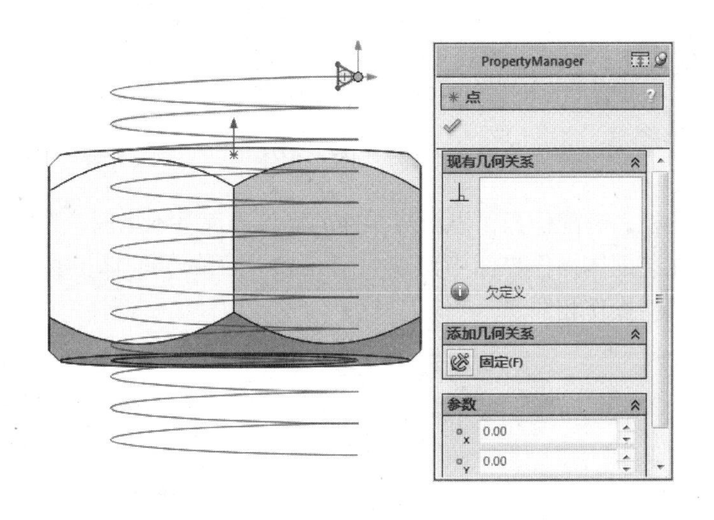

图3-45　“点”管理器

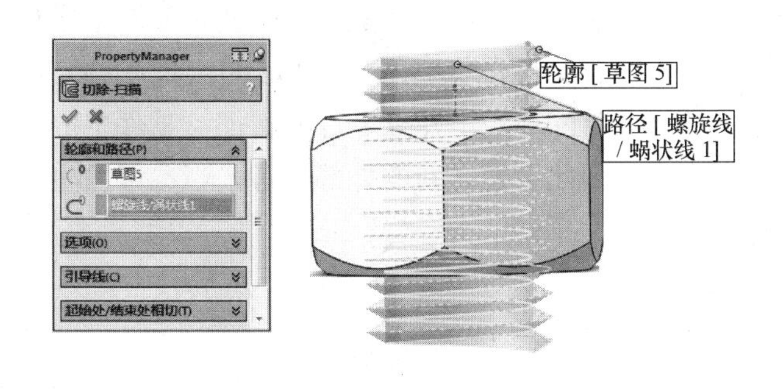

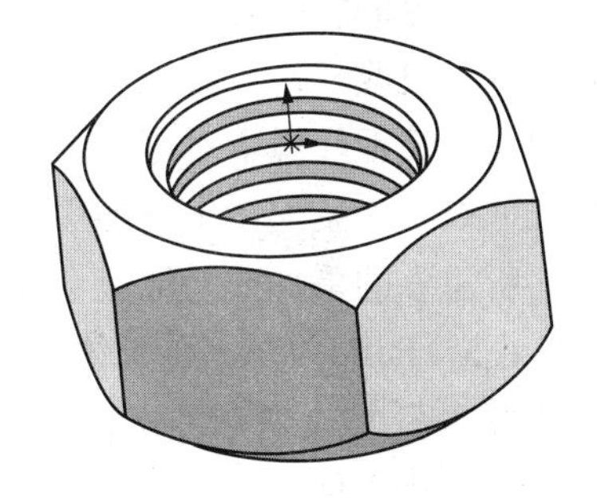

图3-46　“切除-扫描”管理器

图3-47　完成的实体模型

3.1.4　SolidWorks装配体设计

装配体文件是SolidWorks中的文件类型之一，当完成零件建模后，在装配体环境下可以将零件组合到一起，通过配合关系来确定位置和限制运动，使得装配体能够进行运动仿真、计算质量等操作。此外还可以通过装配体进行高级装配和设计零件。

（1）创建装配体文件。进入装配体环境有两种方法：第一种是新建装配体文件时，在弹出的窗口中选择装配体模板，单击“确定”按钮，即可新建一个装配体文件，进入到装配环境；第二种是在零件环境中选择“文件”—“从零件制作装配体”命令，切换到装配环境，如图 3-48 所示。

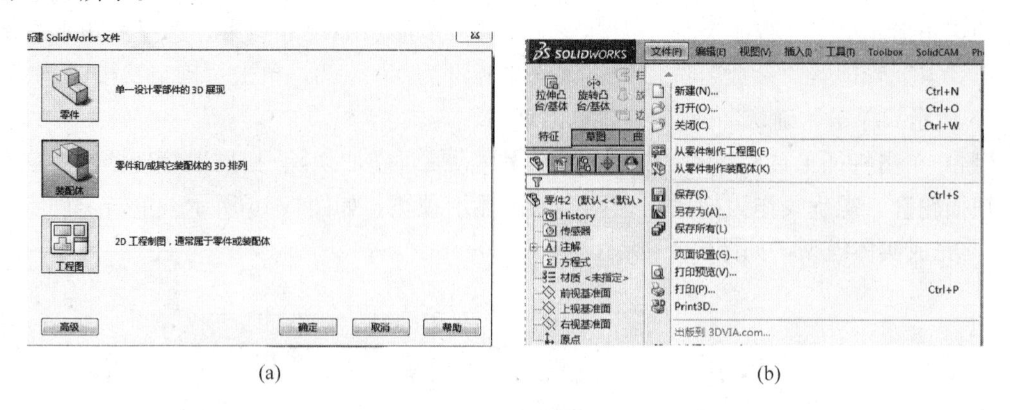

图 3-48 创建装配体

（2）装配体工具栏。装配体操作界面与零件的操作界面基本相同，在特征管理器中出现一个配合组，就会在装配体操作界面中出现如图 3-49 所示的装配体工具栏。装配体工具栏的操作是与零件工具栏操作相同。

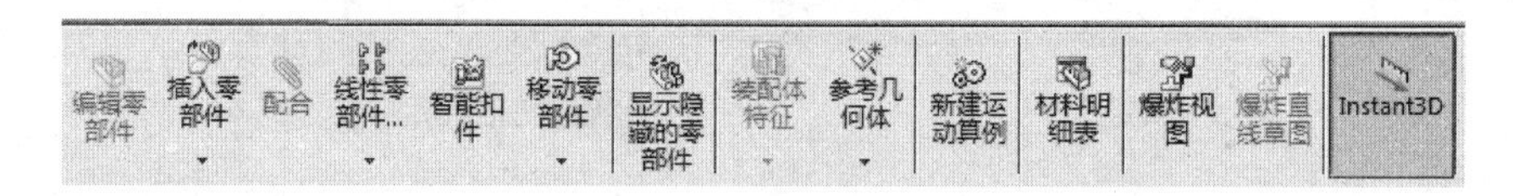

图 3-49 装配体工具栏

（3）设计装配体的方法。SolidWorks 有两种设计装配体的方法，即自下而上和自上而下。自下而上的装配设计是先设计并造型零件，然后将零件插入装配体，再使用配合来定位零件，若想更改零件，必须单独编辑零件，更改完成后可在装配体中看见。自上而下的装配设计则是在装配环境下对零件的高级操作方式，在装配环境下建立零件或特征，零件中的这个特征可以参考装配体中其他零件的位置、轮廓，因此会建立新的外部参考，当参考发生变化时，所建立的零件或特征也会发生相应的改变。

3.1.5 SolidWorks 装配体实例

完成如图 3-50 所示的机械臂装配体。

（1）新建文件。启动 SolidWorks，单击菜单栏中的“文件”—“新建”命令，在弹出的“新建 SolidWorks 文件”窗口［见图 3-48（a）］中选择“装配体”，单击“确定”按钮，进入装配体操作界面，在其左侧显示“开始装配体”管理器，如图 3-51 所示。

（2）定位“基座”。单击“开始装配体”管理器中“浏览”按钮，选择零件“基座”，单击“打开”按钮，在视图区域以原点为基准单击鼠标左键，将零件“基座”放入装配体界面，如图 3-52 所示。

（3）插入“底座”。单击“插入零部件”—“浏览”命令，选择零件“底座”，将其载入“开始装配体”管理器中，在视图区单击鼠标左键将“底座”放入装配界面中，单击工具栏“移动零部件”命令，将“底座”移动到合适的位置，如图 3-53 所示。

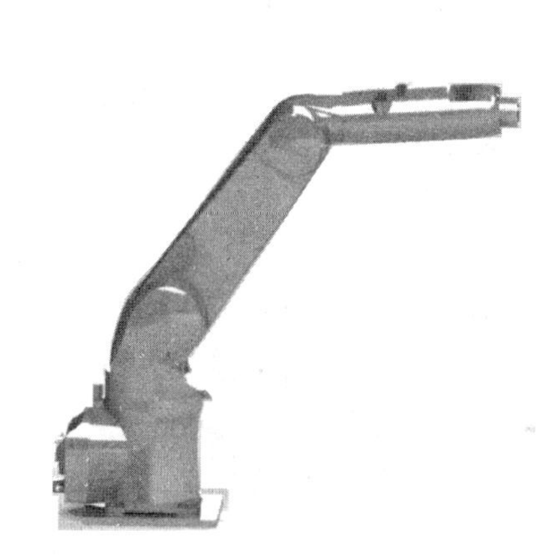

图 3-50　机械臂装配体

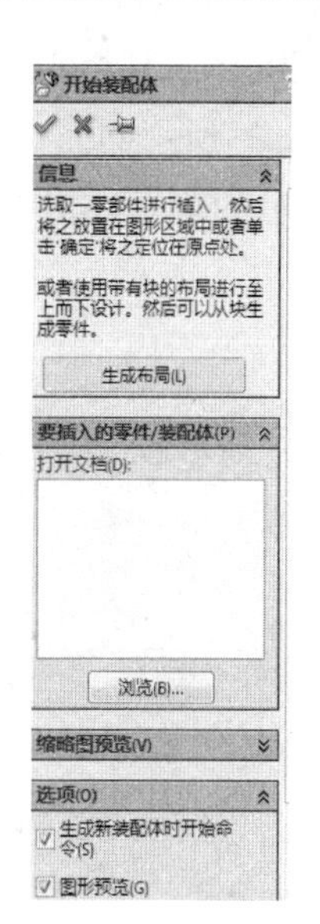

图 3-51　建立装配体文件

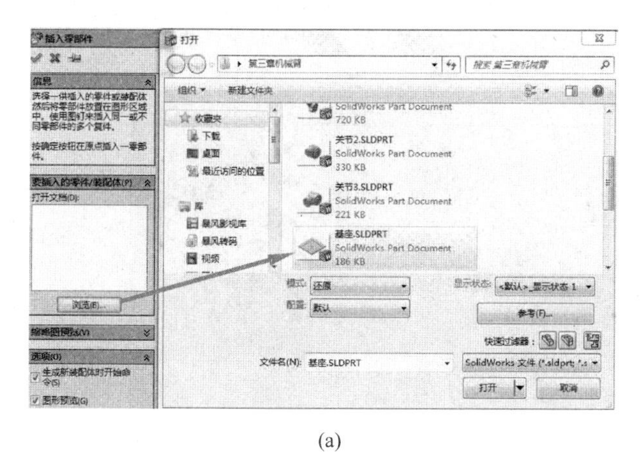

(a)

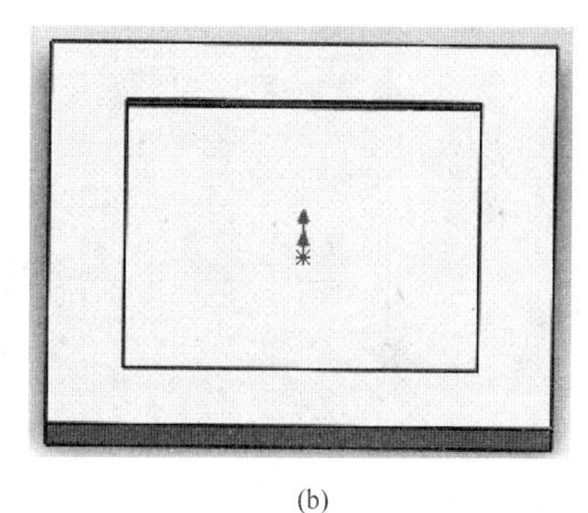

(b)

图 3-52　定位“基座”

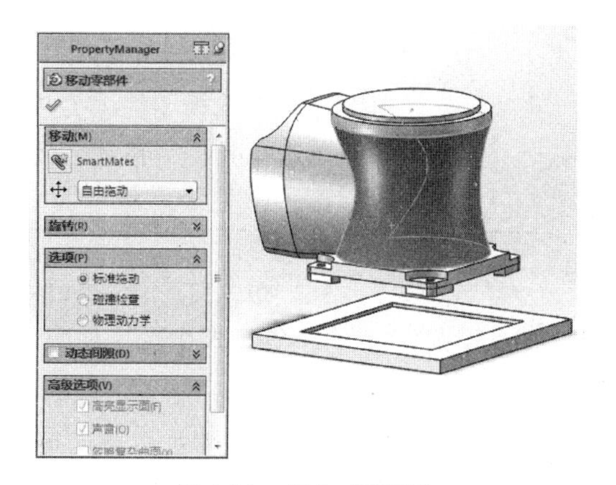

图 3-53　插入“底座”

（4）单击装配体工具栏中“配合”图标，显示“配合”管理器。在“配合选择”中，选择如图 3-54（a）所示的面，添加“重合”配合，单击关联窗口“确定”按钮；选择如图 3-54（b）所示的面，在关联窗口“距离”选项里，输入 2mm，单击“确定”按钮；再次单击“确定”按钮，退出“配合”管理器。

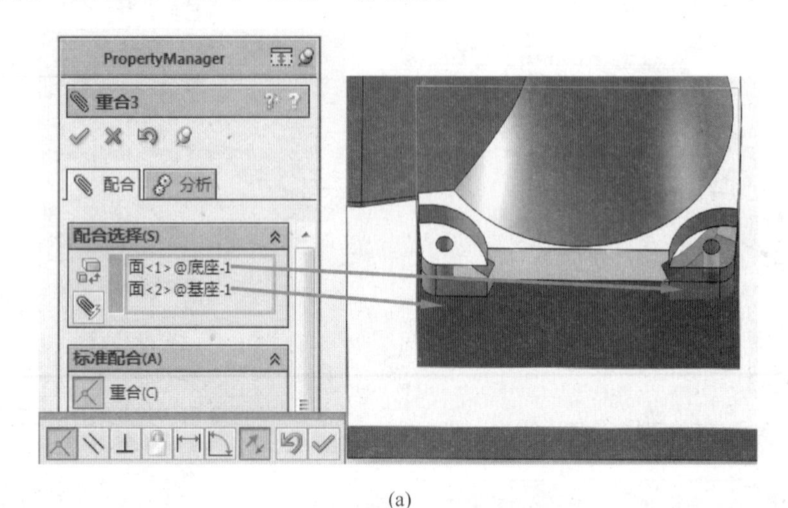

(a)

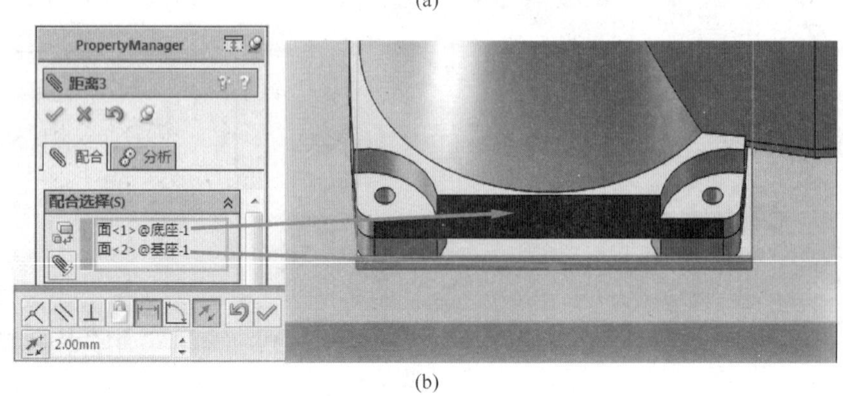

(b)

图 3-54 建立“基座”和“底座”配合

（a）添加“重合”配合；（b）添加“距离”配合

图 3-55 插入“关节 1”

（5）插入“关节 1”。单击“插入零部件”—“浏览”命令，选择零件“关节 1”，将其插入装配体界面中，单击工具栏“移动零部件”下拉箭头，选择“旋转零部件”命令，将“关节 1”旋转到合适的位置，如图 3-55 所示。

（6）单击装配体工具栏中的“配合”图标，在“配合”管理器中选择如图 3-56（a）所示的面，添加“同轴心”配合，单击关联窗口“确定”按钮；选择如图 3-56（b）所示的面，添加“重合”配合，单击关联窗口“确定”按钮；再次单击“确定”按钮，退出“配合”管理器。

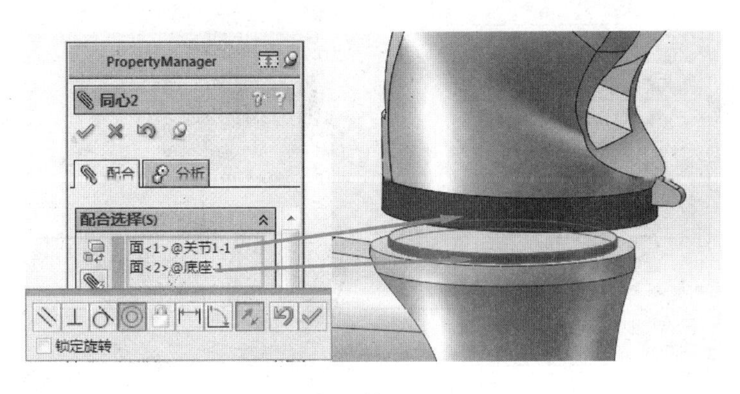

(a)

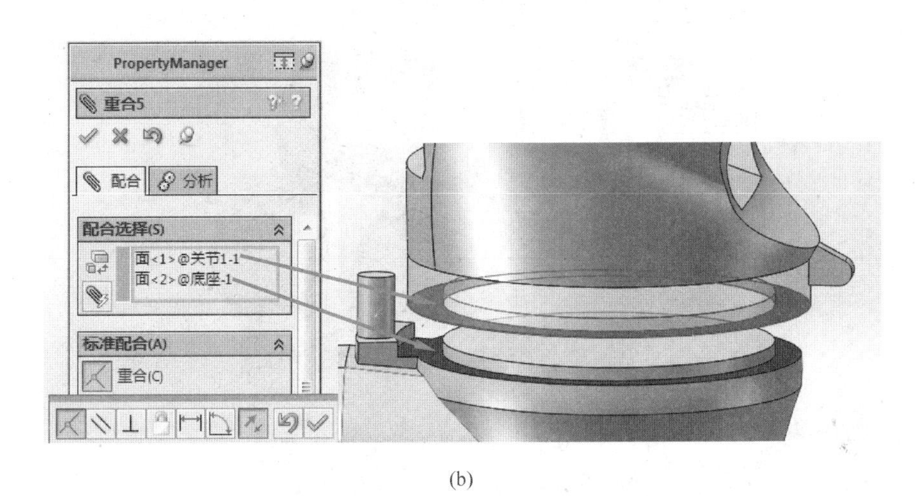

(b)

图 3-56　建立“关节 1”和“底座”配合

(a) 添加“同轴心”配合；(b) 添加“重合”配合

(7) 插入“大臂”。单击“插入零部件”—“浏览”命令，选择零件“大臂”，将其插入装配体界面中，单击工具栏“移动零部件”命令，将“大臂”移动到合适的位置上，如图 3-57 所示。

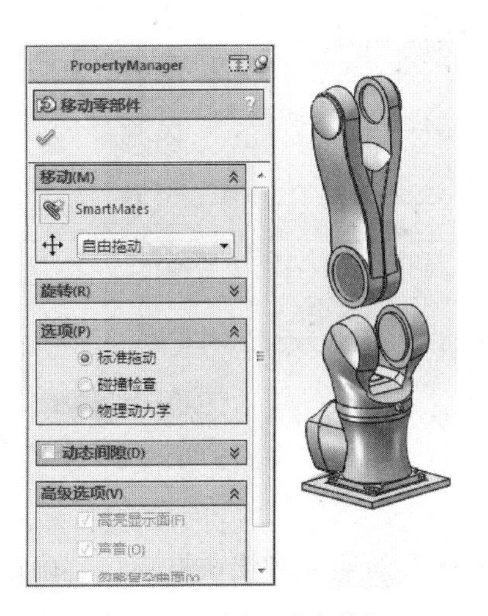

图 3-57　插入“大臂”

(8) 单击装配体工具栏中的“配合”图标，在“配合”管理器中选择如图 3-58 (a) 所示的面，添加“同轴心”配合，单击关联窗口“确定”按钮；选择如图 3-58 (b) 所示的面，添加“重合”配合，单击关联窗口“确定”按钮；再次单击“确定”按钮，退出“配合”管理器，拖动“大臂”到合适的位置上。

(9) 插入“关节 2”。单击“插入零部件”—“浏览”命令，选择零件“关节 2”，将其插入穿配体界面中，单击工具栏“移动零部件”命令，将“关节 2”移

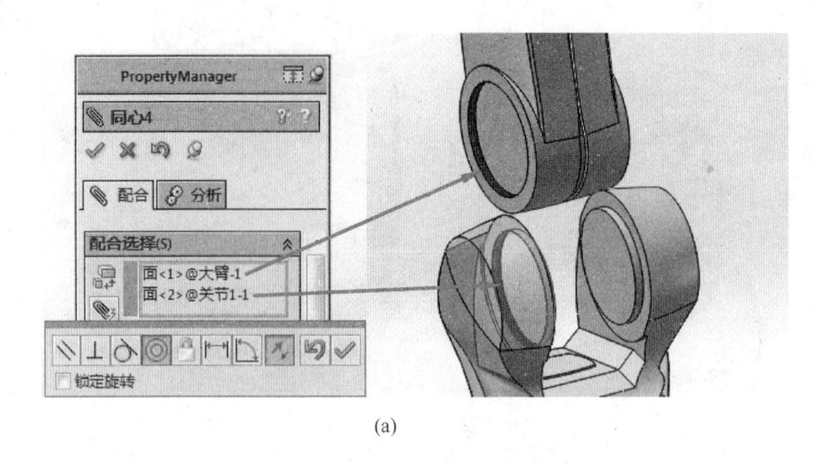

(a)

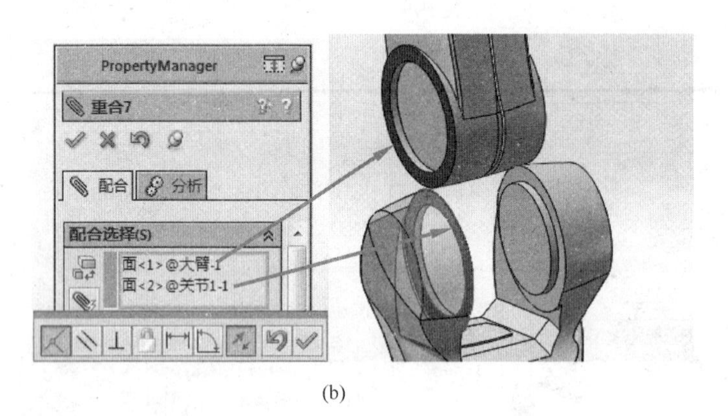

(b)

图 3-58 建立“大臂”和“关节 1”配合

(a) 添加“同轴心”配合；(b) 添加“重合”配合

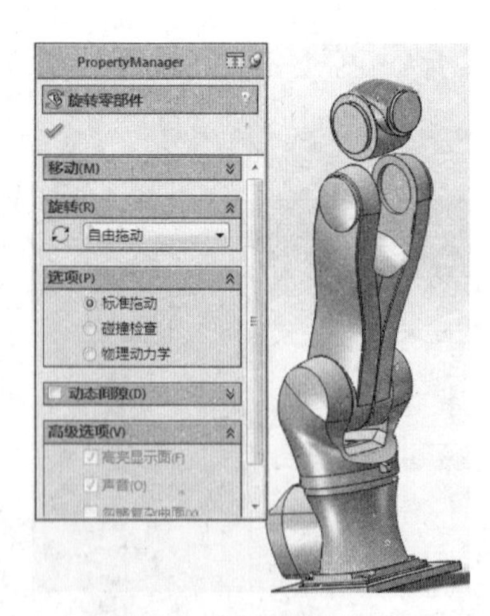

图 3-59 插入“关节 2”

动到合适的位置上，如图 3-59 所示。

（10）单击装配体工具栏中的“配合”图标，在“配合”管理器中选择如图 3-60（a）所示的面，添加“同轴心”配合，单击关联窗口“确定”按钮；选择如图 3-60（b）所示的面，添加“重合”配合，单击关联窗口“确定”按钮；再次单击“确定”按钮，退出“配合”管理器，拖动“关节 2”到合适的位置上。

（11）插入“小臂”。单击“插入零部件”—“浏览”命令，选择零件“小臂”，将其插入装配体界面中，单击工具栏“旋转零部件”命令，将“小臂”旋转到合适的位置上，如图 3-61 所示。

（12）单击装配体工具栏中的“配合”图标，在“配合”管理器中选择如图 3-62（a）所示的面，添加“同轴心”配合，单击关联窗口“确定”按钮；选择如图 3-62（b）所示的面，添加“重合”配合，单击关联窗口“确定”按钮；再次单击“确定”按钮，退出“配合”管理器，拖动“小臂”到合适的位置上。

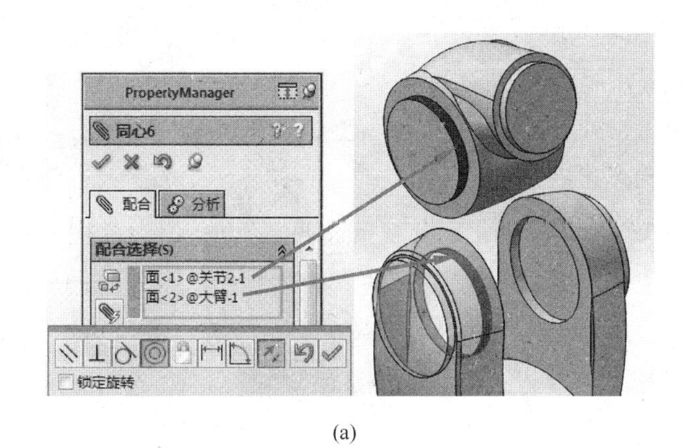

(a)

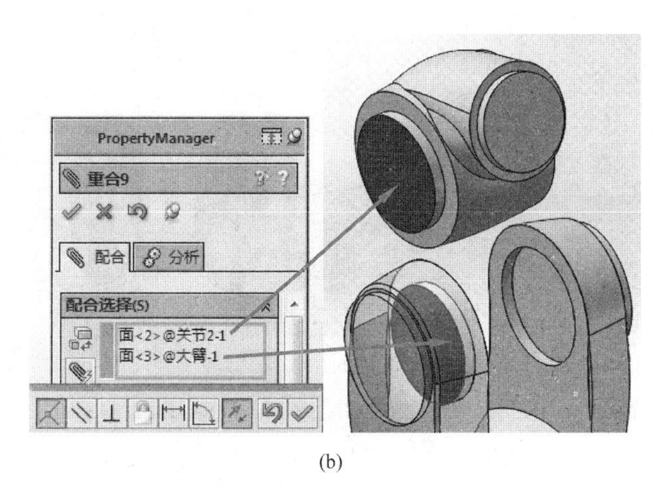

(b)

图 3-60　建立“关节 2”和“大臂”配合

(a) 添加“同轴心”配合；(b) 添加“重合”配合

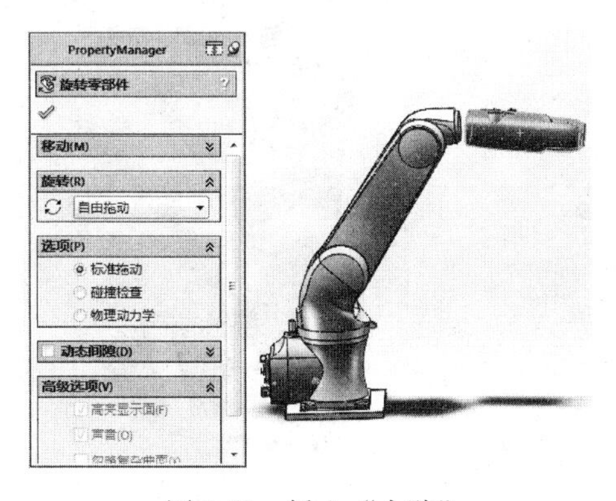

图 3-61　插入“小臂”

（13）插入“关节 3”。单击“插入零部件”—“浏览”命令，选择零件“关节 3”，将其插入装配体界面中，单击工具栏“移动零部件”命令，将“关节 3”移动到到合适的位置上，如图 3-63 所示。

（14）单击装配体工具栏中的“配合”图标，在“配合”管理器中选择如图 3-64（a）

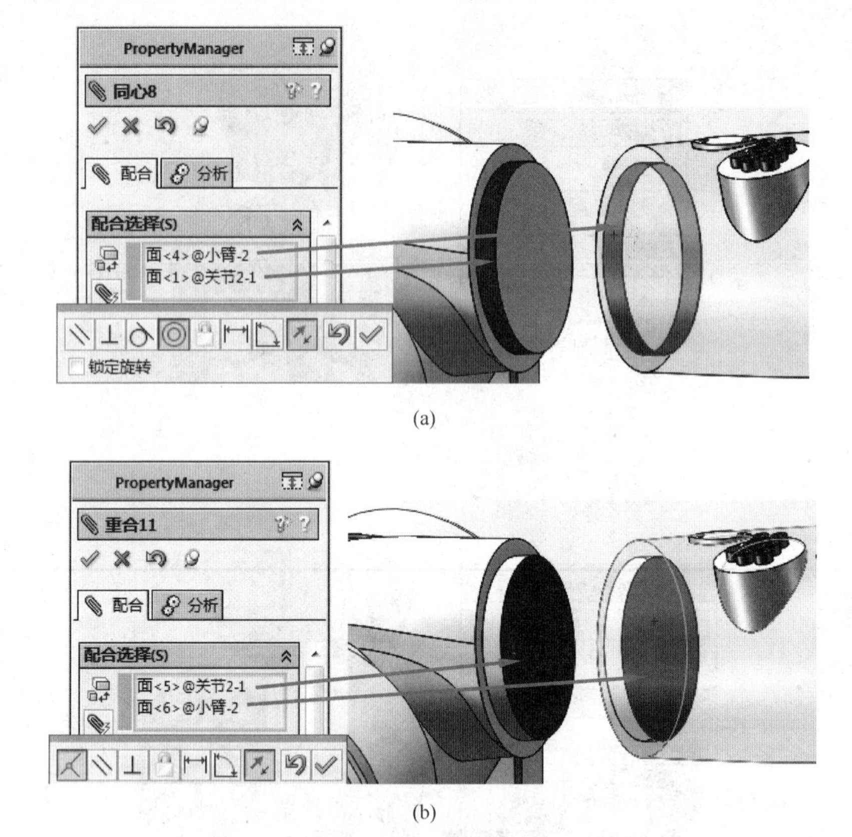

(a)

(b)

图 3-62　建立“小臂”和“关节 2”配合

(a) 添加“同轴心”配合；(b) 添加“重合”配合

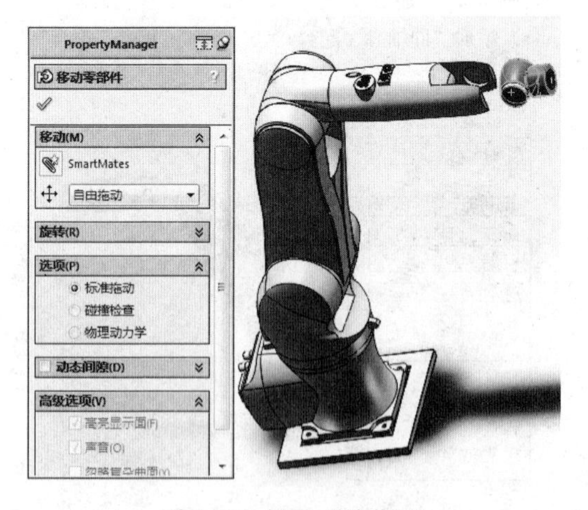

图 3-63　插入“关节 3”

所示的面，添加“同轴心”配合，单击关联窗口“确定”按钮✔；选择如图 3-64（b）所示的面，添加“重合”配合，单击关联窗口“确定”按钮✔；再次单击“确定”按钮✔，退出“配合”管理器，拖动“关节 3”到合适的位置上。

（15）插入“螺栓”。单击图形区域右侧“任务窗格”—“设计库”，定位设计库到

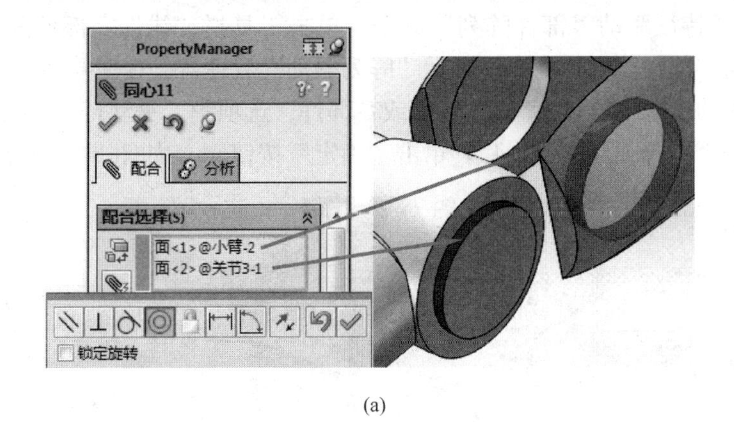

(a)

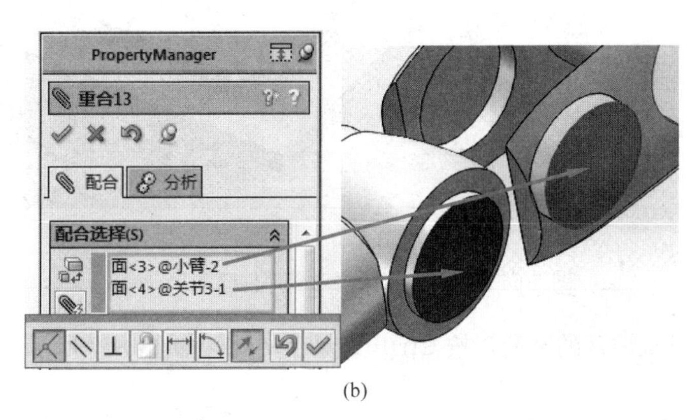

(b)

图3-64　建立"关节3"和"小臂"配合

(a) 添加"同轴心"配合；(b) 添加"重合"配合

"Toolbox/GB/螺栓和螺钉/六角头螺栓"，拖动"六角头螺栓 全螺纹C级 GB/T 5781—2000"零件到孔边线上，松开鼠标显示"配置零部件"管理器窗口，选择大小为"M16"的配置，长度默认，单击"确定"按钮✔，弹出"插入零部件"窗口，单击"取消"按钮✖，退出"插入零部件"窗口，如图3-65所示。

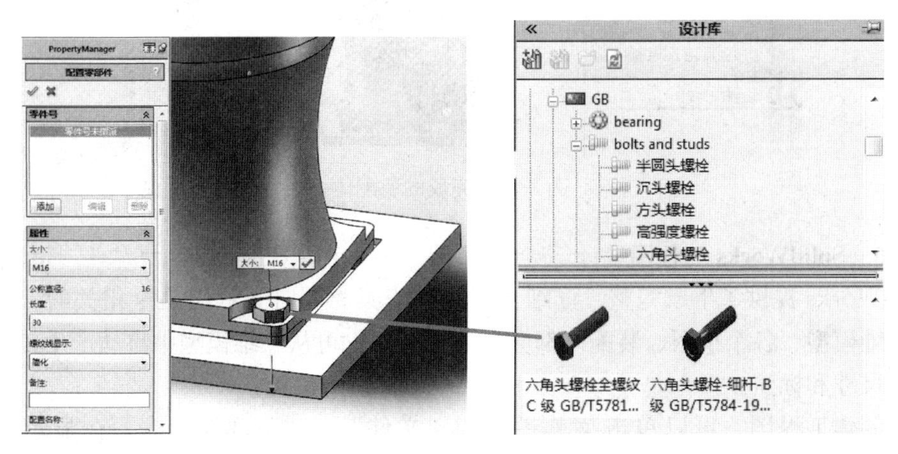

图3-65　插入"螺栓"

（16）使用“特征驱动零部件阵列”命令。单击工具栏“线性零部件阵列”下拉箭头，选择“阵列驱动零部件阵列”命令，显示“阵列驱动”管理器。在“要阵列的零部件”中选择装配体中插入的“螺栓”，在“驱动特征或零部件”选项中，手动打开“设计树”，在展开的特征树中，选择“阵列（圆周）1”，单击“确定”按钮✔，如图 3-66 所示。

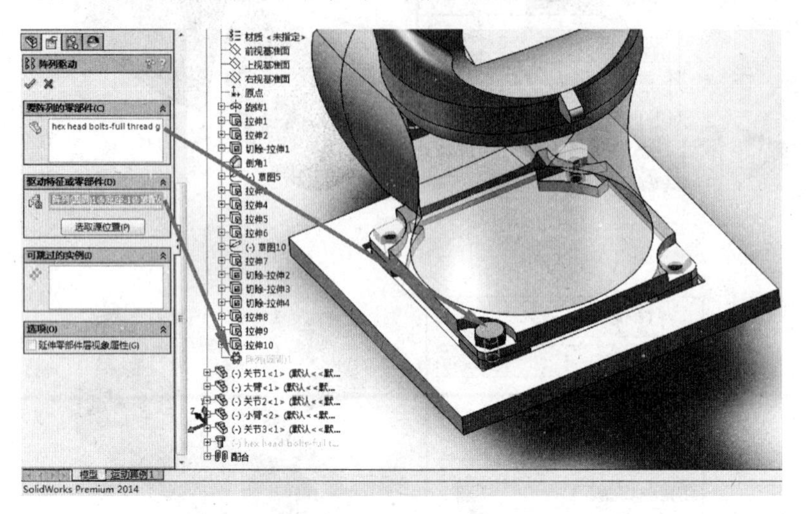

图 3-66　使用“特征驱动零部件阵列”命令

（17）至此完成机械臂的装配，按 Ctrl+S 保存文件，如图 3-67 所示。

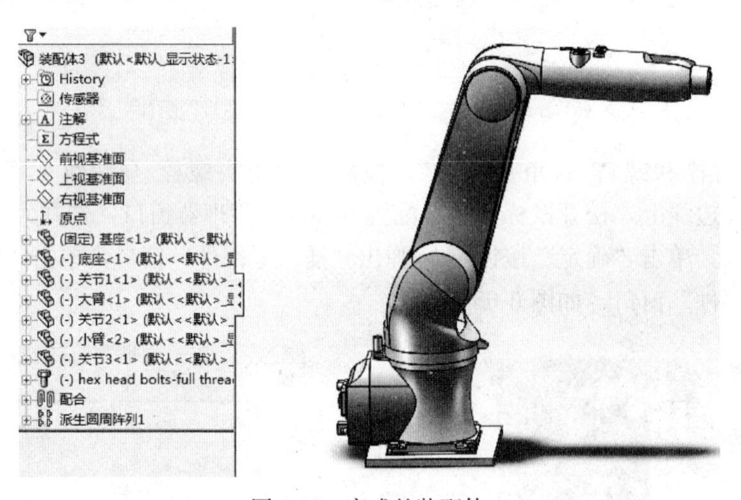

图 3-67　完成的装配体

3.1.6　SolidWorks 工程图设计

SolidWorks 提供了生成完整、详细工程图的工具。同时工程图是全相关的，当修改图样时，三维模型、各个视图、装配体都会自动更新，也可从三维模型中自动产生工程图，包括视图、尺寸和标注。

（1）创建工程图。可以单击菜单栏中的“文件”—“新建”命令，在显示的“新建 SolidWorks 文件”窗口中选择“工程图”，单击“确定”按钮，如图 3-68 所示，也可以在设计界面单击“文件”—“从零件制作工程图”，或者“从装配体制作工程图”切换到工程图设计界面，如图 3-69 所示。

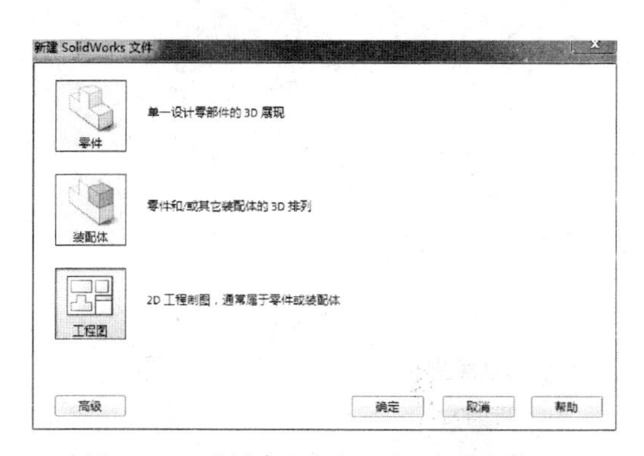

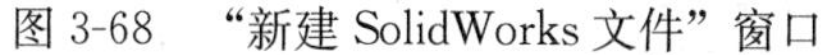
图 3-68　“新建 SolidWorks 文件”窗口

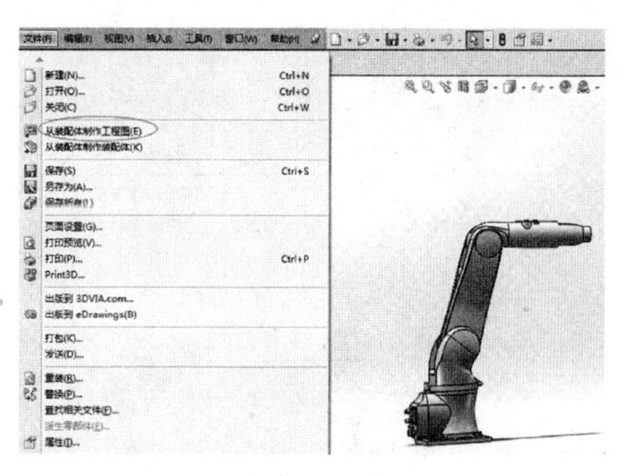

图 3-69　“从装配体制作工程图”界面

（2）设置图纸。在显示的“图纸格式/大小”窗口“标准图纸大小”中，选择图纸格式，单击“确定”按钮，如图 3-70 所示。

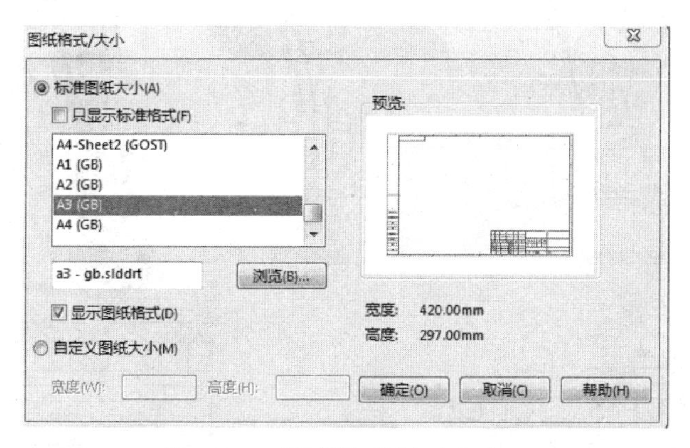

图 3-70　“图纸格式/大小”窗口

（3）工程图设计树。工程图窗口中也包括设计树，它与零件和装配体窗口中的设计树相似，显示了当前文件的所有图纸，每张图纸下有图纸格式和每个视图的图标，图标旁边的符号“+”表示它所包含的相关项目，单击“+”号将展开所有的项目并显示其内容，如图 3-71 所示。

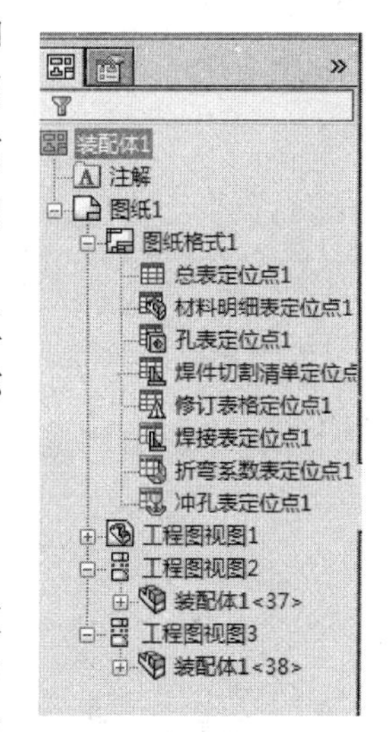

图 3-71　工程图设计树

（4）工程图工具栏。工程图工具栏中有生成工程图的详细工具，包括标准三视图、模型视图、标注尺寸、标注几何公差（原称为形位公差）、草图等工具，如图 3-72 所示。

3.1.7　SolidWorks 工程图实例

建立如图 3-73 所示的机械臂装配体工程图。

（1）新建文件。在机械臂装配界面中单击菜单栏中的“文件”—“从装配体制作工程图”，在弹出的“图纸格式/大小”窗口“标准图纸大小”中，选择图纸格式为 A4，单击“确定”按钮，切换到工程图设计界面，如图 3-74 所示。

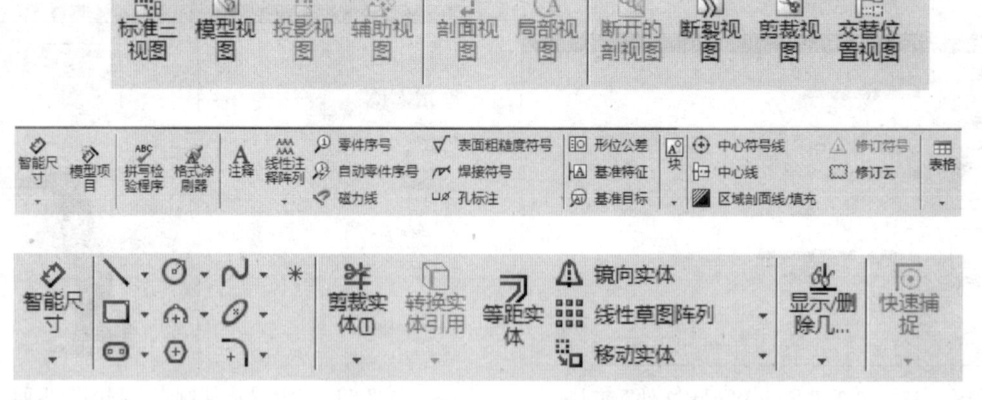

图 3-72 工程图工具栏

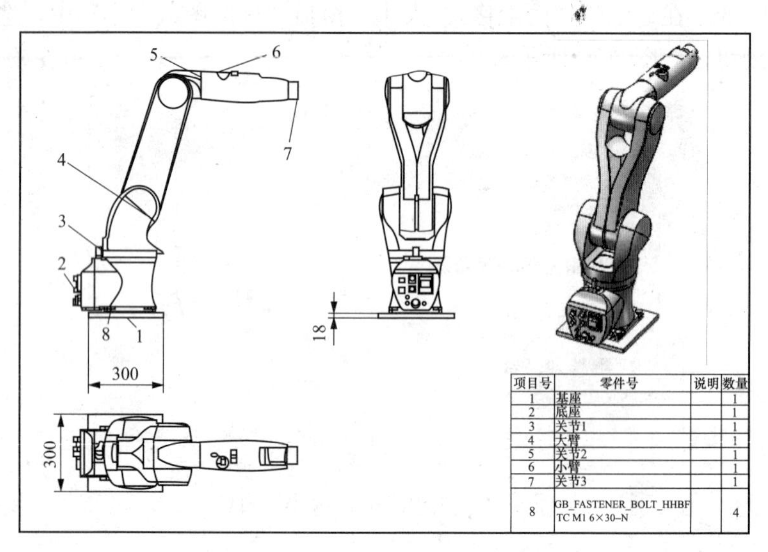

图 3-73 机械臂装配体工程图

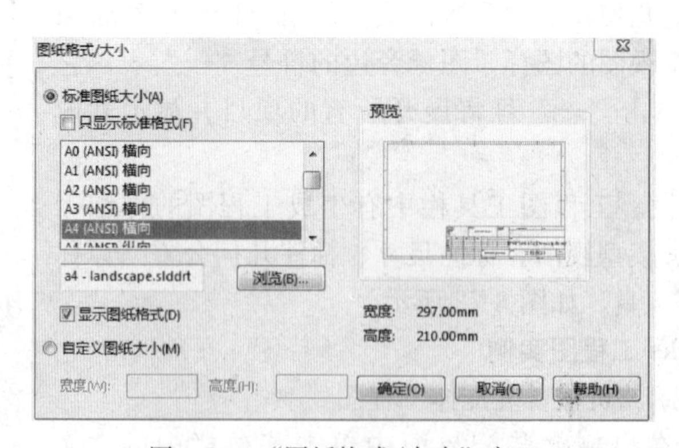

图 3-74 “图纸格式/大小”窗口

（2）设置主视图。选择右侧“任务窗格”—“视图调色板”，出现如图 3-75 所示的“视图调色板”界面，选择“右视”作为主视图，按住鼠标左键将视图拖到图纸中合适的位置上。

（3）设置投影视图。在图纸中移动鼠标就可以生成与主视图相对应的投影视图，在“投影视图”管理器中单击“确定”按钮✔，即可完成投影视图的设置，如图3-76所示。主视图与其他两个视图有固定的对齐关系，当移动主视图时，其他的视图也会跟着移动，虽然其他两个视图可以独立移动，但是只能水平或垂直于主视图移动。

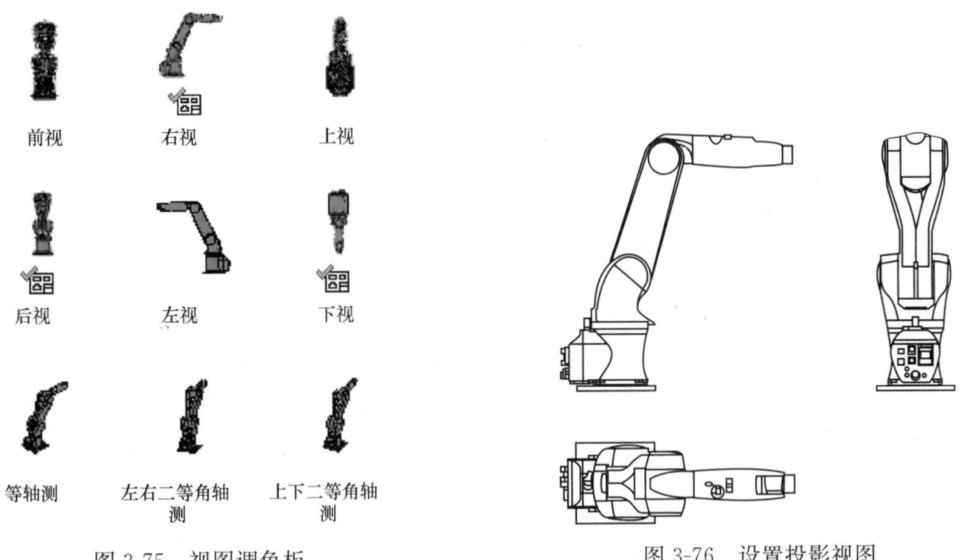

图3-75 视图调色板

图3-76 设置投影视图

（4）设置自动零件序号。选择菜单栏中的“插入”—“注解”—“自动零件序号”命令，弹出如图3-77所示的“自动零件序号”管理器，在图形区域自动生成零件的序号，零件序号会插入到适当的视图中，不会重复。在“自动零件序号”管理器中可以设置零件序号的布局、样式等，如图3-78所示。

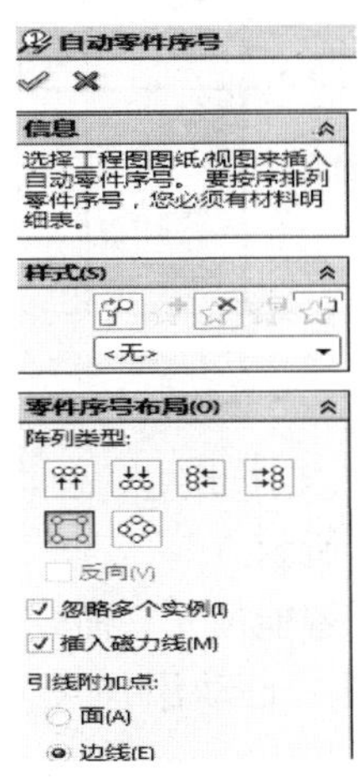

图3-77 “自动零件序号”管理器

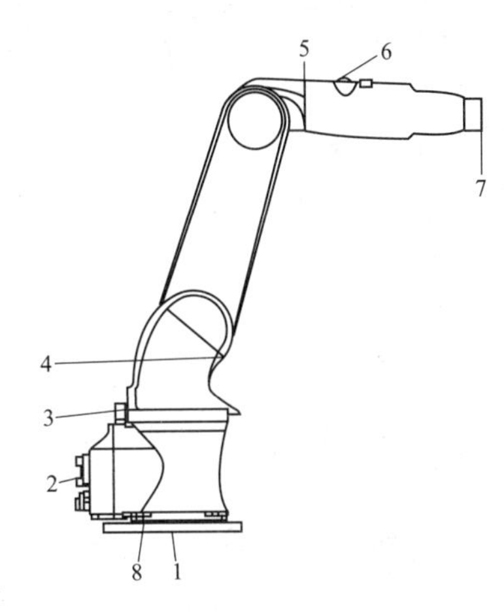

图3-78 生成的主视图零件序号

（5）调整视图比例。单击图形区的任意视图，在“工程图视图”管理器中单击“比例”，选择“使用自定义比例”，可以设置适合当前图纸的视图比例，如图3-79所示。

（6）建立材料明细表。选择菜单栏中的“插入”—“表格”—“材料明细表”命令，选

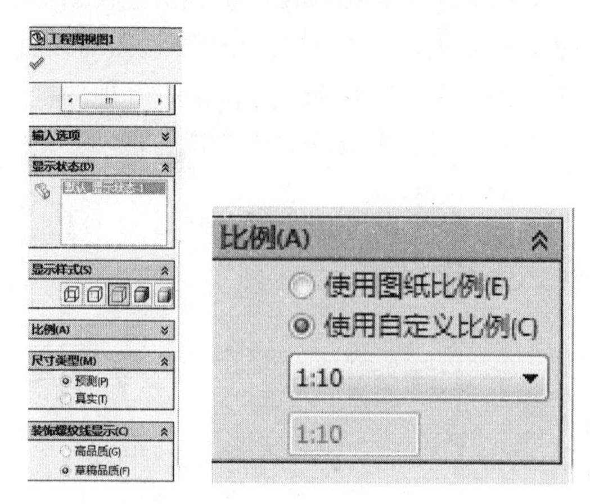

图 3-79 调整视图比例

择主视图，弹出材料明细表窗口，单击“材料明细表”管理器中的“确定”按钮✔，在图形区将显示跟随鼠标的“材料明细表”表格，在图框的右下角单击鼠标左键确定定位点，如图 3-80 所示。

项目号	零件号	说明	数量
1	基座		1
2	底座		1
3	关节1		1
4	大臂		1
5	关节2		1
6	小臂		1
7	关节3		1
8	GB_FASTENER_BOLT_HHBFTC M16×30-N		4

图 3-80 建立材料明细表

（7）设置单位。选择菜单栏中的“工具”—“选项”—“文档属性”—“单位”命令，在显示的窗口中选择“MMGS（毫米、克、秒）”，如图 3-81 所示。

（8）标注尺寸。选择菜单栏中的“工具”—“尺寸”—“智能尺寸”命令，标注图纸中视图的尺寸，或者单击菜单栏“注解”—“模型项目”对图纸自动添加尺寸，如图 3-82 所示。

（9）设置“箭头”形式。选择视图中的所有尺寸，在“尺寸”管理器中的“引线”界面选择实心箭头，如图 3-83 所示。

（10）添加注释。选择菜单栏中的“插入”—“注解”—“注释”命令，在工程图上合适的位置单击鼠标左键，为工程图添加注释，至此装配体工程图完成，如图 3-84 所示。

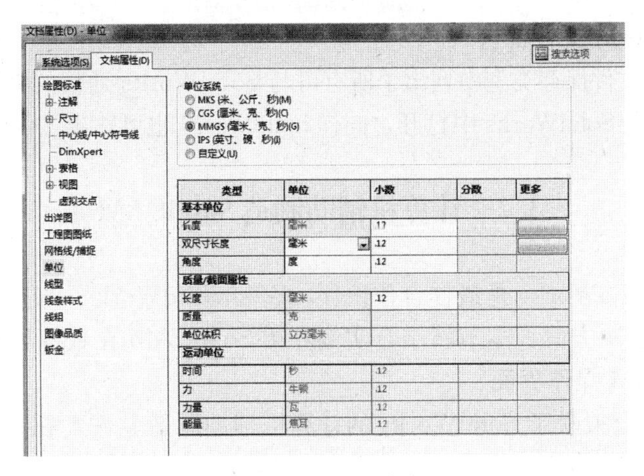

图 3-81　设置单位

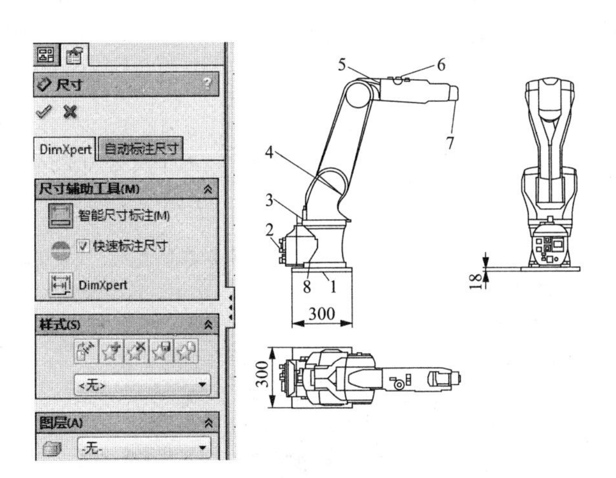

图 3-82　标注尺寸

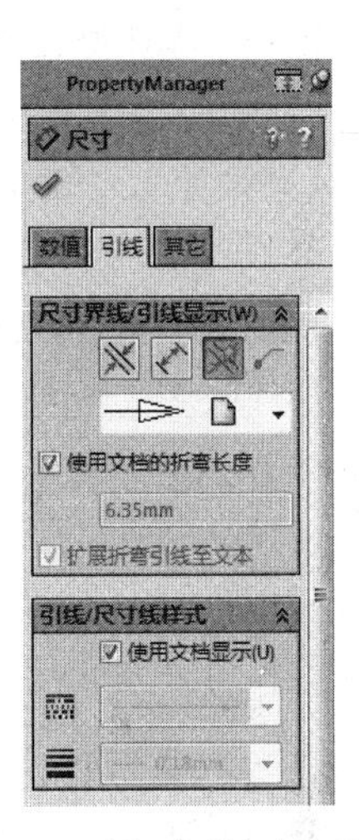

图 3-83　设置“箭头”形式

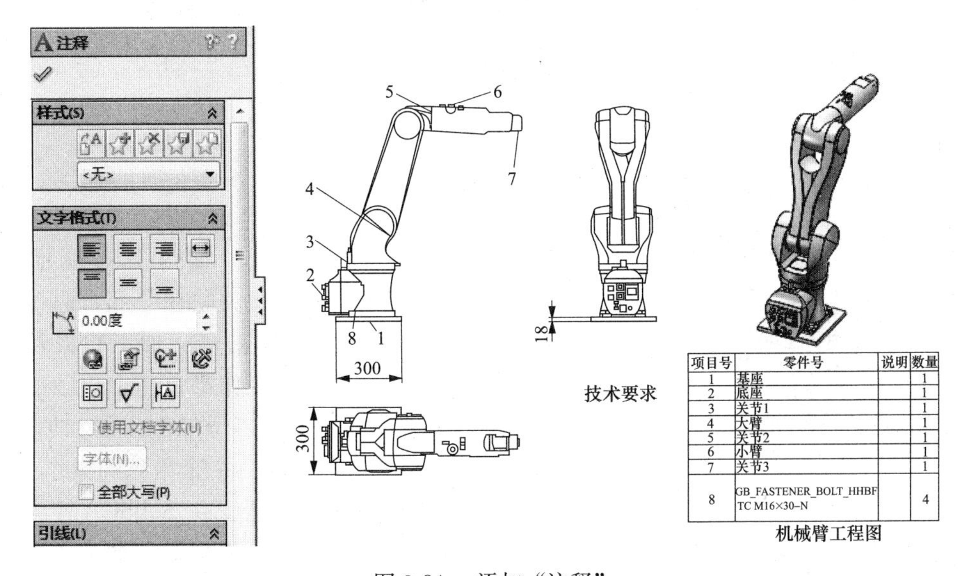

图 3-84　添加“注释”

3.1.8 SolidWorks 文件保存

在 SolidWorks 文件保存类型中列出了所有可与 SolidWorks 通信的文件类型，目前常见的所有 CAD 文件均可在 SolidWorks 中打开，同样 SolidWorks 也可输出文件到这些 CAD 系统中。

3.2 计算机辅助制造 SolidCAM

SolidCAM 与 SolidWorks 是最佳合作伙伴，它和 SolidWorks 一起，提供了独一无二的 CAD/CAM 一体化解决方案。本节将结合实例介绍 SolidCAM 在数控加工中的应用。

3.2.1 SolidCAM 操作界面

SolidCAM 是完全关联于 SolidWorks 的计算机辅助制造软件，在 SolidWorks 同一操作环境下，所有的 2D 和 3D 几何都完全关联于 SolidWorks 的设计模型，一旦设计模型发生改变，所有的 SolidCAM 操作都可以自动进行更新，减少了模型变更带来的错误和流程混乱。在加工方面，SolidCAM 主要提供了 2.5 轴及 3 轴铣削、4/5 轴多面体定位加工、5 轴联动铣削、5 轴车铣复合加工，线切割、HSM 高速铣削等功能。

1. *用户界面启动*

打开 SolidWorks 系统，在 SolidCAM 工具栏单击“新增”—“铣床”，加载零件图档，即可进入到 SolidCAM 界面，如图 3-85 所示。

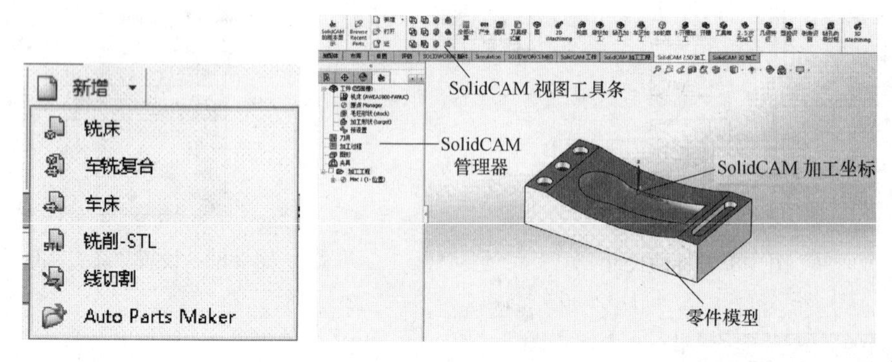

图 3-85 SolidCAM 运行界面

2. SolidCAM 管理器

管理器在 SolidCAM 运行界面的左侧，管理器中的 CAM 零件包含零件名称、坐标系名称、刀具选项、CNC 控制系统等信息，如图 3-86 所示。CAM 几何项与 SolidWorks 模型关联在一起，通过选择边界、曲线、曲面或者实体来定义加工对象和加工区域。CAM 操作中的任何操作都是一个单独的加工步骤，一个工件通常要经过多个加工步骤和加工策略，每个加工步骤都可以定义为一个单独的操作。

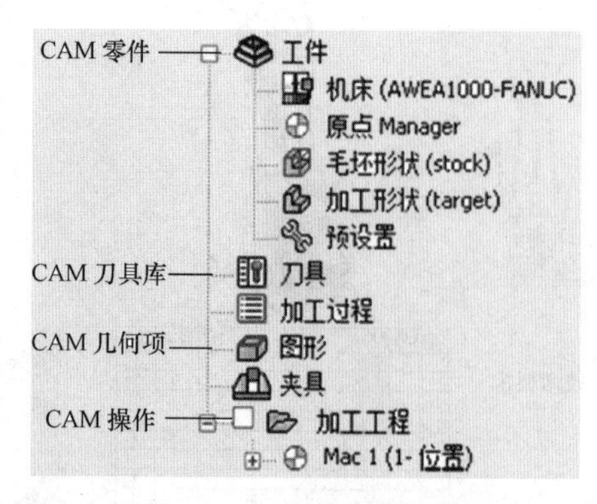

图 3-86 SolidCAM 管理器

（1）定义 CNC 控制器。在 SolidCAM 中，可以定义 CNC 控制器，例如通过定义 FANUC 控制器，则可以生成所需格式的加工程序，如图 3-87 所示。

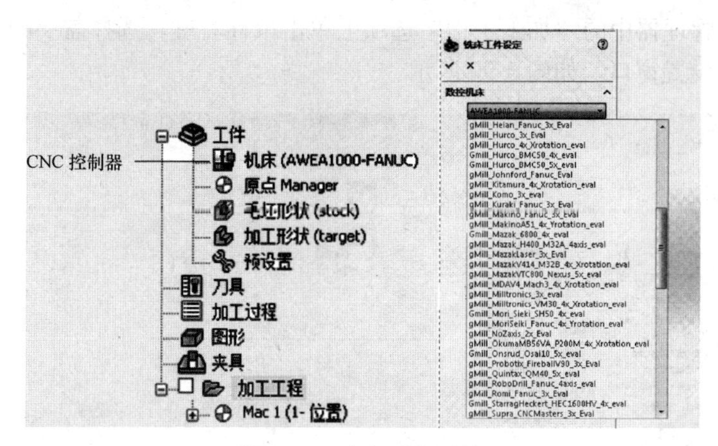

图 3-87　定义系统型号

（2）定义坐标系。坐标系在模型中显示，它定义了CAM零件所有加工的原点，在坐标系管理器中可以对坐标系的位置、坐标轴转换进行设置。例如，在绘图区选择工件上表面，坐标系将自动定义到实体的中心，Z 轴会自动垂直所选择的表面，如图 3-88 所示。

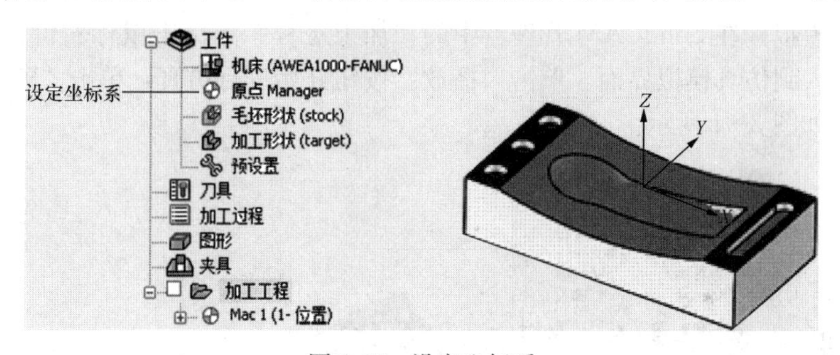

图 3-88　设定坐标系

（3）定义毛坯形状。SolidCAM 定义毛坯可以选择模型的边界链、一个草图或者自动在模型周围做一个包容盒，如图 3-89 所示。在加工过程中将切除毛坯多余的残余量，以得到图纸所要求的目标模型。

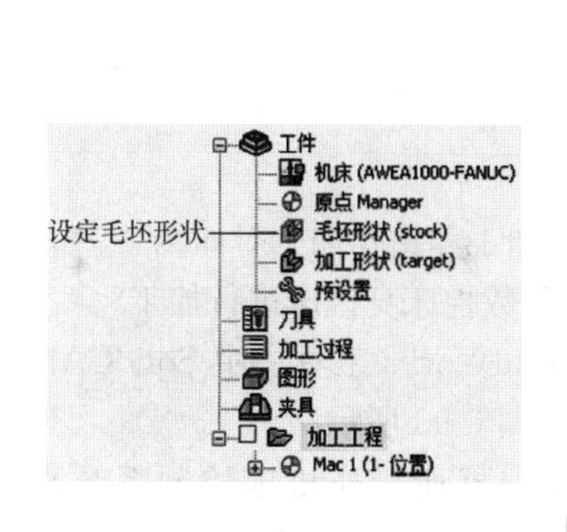

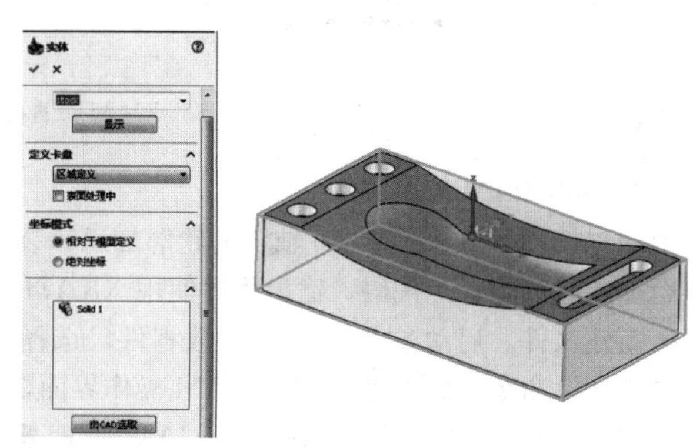

图 3-89　定义毛坯形状

（4）SolidCAM 加工工程。加工工程就是加工方法的设定，例如增加一个轮廓操作，可以在 SolidCAM 管理器中的“加工工程”选项上单击鼠标右键，选择需要的加工方式，系统会弹出该方式的设置窗口，如图 3-90 所示。

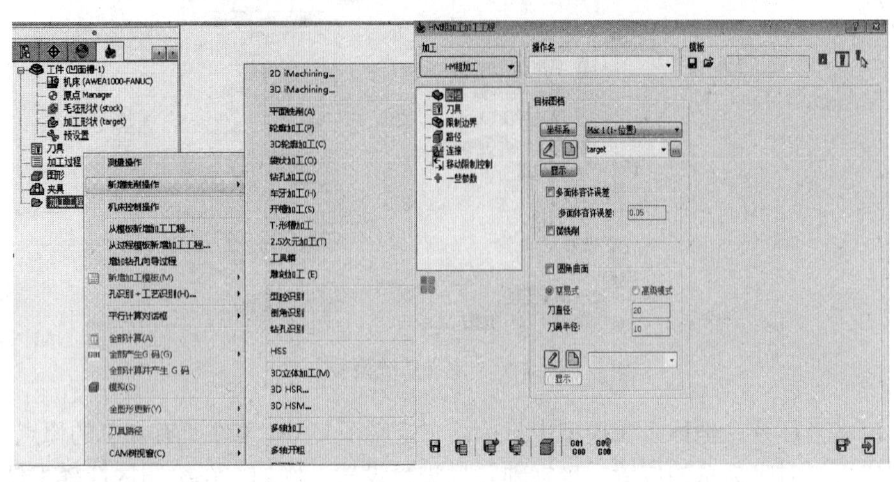

图 3-90　加工工程窗口

(5) 仿真模拟。在 SolidCAM 管理器中的“加工工程”上单击鼠标右键，选择“模拟”选项，就会进入到仿真模拟界面。单击“播放”按钮开始进行仿真，单击“离开”按钮则退出模拟状态，如图 3-91 所示。

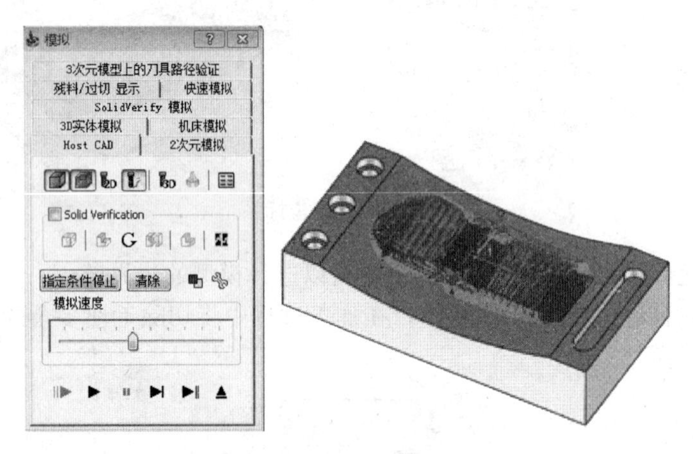

图 3-91　SolidCAM 仿真控制器

3.2.2　SolidCAM 应用实例

本节通过使用 SolidCAM 2.5 轴中的轮廓加工、袋状加工和钻孔加工对如图 3-92 所示的零件进行加工和产生加工代码，输出程序使用 XKA714/F 数控床身铣床进行加工。

(1) 新建文件。启动 SolidWorks 加载零件，选择 SolidWorks 工具栏中 SolidCAM“新增”—“铣床”命令，即可进入 SolidCAM 操作界面，如图 3-93 所示。

(2) 定义“CNC 控制器”。在 SolidCAM 管理器中根据所操作机床控制系统来定义“CNC 控制器”，如图 3-94 所示。

(3) 定义“加工原点”。选择 SolidCAM 管理器中“加工原点”命令，即可进入“加工原点”管理器，选择零件的蓝色平面，坐标系将自动定义在模型的中心，Z 轴自动垂直于所

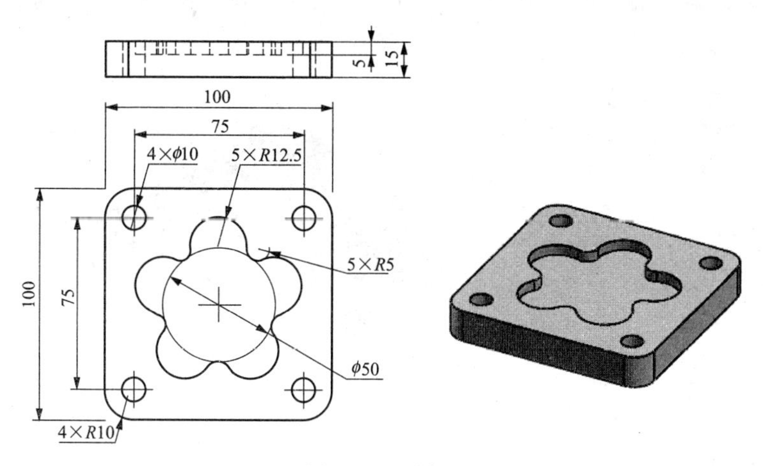

图 3-92　零件图

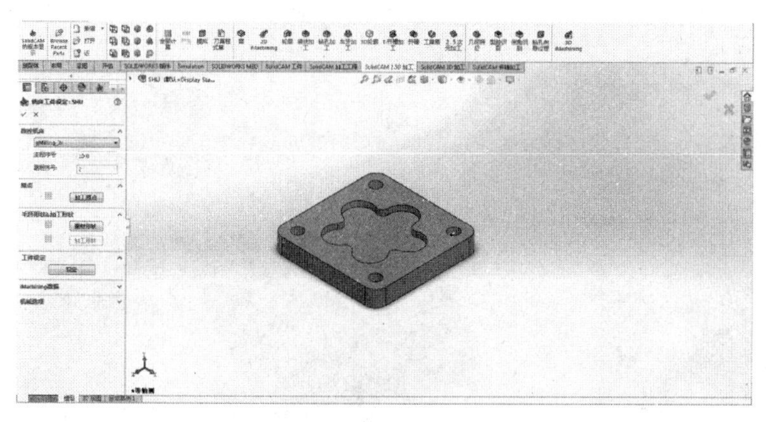

图 3-93　SolidCAM 操作界面

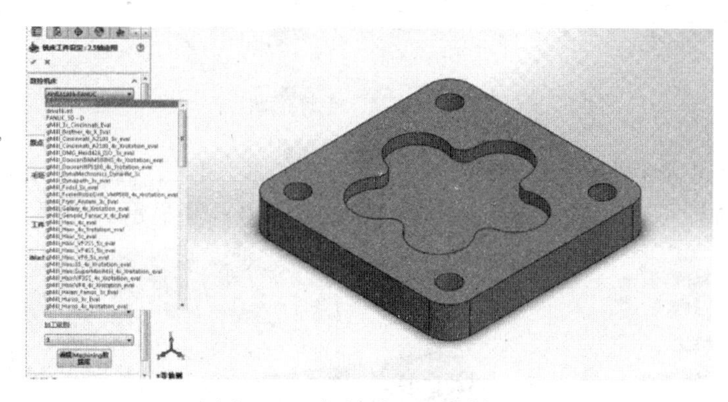

图 3-94　定义“CNC 控制器”

选取的平面，如图 3-95 所示。若想改变坐标系放置在角落，可以按下管理器中的“模型框顶部中心”按钮进行设置。

（4）定义“毛坯形状”。选择 SolidCAM 管理器中“素材形状”命令，在显示“实体”管理器中，单击零件的任意面，整个零件都将被选中，在“扩大框选盒”中定义模型的偏移距离，设置 X+、X−、Y+、Y−为 1，设置 Z+、Z−为 0，预览在绘图区高亮显示，如图 3-96 所示。

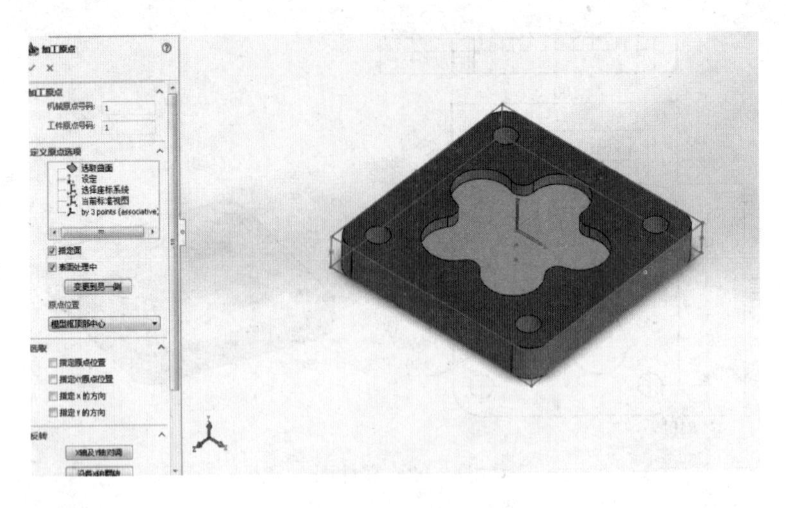

图 3-95　定义“加工原点”

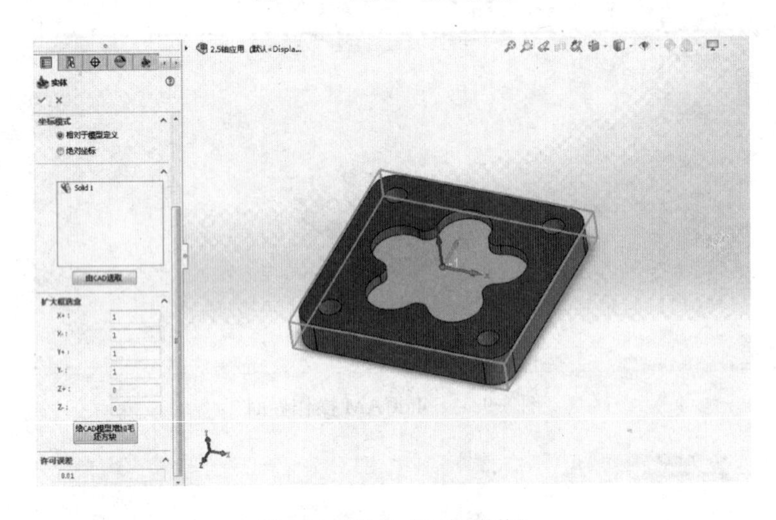

图 3-96　定义“毛坯形状”

（5）定义“加工形状”。选择 SolidCAM 管理器“加工形状”命令，在显示“实体”管理器中，选择零件即可自动定义加工形状，预览在绘图区高亮显示，如图 3-97 所示。

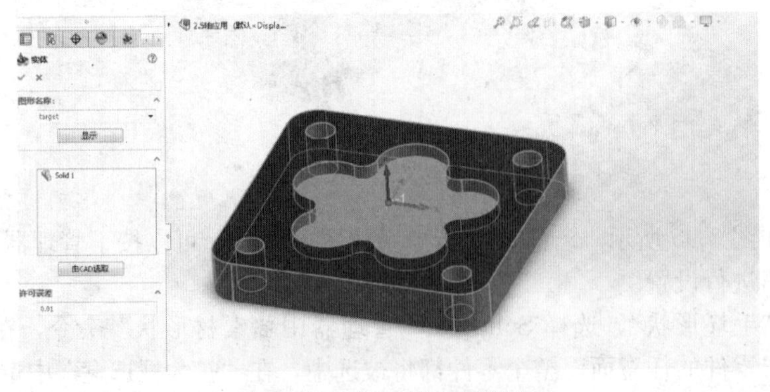

图 3-97　定义“加工形状”

（6）增加“轮廓加工”。在 SolidCAM 管理器“加工工程”上单击鼠标右键，选择“新增”—“轮廓加工”命令，“轮廓加工工程设定”窗口将显示在绘图区中，如图 3-98 所示。

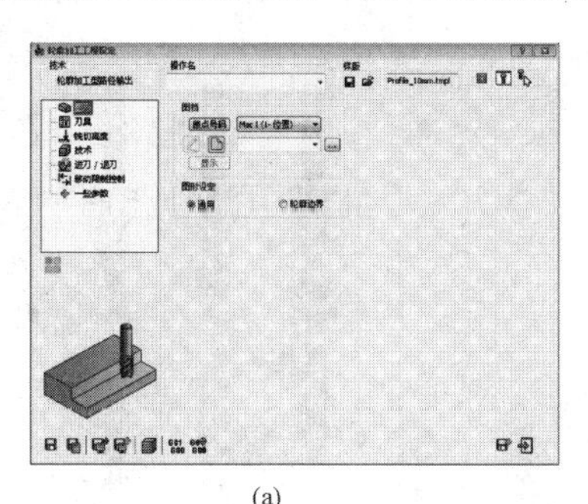

(a)

(b)

图 3-98　“轮廓加工工程设定”窗口

1）定义“图形”。单击“图形”界面中“新建”图标，显示“链结图形编辑”管理器，选择上表面边线定义加工区域。在“链结”选项中的“曲线”是通过选取相连的曲线，组成封闭图形来确定加工区域；“曲线＋封闭拐角”则是不考虑间隙，直接封闭相邻曲线，如图 3-99 所示。

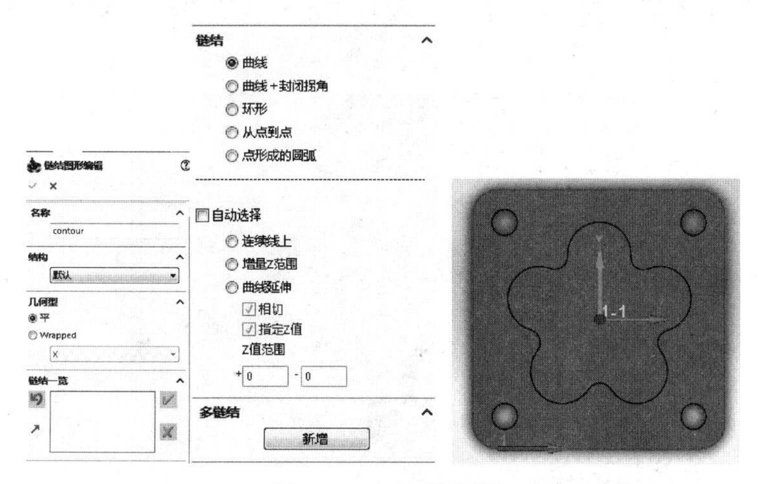

图 3-99　定义“图形”

2）定义“刀具”。单击“刀具”按钮，在“轮廓加工工程设定”中将显示刀具定义窗口，如图 3-100 所示。单击“设定”按钮，刀具清单中会显示出一系列刀具，选择端铣刀，在如图 3-101 所示的窗口中定义刀具参数，在“刀具资料”选项中定义加工参数，单击“确定”按钮，完成刀具选项的定义。

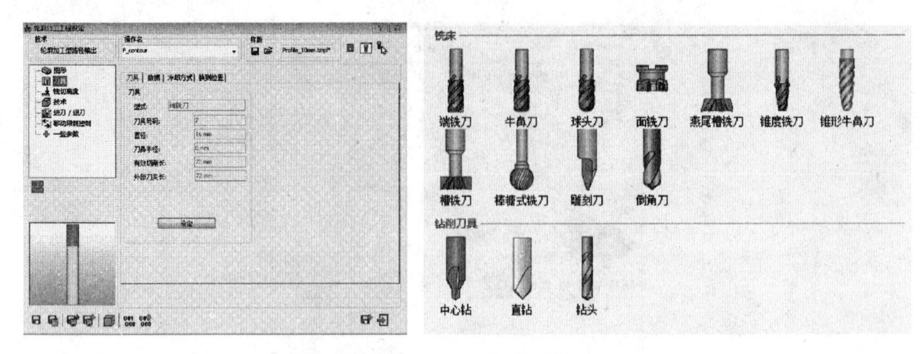

图 3-100　定义“刀具”

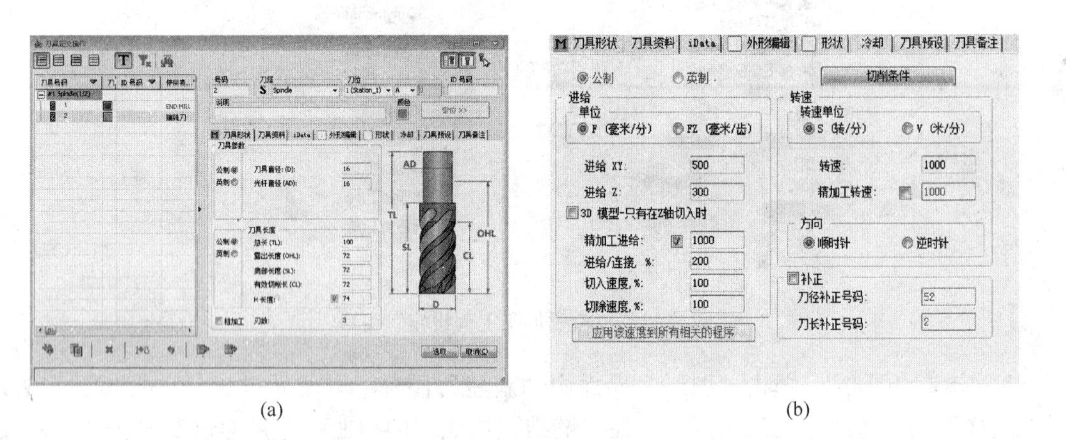

(a)　　　　　　　　　　(b)

图 3-101　定义“刀具”参数

3）定义“铣切高度”。在“铣切高度”窗口中定义包括“轮廓深度”等选项，如图 3-102 所示。

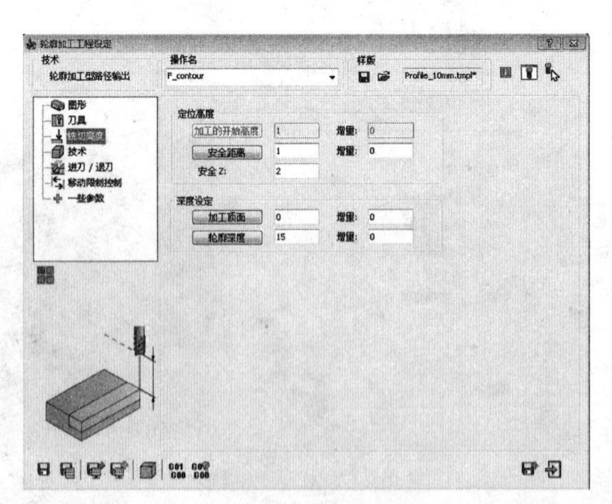

图 3-102　定义“铣切高度”

4）定义“技术”。在“技术”窗口中定义粗加工及精加工的相关参数，如图 3-103 所示。粗加工在“Max每次进刀量”选项中设定每次进刀量为5mm，在“轮廓预留量”选项中设定为0.2mm，在“切削预留量”（清除预留量）选项中分别定义切削预留量和侧面进刀量参数，这个预留量是定义粗加工后预留在侧壁上的加工余量，可以在精加工中去除。在加工中SolidCAM将根据参数的设定自动实现侧壁和底面偏移距离的变化。在“完成”选项中定义精加工参数，在“Max每次进刀”选项中定义Z方向的步距为7.5mm，单击“图形”按钮，把刀具定义为右侧。

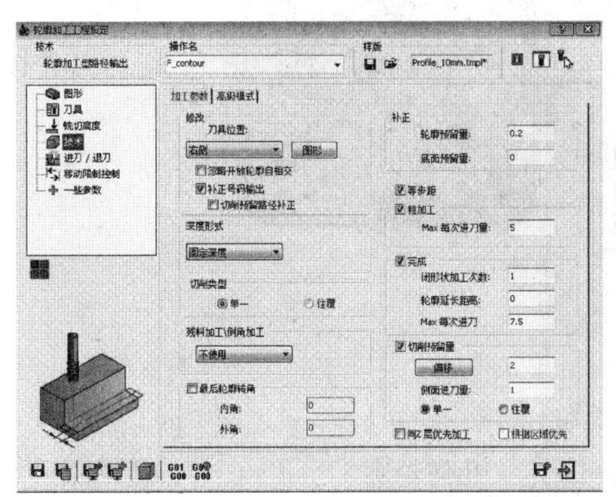
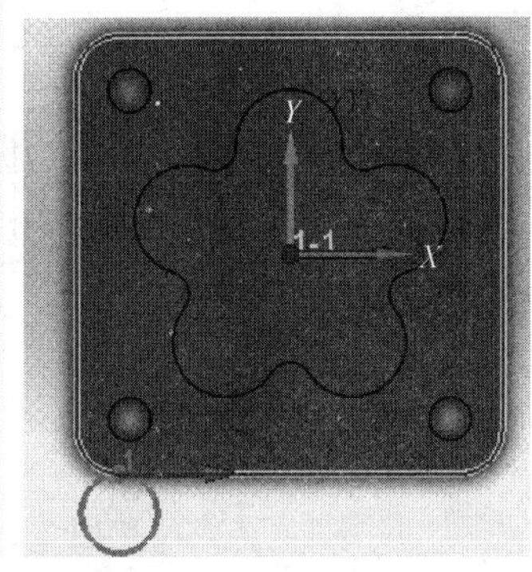

图3-103 定义“技术”

5）定义“进刀/退刀”。单击“进刀/退刀”命令，在窗口中将进刀和退刀方式设定为圆弧，将“距离”值设定为5mm，如图3-104所示。单击“保存并计算”按钮，产生刀具路径，单击“离开”图标，退出当前窗口。

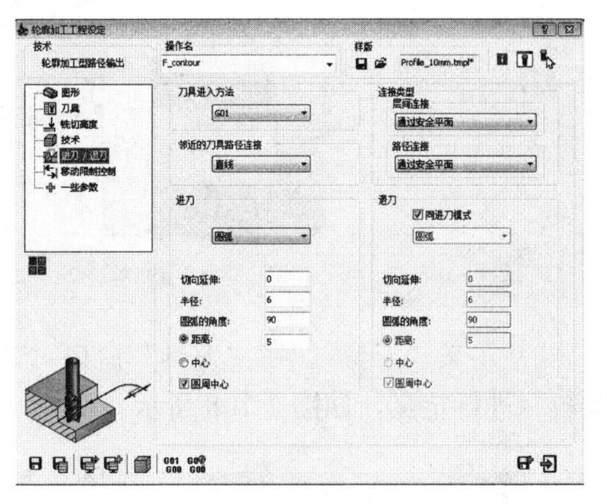

图3-104 定义“进刀/退刀”

（7）增加“袋状加工”。在SolidCAM管理器选项“加工工程”上右键，单击“新增”—“袋状加工”命令，“袋状加工工程设定”窗口将显示在绘图区中，如图3-105所示。

1）定义“图形”。单击图形窗口“新建”图标，在“链结图形编辑”管理器中定义加工范

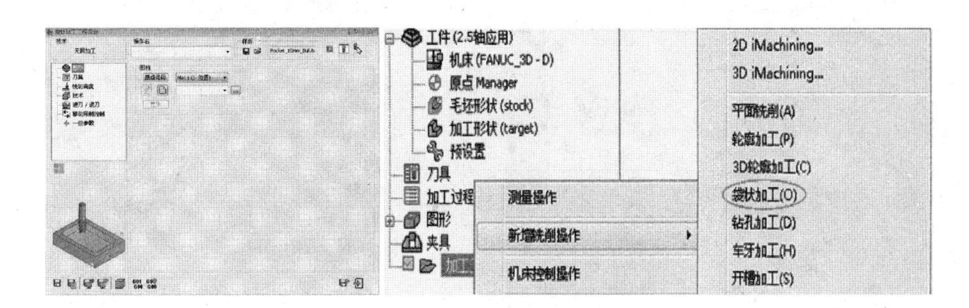

图3-105 “袋状加工工程设定”窗口

围。选择模型中间凹槽边线定义加工范围，如图 3-106 所示。如果选择的是一个开放的几何图形链结时，单击“确定”，SolidCAM 会用一条直线来封闭这个开放链结，如图 3-107 所示。

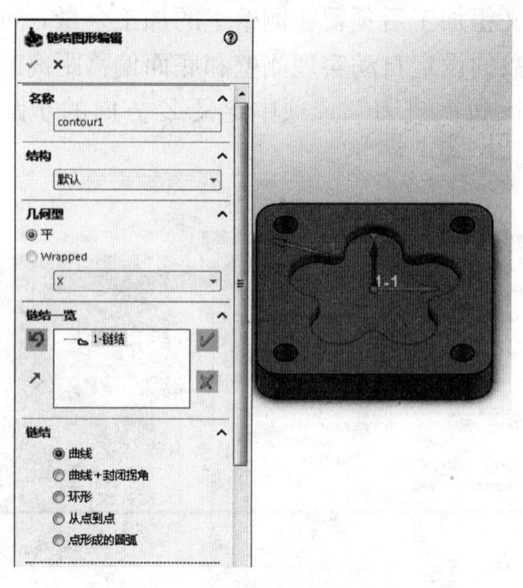

图 3-106　定义几何轮廓

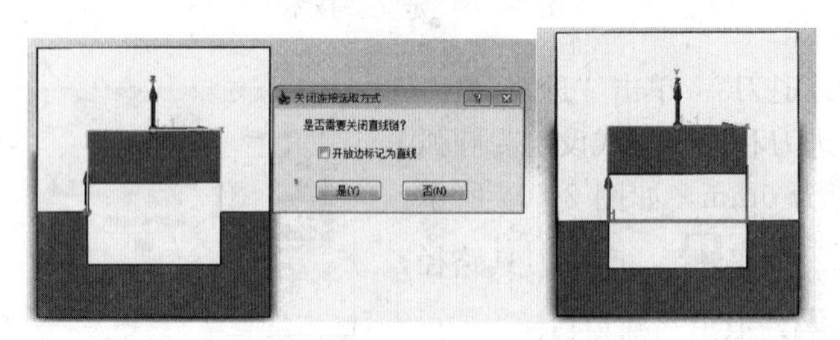

图 3-107　定义开放链结几何轮廓

2）定义“刀具”。在“刀具”窗口对“刀具形状”进行定义，选择端铣刀，并对“刀具资料”进行定义，如图 3-108 所示。

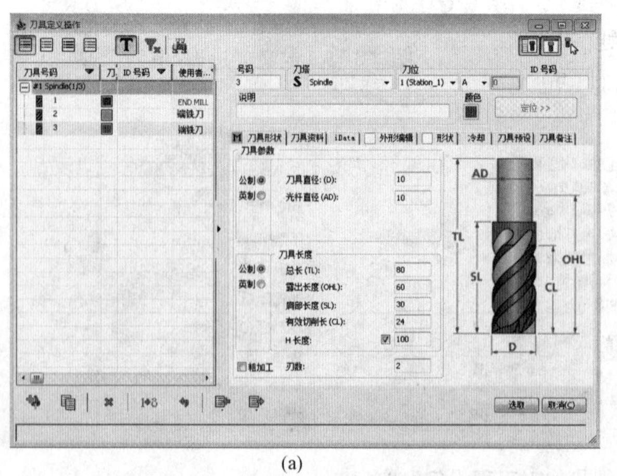

(a)

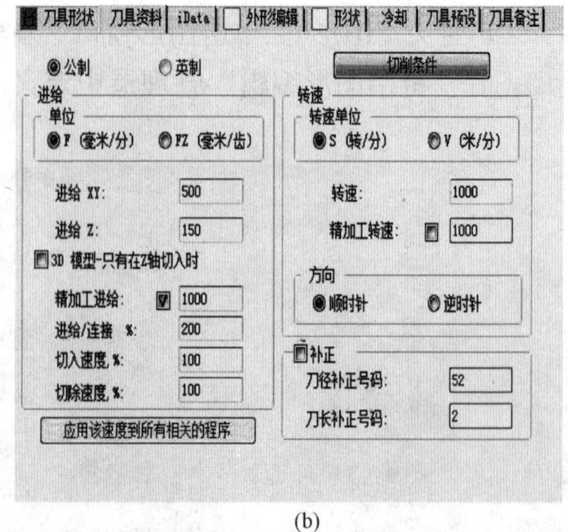

(b)

图 3-108　定义“刀具”

3）定义“铣切高度”。单击“袋状深度”按钮，选择凹槽底面，凹槽深度会显示在左侧的“指定加工底面”的选项内，当需要改变数值时，直接在“袋状深度”选项内输入要加工的深度即可，在“Max 每次进刀” Z 方向步距输入 2mm，此时刀具路径会自动从开始在每个 Z 值为 2 的倍数上产生一个刀路，如图 3-109 所示。

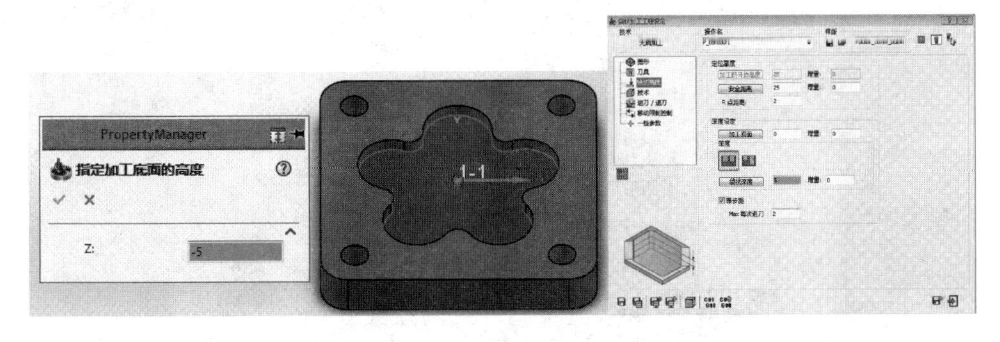

图 3-109　定义“铣切高度”

4）定义“技术”。如图 3-110 所示，在“技术”选项“补正”里分别定义侧面预留量和底部偏移为 0.2mm，在“完成”里选择侧面和底面选项。“侧面精加工”选项里可以对侧面进行连续多刀的加工，两刀之间的距离是根据所选的深度参数定义的，深度选项包括全局深度单刀加工和单步深度，进行连续多刀加工，可根据要求任选其一。

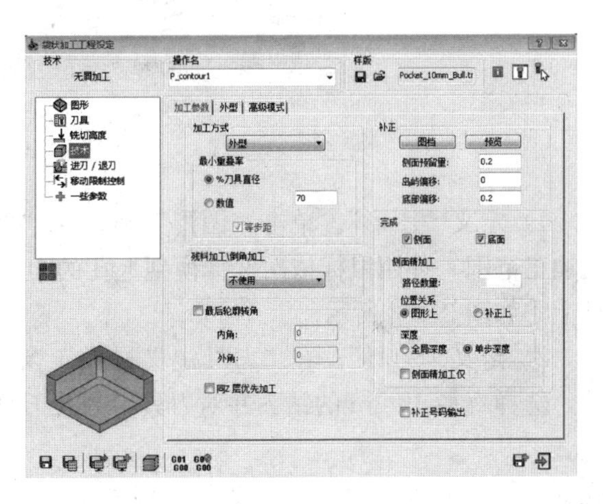

图 3-110　定义“技术”

5）定义“进刀/退刀”。单击“进刀/退刀”按钮，在窗口中设置进刀和退刀方式，如图 3-111 所示。单击“保存并计算”按钮，产生刀具路径；单击“离开”图标，退出当前窗口。

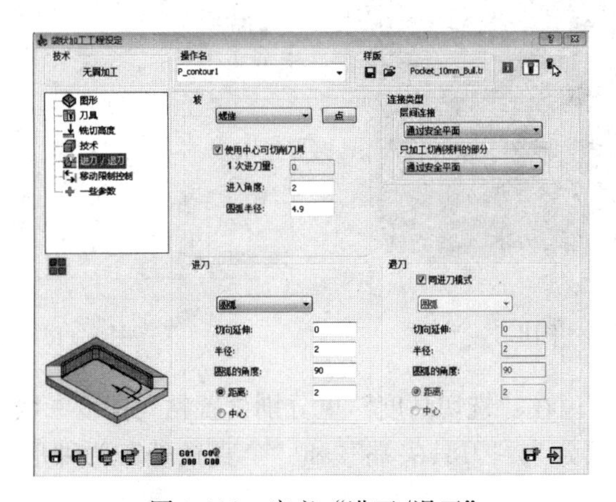

图 3-111　定义“进刀/退刀”

（8）增加“钻孔加工”。在 SolidCAM 管理器选项“加工工程”上单击鼠标右键，选择“新增”—“钻孔加工”命令，“钻孔”窗口将出现在绘图区中，如图 3-112 所示。

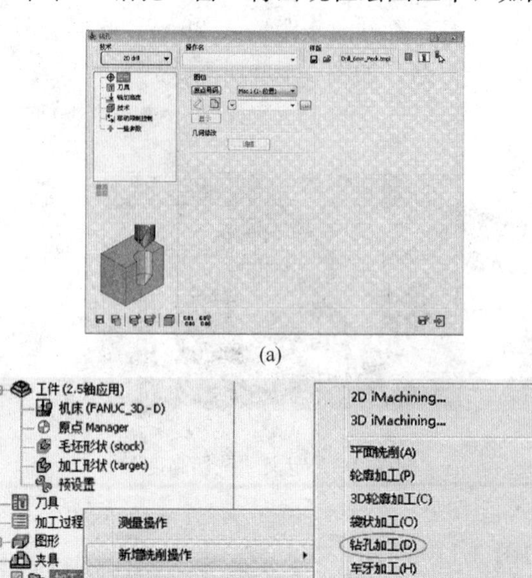

(a)

(b)

图 3-112 “钻孔”窗口

1）定义“图形”。单击“图形”窗口的“新建”图标，在“钻孔图形选取”窗口定义加工范围。使用鼠标依次选择模型上孔的中心位置，这样孔的位置和加工路径会显示在模型上，如图 3-113 所示。

2）定义“刀具”。在“刀具定义操作”窗口可对所使用刀具进行选择，如图 3-114 所示，选择直径 10mm 的钻头并对刀具参数及刀具加工参数进行设置。

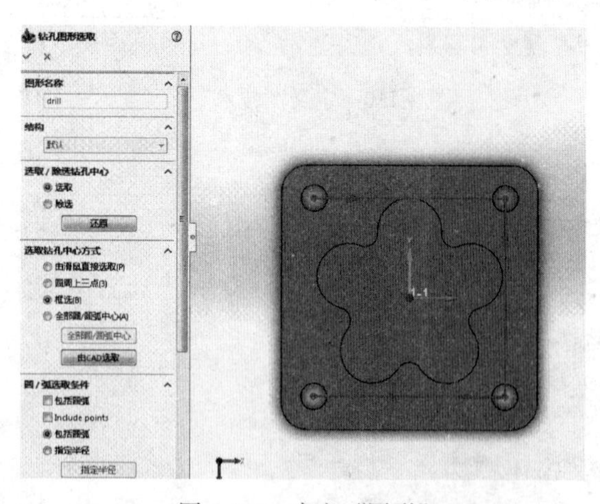

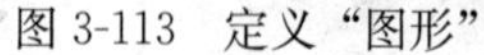

图 3-113 定义“图形”

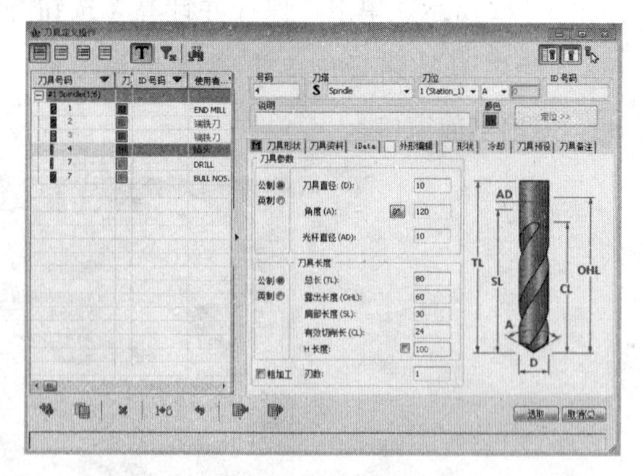

图 3-114 定义“刀具”

3）定义“铣切高度”。在“铣切高度”里分别设置钻孔深度参数和选择深度形式，如图 3-115 所示。“深度”形式分为“刀具尖端”和“全直径处”两种形式，可根据要求任选其一，如图 3-116 所示。

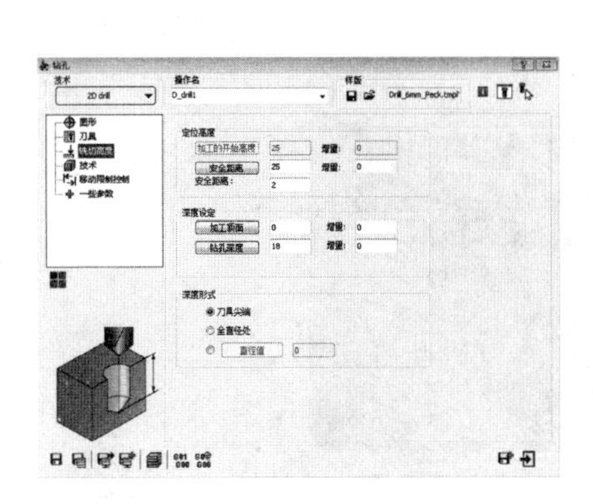

图 3-115　定义“铣切高度”

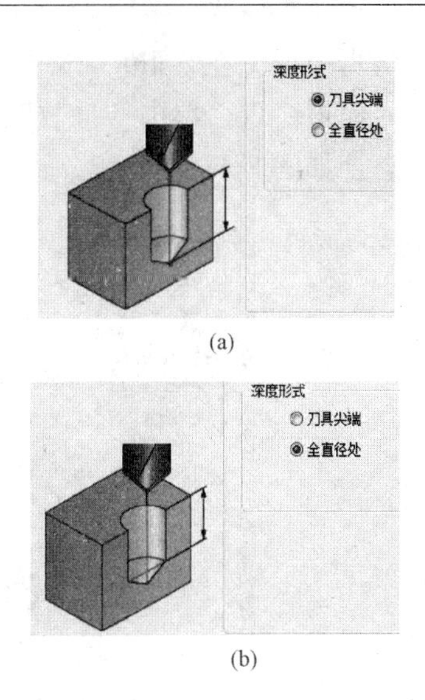

图 3-116　定义“深度”形式

4）定义“技术”。在“技术”窗口可以对钻孔顺序进行设置，选择“高级”选项，单击旁边的“预览”图标，即可进入钻孔顺序定义窗口，选择钻孔顺序方式，单击“确定”按钮，如图 3-117 所示；单击“选择钻孔种类”按钮，可以对钻孔种类进行选择，如图 3-118 所示。

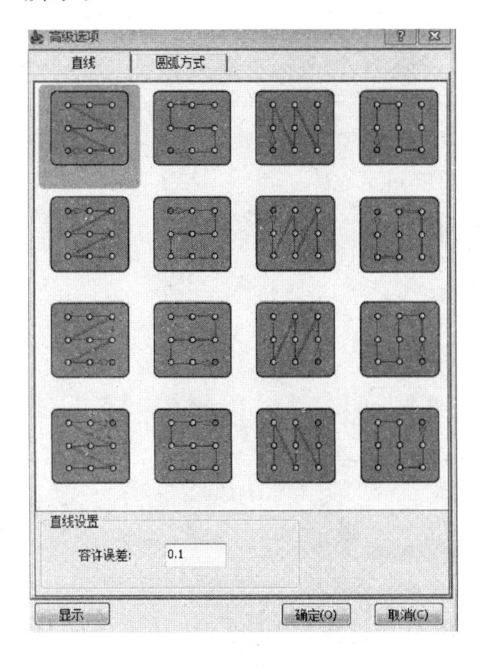

图 3-117　定义钻孔顺序

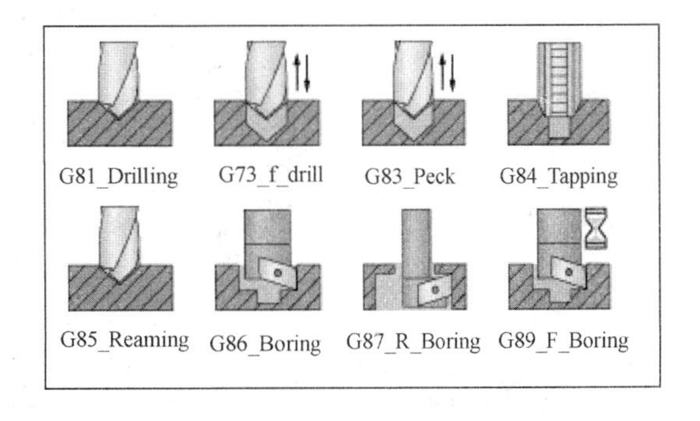

图 3-118　定义钻孔种类

5）单击“保存并计算”按钮，生成钻孔路径。单击“离开”按钮，退出当前窗口。

（9）仿真模拟。在 SolidCAM 管理器中的“加工工程”上单击鼠标右键，选择“模拟”命令，进入模拟窗口，单击“播放”按钮开始进行仿真模拟，完毕后单击“离开”图标▲退出模拟状态，如图 3-119 所示。

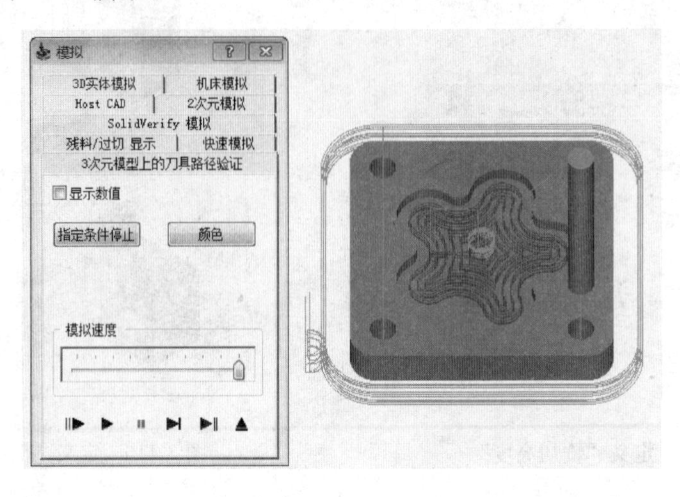

图 3-119　仿真加工预览

（10）生成 G 代码。在 SolidCAM 管理器中的“加工工程”上单击鼠标右键，选择“全部产生 G 码”命令，即可按照所定义好的系统生成加工程序代码，如图 3-120 所示。

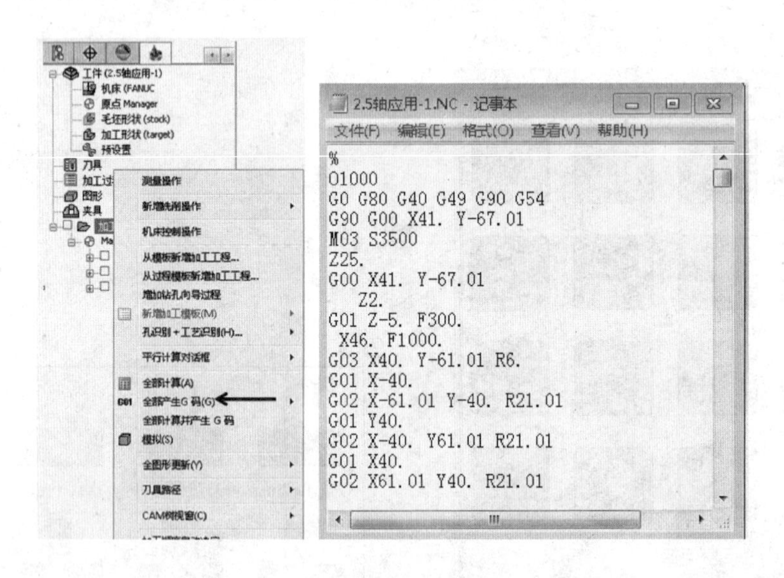

图 3-120　生成 G 码加工程序

（11）机床加工。使用 XKA714/F 数控床身铣床对零件进行加工，机床采用的是日本 FANUC 公司的 0*i*-MC 数控系统，系统面板见图 2-30。

1）按下机床操作面板上的“回零”键，使机床各轴回到零点的位置，建立机床坐标系，使数控系统在工作时有一个坐标测量基准，如图 3-121 所示。

2）将 SolidCAM 生成的零件加工程序使用传输软件或者其他方式传输到机床控制系统

中，在程序“PROG”窗口根据系统对格式的要求进行编辑，如图 3-122 所示。

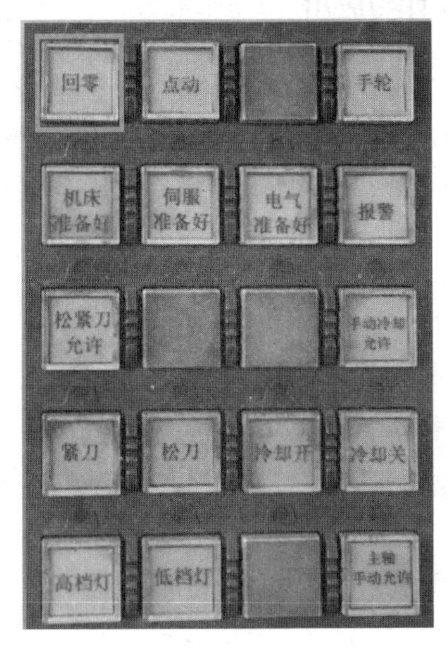

图 3-121　机床回零点操作

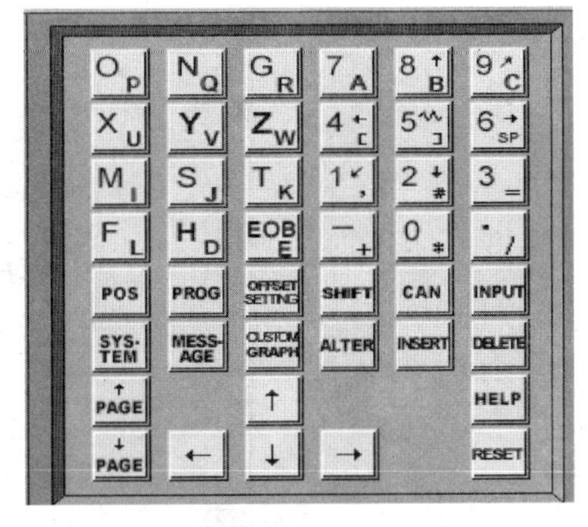

图 3-122　程序传输编辑功能键

3）在“OFS/SET”窗口设置坐标系，将坐标系数据输入到系统存储器中，如图 3-123 所示。

4）选择机床操作面板上的“自动加工”方式，按下“循环启动”键，机床将自动运行程序完成对零件的加工，如图 3-124 所示。

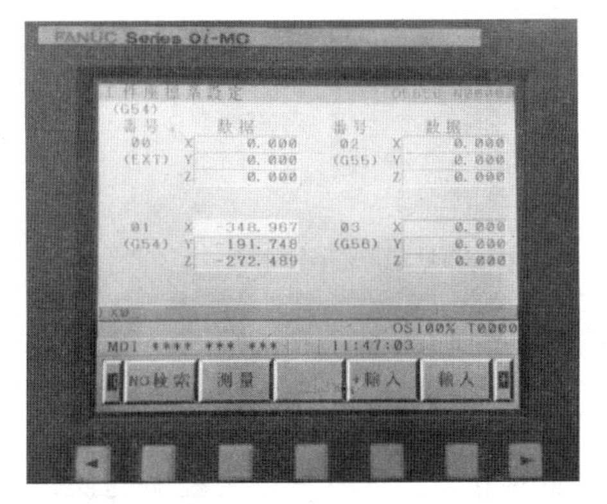

图 3-123　设定坐标系

图 3-124　选择“自动加工”方式

3.3 JDPaint 精雕设计与应用

CAD/CAM 软件 JDPaint 精雕，以其独有的体系结构和功能布局提供了完备的精确制图和艺术绘图的混合设计能力。不仅提供了功能强大的平面图形设计，还提供了艺术浮雕曲面和 NURBS 曲面混合造型功能，为实现复杂形态雕刻产品的原创设计提供了有力的支持，如图 3-125 所示。

图 3-125 JDPaint 5.19 启动页面

3.3.1 JDPaint 精雕操作界面

JDPaint 精雕 5.19 的用户界面是 Windows 系统的标准式操作界面，这个界面具有 Windows 系统标准的菜单栏、浮动工具栏、状态栏和绘图区等，如图 3-126 所示。

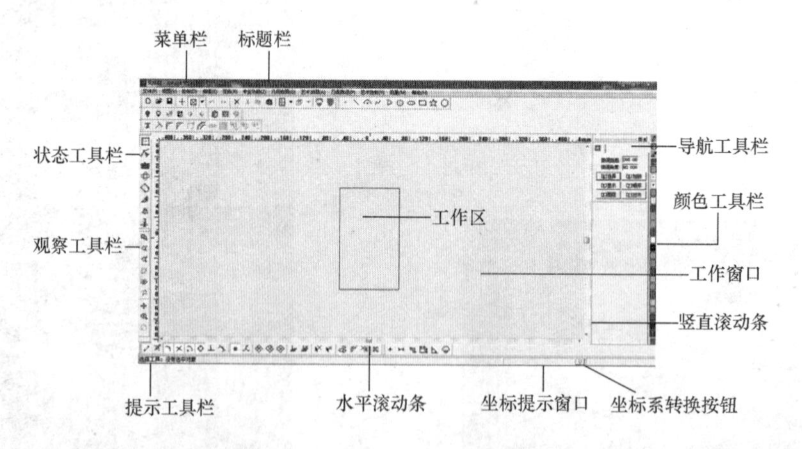

图 3-126 JDPaint 精雕操作界面

（1）标题栏。标题栏是显示当前正在执行的应用程序和正在处理的文件名称。

（2）菜单栏。菜单栏列出了应用程序可使用功能的分类。菜单是应用程序的操作命令集，按照其功能不同分为若干菜单组。JDPaint 精雕的菜单有下拉式菜单和弹出式菜单两种，如图 3-127 所示。

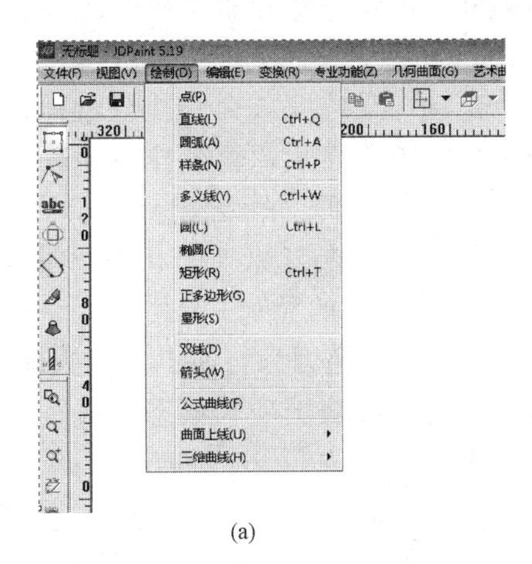

(a)

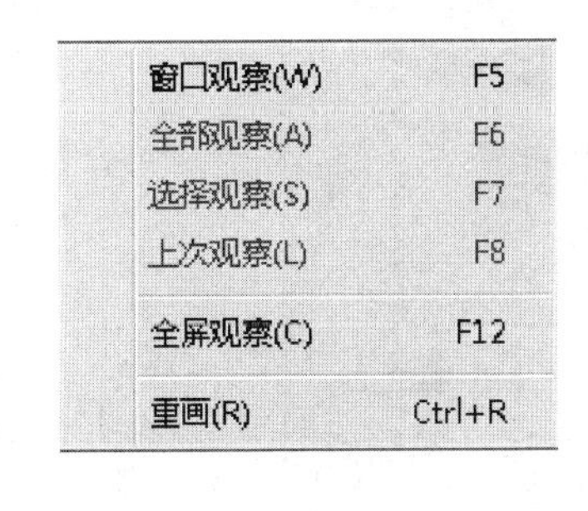

(b)

图 3-127　JDPaint 精雕菜单栏

（3）状态工具栏。状态工具栏是 JDPaint 精雕系统最重要的工具栏之一，用于实现不同工具命令状态之间的切换。为适应多方面的应用需求，状态工具栏提供了文字、图形、图像、节点编修和艺术变形等工具命令，可以在不同的系统工作环境中完成相应的对象操作，如图 3-128 所示。

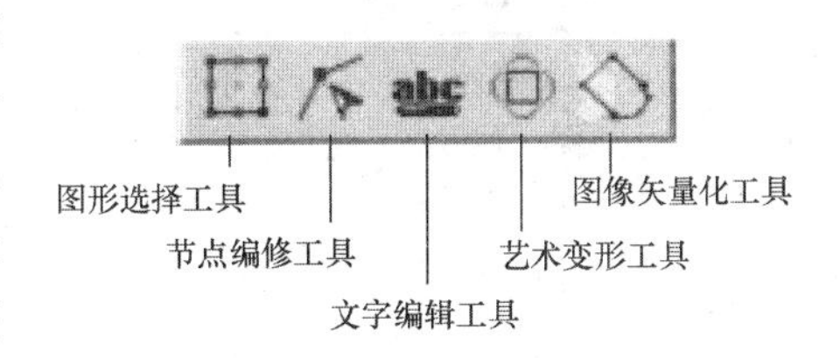

图 3-128　状态工具栏

（4）观察工具栏。观察工具栏是最常用的工具栏之一，主要支持平面视图和三维视图操作。

（5）导航工具栏。导航工具栏能引导用户进行与当前状态或操作相关的工作，是 JDPaint 精雕系统中十分重要的工具栏之一。状态工具栏中的不同工具，总有一个不同的导航工具栏与之相对应。该导航工具栏会包含一些与当前工具相关的常用基础命令。刚进入 JDPaint 精雕界面，系统处于图形选择工具状态，位于界面右侧导航工具栏的状态如图 3-129 所示。

在一些命令执行时，会在当前的导航工具栏的下部区域动态添加一组导航选项，指导操作过程。这些导航选项的形态主要包括按钮、检查框等。图 3-130 所示为“圆”绘制命令在选择导航工具栏上添加的导航选项。

图 3-129　导航工具栏

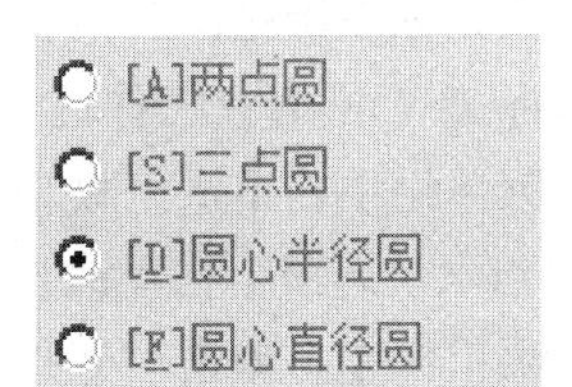

图 3-130　“圆”绘制命令导航工具栏选项

图 3-131 “选择”命令导航工具栏

另外，也有一部分命令会创建自己的导航工具栏，在此导航工具栏上，用户可输入命令参数、改变命令选项，最终完成命令执行过程。常规命令的导航工具栏被创建后，会悬挂在导航工具栏分页窗口中的最右侧位置，命令结束后，它会被命令自动删除，分页窗口恢复原来的状态。图 3-131 所示为“选择”命令创建的导航工具栏。

导航工具栏会因为当前工具和执行命令的不同，而具有不同的参数选项和形态，从而具有不同的功能和操作方法。

(6) 颜色工具栏。颜色工具栏可设置对象的显示颜色或者填充颜色，主要用于修改图形、文字等操作对象的颜色，设置轮廓线或者区域填充颜色，从而获得彩色效果图。颜色工具栏位于操作界面的右边，布局如图 3-132 所示。

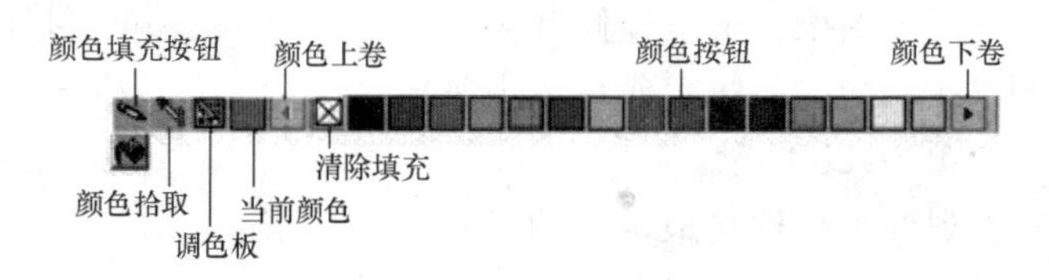

图 3-132 颜色工具栏

3.3.2 JDPaint 精雕实例

(1) 双击桌面“JDPaint”精雕软件快键方图标，进入操作界面。

(2) 单击“文件”—“输入”—“点阵图像 G”，如图 3-133 所示。

(3) 显示如图 3-134 所示窗口，选择灰度位图。

(4) 单击“打开”按钮出现一个虚线方形，如图 3-135 所示。在工作区空白处单击鼠标左键，灰度位图会出现在工作区中，如图 3-136 所示。

(5) 在菜单栏中单击“艺术曲面”—“图像纹理”—“位图转网格”命令，如图 3-137 所示。用鼠标左键单击位图，弹出如图 3-138 所示的“位图转曲面”窗口，在“曲面高度”选项里输入“3.5”，单击“确定”按钮。

(6) 按住鼠标左键把图和网格拉开，如图 3-139 所示，选中网格，在工具栏中单击“虚拟雕塑”图标，同时在工作区显示如图 3-140 所示的图形。

(7) 在菜单栏中，单击“模型”—“Z 向变换”，在右侧显示的窗口中单击“高点移至 XOY”，“低点 Z”选项会自动改变为“−3.5”，如图 3-141 所示。

(8) 在菜单栏中，单击“效果 T”—“整体磨光”，如图 3-142 所示。

(9) 单击工具栏“选择工具”图标，退出“效果 T”状态，单击“显示模式”图标下拉箭头，选择“渲染显示”，工作区显示如图 3-143 所示的图形。

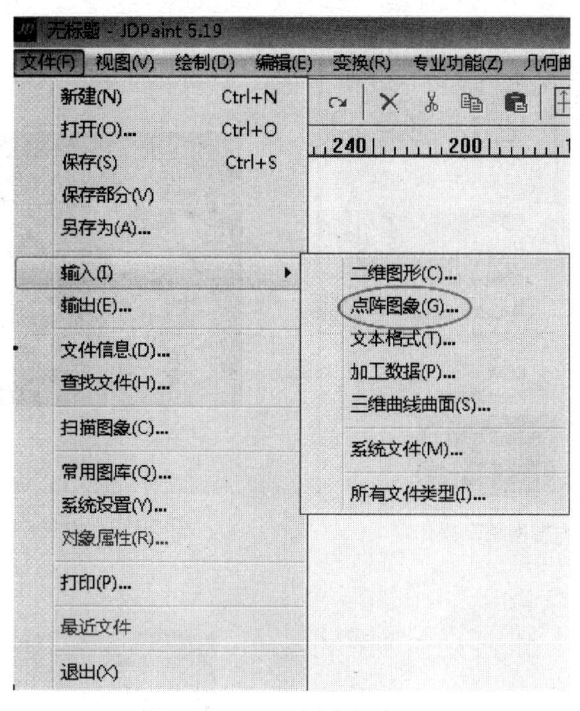

图 3-133　新建文件

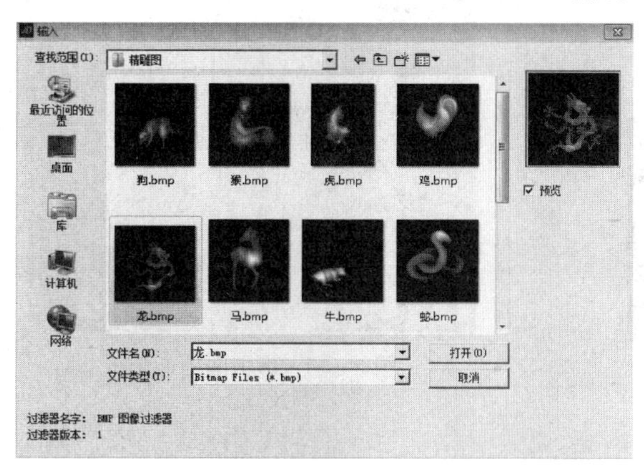

图 3-134　选择原始灰度位图

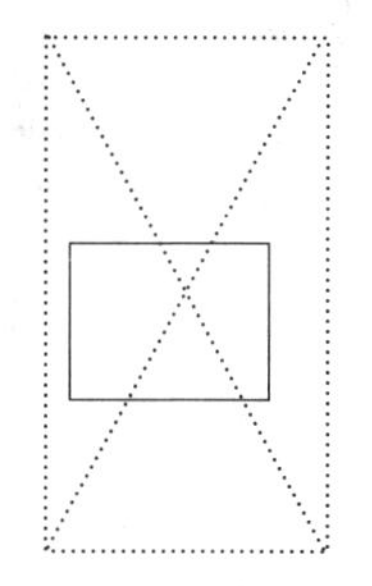

图 3-135　导入原始灰度位图

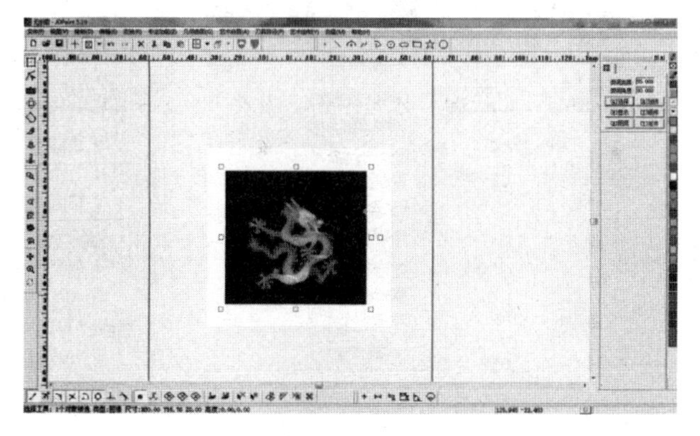

图 3-136　灰度位图显示在工作区

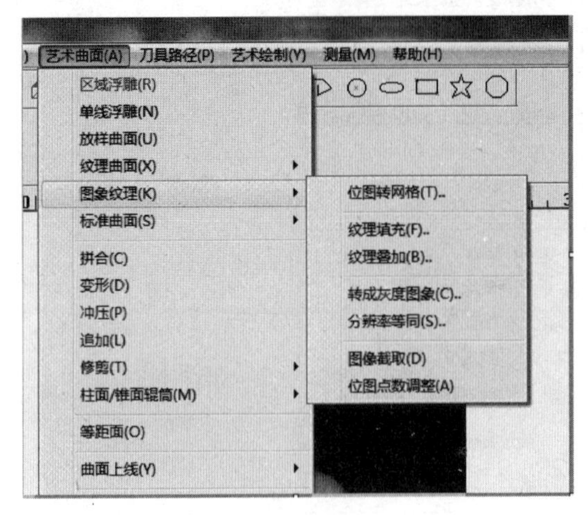

图 3-137 “位图转网格”操作

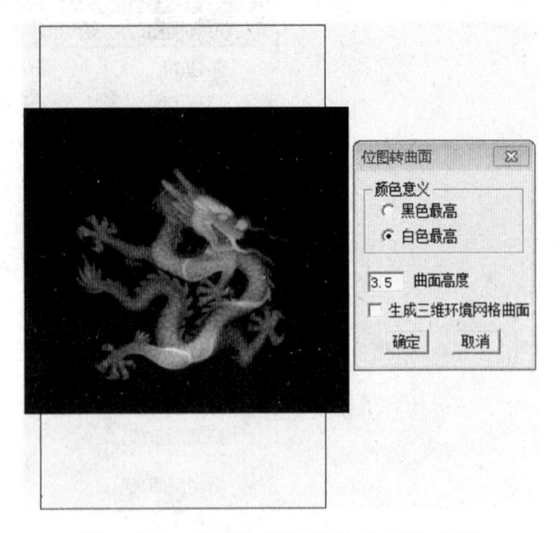

图 3-138 设置“位图转曲面”参数

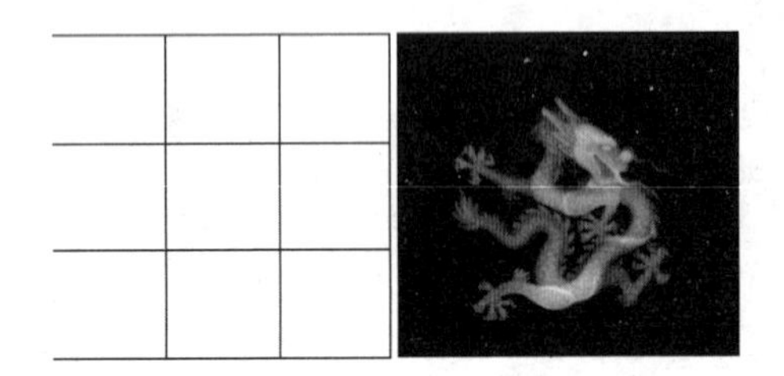

图 3-139 灰度位图和网格分离

图 3-140 虚拟雕塑后图形

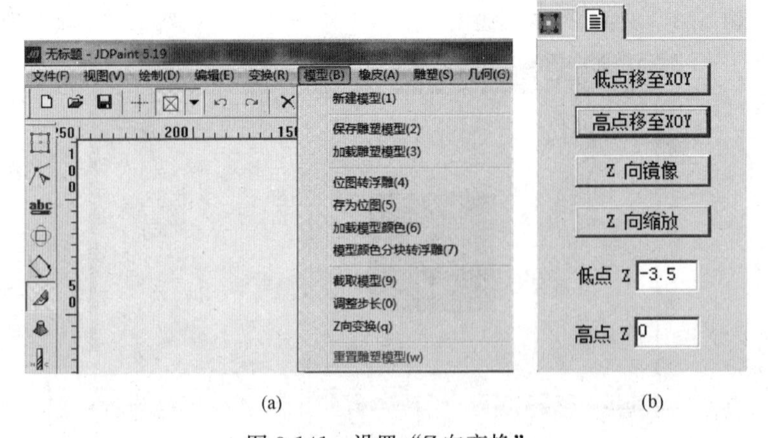

(a) (b)

图 3-141 设置“Z 向变换”

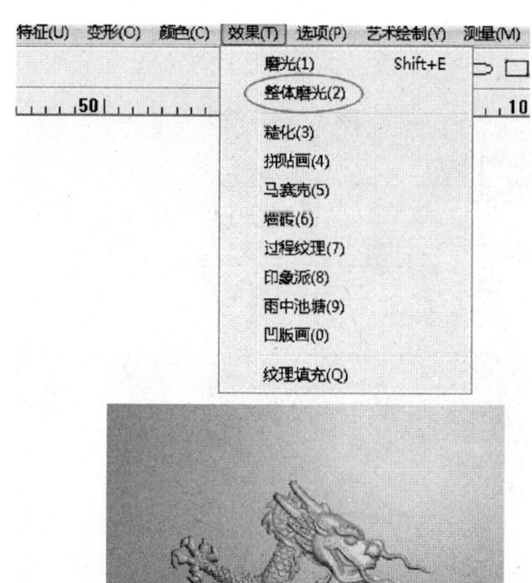

图 3-142　“整体磨光”操作

图 3-143　“渲染显示”后的图形

(10) 单击“圆心半径圆”图标⊙，在图形上画圆，如图 3-144 所示。

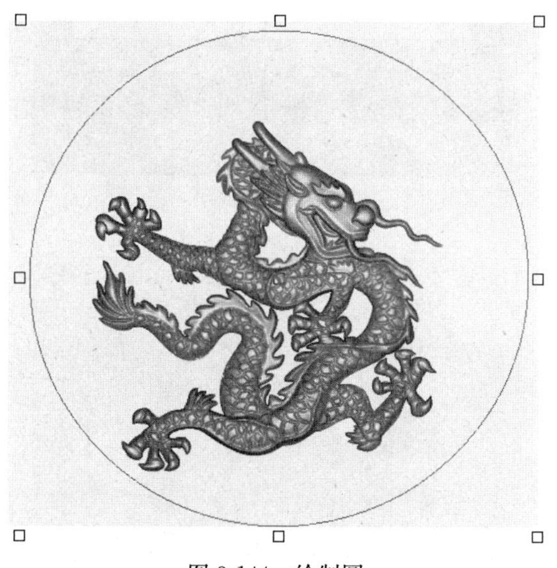

图 3-144　绘制圆

(11) 单击菜单栏“刀具路径”—“曲面雕刻”命令，工作区显示“曲面雕刻参数”窗口，对“曲面参数”“粗雕策略”“精雕策略”加工参数进行设置，如图 3-145 所示。单击“确定”按钮，生成刀具路径，如图 3-146 所示。

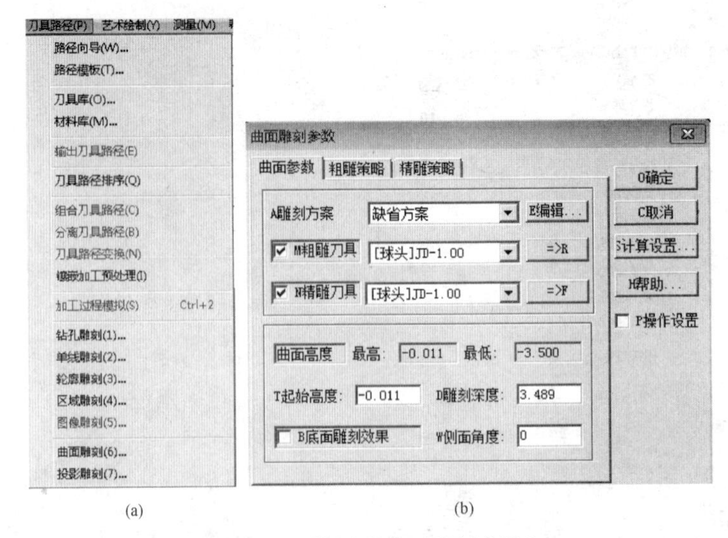

(a) (b)

图 3-145　设置“曲面雕刻参数”

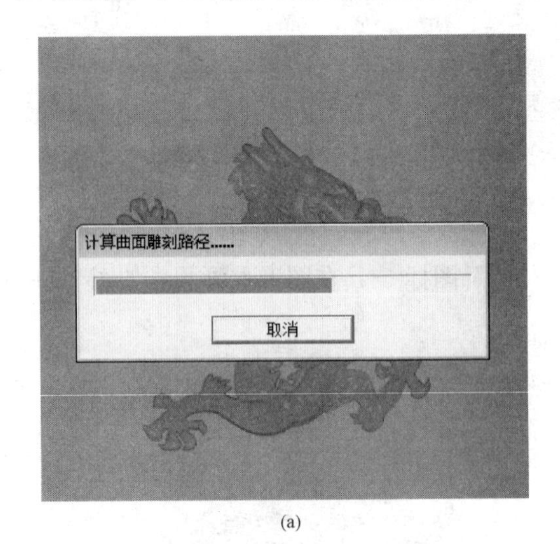

(a)

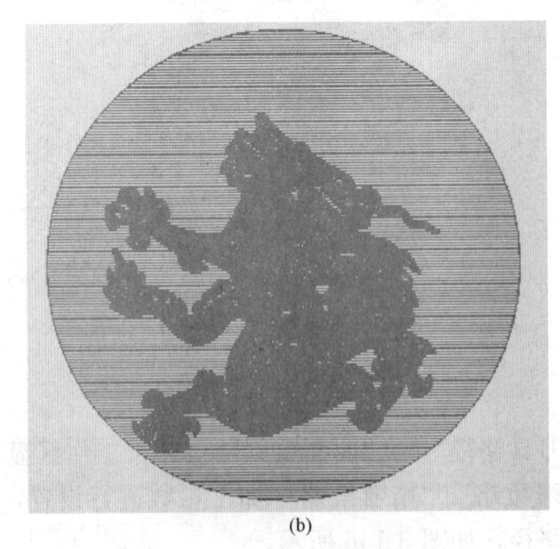

(b)

图 3-146　生成的刀具路径

（12）选择生成的刀具路径，单击菜单栏“刀具路径”—“输出刀具路径”命令，弹出“刀具路径输出”窗口，如图 3-147 所示。单击“保存”按钮，弹出“输出文件”窗口，如图 3-148 所示。设置完毕单击“确定”按钮，生成加工程序，如图 3-149 所示。将程序用 PC 机或 U 盘等方式传输到数控雕铣机完成加工。

（13）模拟仿真如图 3-150 所示。

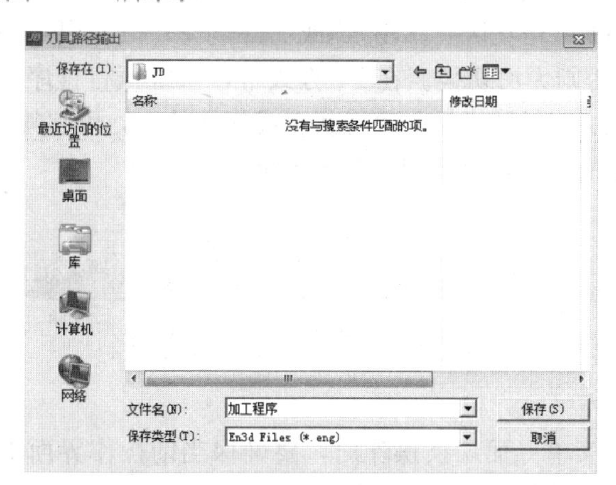

图 3-147　“刀具路径输出”窗口

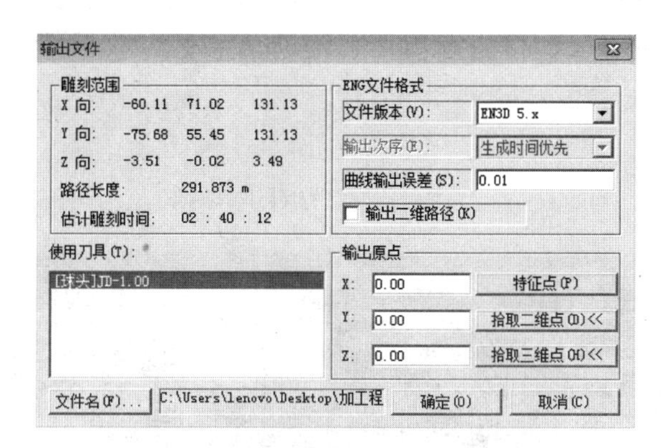

图 3-148　“输出文件”窗口

图 3-149　生成加工程序

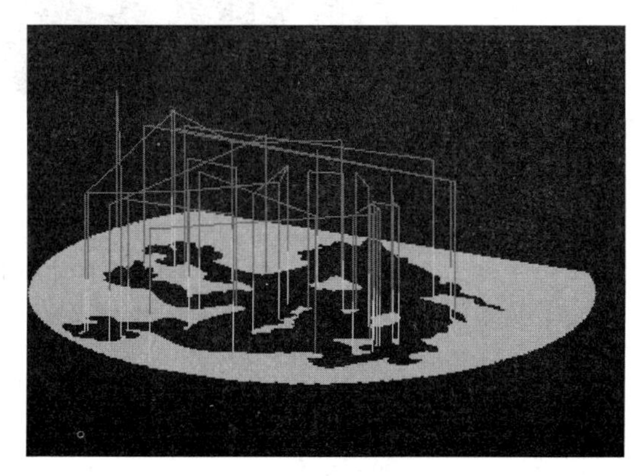

图 3-150　模拟仿真

(14) 机床加工。使用 SKYCNC 数控雕铣机进行加工，雕铣机（CNC engraving and milling machine）是数控机床的一种。它的出现填补了数控铣床和雕刻机之间的空白。雕铣机既可以雕刻，也可铣削，是一种高效高精的数控机床。

1) 机床所配备的操作系统是 SKY20036NA 开放式机床数控系统软件，进入 SKY2006NA 开放式机床数控系统软件后，出现系统的主菜单条如图 3-151 所示，F1、F2、F3、F4、F5、F10、F11 可相互切换，在 F2 或 F11 与 F1、F3、F4、F5 进行切换时，需先退出 F2 或 F11 方式，否则无法切换。在 F1 方式下，系统执行程序时，不可以和其他几种方式相互切换，当系统由工作状态转为等待状态或就绪状态，可与其他方式交换界面。系统主菜单一直显示在屏幕的上方，直至用户退出系统。

图 3-151　SKY2006NA 系统主菜单

注意在进行系统主菜单界面切换操作时，要确保当前操作界面中没有任何弹出式小窗口，否则主菜单不能进行操作。

2) 自动加工方式。在自动方式界面中屏幕显示主要分为程序路径显示区、动态轨迹图形显示区、加工程序显示区、功能选项区、辅助信息区、数据信息显示区，如图 3-152 所示。

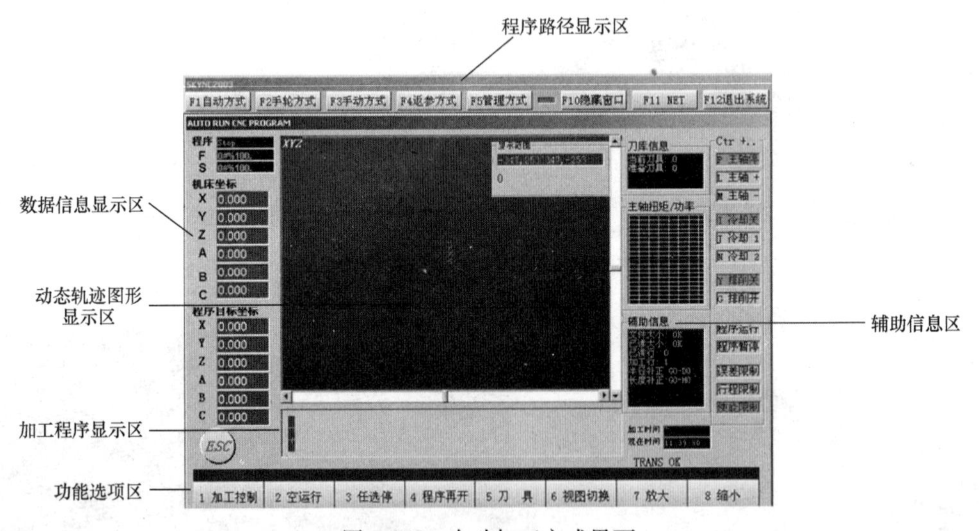

图 3-152　自动加工方式界面

3) 将程序传输进系统，由机床完成返回参考点、安装刀具、参数设置后完成零件的加工，如图 3-153 所示。

4) 加工完成。加工后的成品如图 3-154 所示。

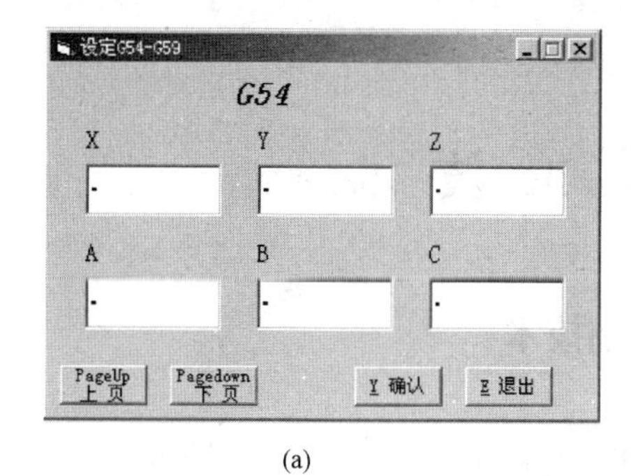

(a)

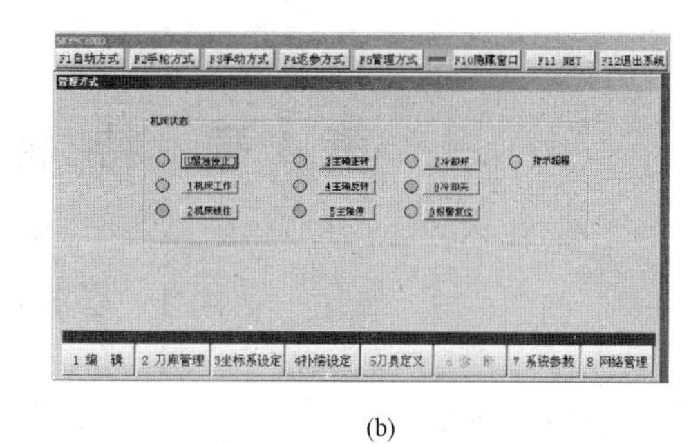

(b)

图 3-153　设置加工各参数

图 3-154　加工后的成品

第4章　特种加工技术

4.1　数控线切割技术

电火花线切割加工（wire electrical discharge machining，WEDM）简称为线切割，它是电火花加工的一种工艺形式，是用线状金属作为工具电极，与工件电极产生火花放电，从而对工件轮廓进行切割的一种加工方法。

根据电极丝的运行速度不同，及加工质量不同，电火花线切割机床通常分为三类。

（1）第一类是高速走丝电火花线切割机床（WEDM-HS），其电极丝做高速往复运动，一般走丝速度为6～10m/s，电极丝可重复使用，加工速度较高，但快速走丝容易造成电极丝抖动和反向时停顿，使加工质量下降，是我国生产和使用的主要机种，也是我国独创的电火花线切割加工模式。

（2）第二类是低速走丝电火花线切割机床（WEDM-LS），其电极丝做低速单向运动，一般走丝速度低于0.25m/s，电极丝放电后不再使用，工作平稳、均匀、抖动小、加工质量较好，但加工速度较低，是国外生产和使用的主要机种。

（3）第三类是中速走丝电火花线切割机床，准确地应该称为多速走丝，是我国独创的，其原理是对工件做多次反复的切割，开头用较快丝筒速度、较强高频来切割，就如现在的快走丝线切割，最后一刀用较慢丝筒速度、较弱高频电流来修光，从而提高了加工光洁度；而且丝速降低后，导轮和轴承的抖动少了。加工精度也提高了。另外，第一刀以最快的速度切割，后来的切割和修光的切割量都非常少。因此，一般三刀切割的时间加起来也比快走丝的一刀切割要快。

4.1.1　数控线切割机床的组成及其作用

数控线切割机床主要由机床本体、脉冲电源、控制系统、工作液循环系统等组成。

1. 机床本体

机床本体由床身、运丝机构、工作台和丝架组成。

（1）床身部分。床身一般为铸件，用于支撑和连接工作台、运丝机构等部件通常采用箱式结构，要求有足够的强度和刚度，内部安放机床电器和工作液循环系统。

（2）运丝机构。运丝机构中电动机带动储丝筒交替做正、反向转动，通过线架导轮将旋转运动转变为往复直线运动。快走丝和慢走丝机构有很大的区别，也是高速线切割机和低速线切割机的最大区别。

1）快走丝运丝机构。快走丝机构的电极丝材料一般采用钼丝，细而长的钼丝以一定张力平整地卷绕在储丝筒上，储丝筒通过弹性联轴器与驱动电机相连，做旋转运动，同时沿轴向移动，走丝速度等于储丝筒周边的线速度。为重复使用该段钼丝，储丝筒上方的走丝溜板上装有左、右行程挡块，当储丝筒轴向运动到钼丝供丝端时，行程挡块碰到行程开关，立即控制丝筒反转，使供丝端成为收丝端，钼丝反向移动，如此循环交替运转，实现钼丝的往复运动。

2）慢走丝运丝机构。慢走丝线切割机床走丝系统的机械原理不尽相同，但都在寻求一个共同的目标：使电极丝在加工区能够准确定位，能保持恒定张力，能恒速运行，能自动穿丝。

(3) 工作台。工作台部件用来安放工作，由拖板、导轨、丝杆螺母副及齿轮传动机构四部分组成。一般采用十字滑板、滚动导轨和丝杆传动副将电机的旋转运动变为工作台的纵、横向直线运动。步进电机每接收到一个电脉冲信号，就旋转一个步距角，使工作台在相应的方向上移动0.001mm。工作台面的纵、横向运动既可手动完成又可自动完成。为保证机床的精确度，对导轨的精度、刚度和耐磨性有较高的要求，为保证工作台的定位精度和灵敏度，传动丝杆和螺母必须消除间隙。

高速走丝线切割机床工作台采用铸铁材料，低速走丝线切割工作台普遍采用陶瓷材料，因陶瓷材料具有热膨胀系数小、绝缘性高、耐蚀性好、密度小、硬度高等特点。

(4) 丝架。丝架的作用是通过丝架上的两具导轮对电极丝移动起支撑和导向作用，使电极丝工作部分与工作台完成一定的几何角度。当切割直壁时，电极丝与工作台表面垂直；当切割表面有锥度的时候，则电极丝与工作台表面呈一定角度的倾斜。

2. 脉冲电源

脉冲电源是产生脉冲电流的能源装置。线切割脉冲电源是影响线切割加工效率和加工质量关键的设备之一。为满足切割加工条件和工艺指标，对脉冲电源的要求如下：电极丝的损耗要小；要有较大的峰值电流；脉冲宽度要窄；要有较高的脉冲频率；参数设定方便。加工时，电极丝接脉冲电源负极，工件接正极。

3. 控制系统

控制系统是进行电火花线切割加工的重要环节。它的具体功能有轨迹控制和加工控制。当控制系统使电极丝相对于工件按一定轨迹运动的同时，还应该实现伺服进线速度的自动控制，以维持正常的放电间隙和稳定的切割加工。控制系统的稳定性、可靠性、控制精度及自动化程序都直接影响加工工艺指标，机床的功能主要是由控制系统的功能决定的。

目前，快走丝线切割机床的控制系统大多采用简单的步进电机开环系统，慢走丝线切割机床的控制系统大多采用伺服电机加编码盘的半闭环系统，而在一些超精密线切割机床上使用伺服电机加磁尺或光栅的全闭环控制系统。

4. 工作液循环系统

工作液循环系统包括工作液箱、工作液泵、流量控制阀、进液管、回液管及过滤网罩等。工作液起冷却电极丝和工件、排除电蚀产物、提供一定绝缘性能的工作介质的作用。工作液对线切割加工工艺性指标的影响很大，如对切割速度、表面粗糙度、加工精度都很有影响。高速走丝切割机床使用的工作液是专用乳化液。低速走丝线切割机床大多采用去离子水作为工作液，其主要作用有对电极工件和加工屑进行冷却、产生放电的爆炸压力、对放电区消电离及对放电产物除垢。

4.1.2 数控线切割加工原理

数控线切割加工的基本原理是利用移动的细金属导线（铜丝或钼丝等）作负电极对导电或半导电材料的工件（作为正电极）进行脉冲火花放电而进行所要求的尺寸加工。线切割加工时，线电极一方面相对工件不断地往上（下）移动（慢速走丝是单向移动，快速走丝是往返移动）；另一方面，装夹工件的十字工作台，由数控服务电动机驱动，在 X、Y 轴方向实现切割进给，使线电极沿加工图形的轨迹，对工件进行切割加工。数控线切割加工示意见图4-1。这种切割是依靠电火花放电作用来实现的，它是在线电极和工件之间加上脉冲电压，同时在线电极和工件之间浇注矿物油、乳化液或去离子水等工作液，不断地产生火花放电，使工件不断地被电蚀，从而可控制地完成工件的尺寸加工，如图4-1所示。

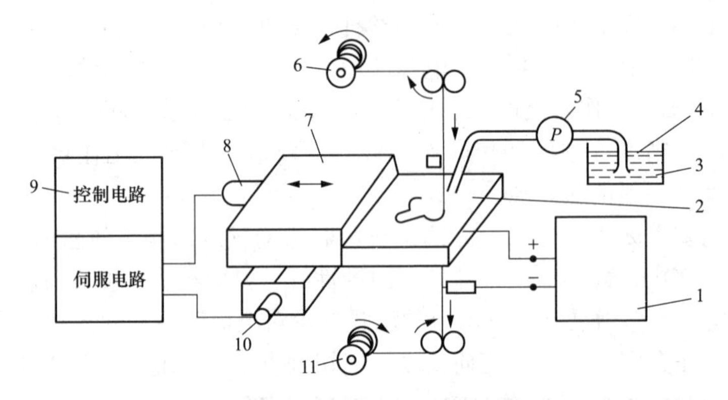

图4-1 数控线切割加工示意

1—脉冲电源；2—工件；3—工作液箱；4—去离子水；5—泵；6—放丝卷筒；7—工作台；8—X 轴电动机；9—数控装置：10—Y 轴电动机；11—收丝卷筒

4.1.3 数控线切割加工工艺参数

1. 主要工艺指标

（1）切割速度 v_{wi}。在保持一定表面粗糙度的切割加工过程中，单位时间内电极丝中心线在工件上切过的面积总和称为切割速度，单位为 mm²/min。切割速度是反映加工效率的一项重要指标，数值上等于电极丝中心线沿图形加工轨迹的进给速度乘以工件厚度。通常快速走丝线切割速度为 40～80mm²/min，慢速走丝线切割速度可达 350mm²/min。

（2）切割精度。线切割加工后，工件的尺寸精度、几何精度称为切割精度。快速走丝线切割精度可达 0.01mm，一般为±0.015～0.02mm；慢速走丝线切割精度可达±0.001mm。

（3）表面粗糙度。线切割加工中的工件表面粗糙度通常用轮廓算术平均值偏差Ra值表示。快速走丝线切割的Ra值一般为 1.25～2.5μm，最低可达 0.63～1.25μm；慢速走丝线切割的Ra值可达 0.3μm。

2. 影响工艺指标的主要因素

（1）脉冲电源主要参数的影响。

1）放电峰值电流 I_p 的影响。I_p 是决定单脉冲能量的主要因素之一。I_p 增大时，线切割加工速度提高，但表面粗糙度变差，电极丝损耗比加大甚至断丝。

2）脉冲宽度 t_i 的影响。t_i 主要影响加工速度和表面粗糙度。加大 t_i 可提高加工速度，但表面粗糙度变差。

3）脉冲间隔 t_o 的影响。t_o 直接影响平均电流。t_o 减小时平均电流增大，切割速度加快，但 t_o 过小，会引起电弧和断丝。

4）空载电压 u_i 的影响。该值会引起放电峰值电流和电加工间隙的改变。u_i 提高，加工间隙增大、切缝宽、排屑变易，提高了切割速度和加工稳定性，但易造成电极丝振动，使加工面形状精度和粗糙度变差。通常 u_i 的提高还会使线电极损耗量加大。

5）放电波形的影响在相同的工艺条件下，高频分组脉冲常常能获得较好的加工效果。电流波形的前沿上升比较缓慢时，电极丝损耗较少。不过当脉宽很窄时，必须要有陡的前沿才能进行有效的加工。

（2）线电极及其走丝速度的影响。

1）线电极直径的影响。线切割加工中使用的线电极直径一般为 ϕ0.03～ϕ0.35mm，线电极材料不同，其直径范围也不同。一般，纯铜丝为 ϕ0.15～ϕ0.3mm，黄铜丝为 ϕ0.1～ϕ0.35mm，钼丝为 ϕ0.06～ϕ0.25mm，钨丝为 ϕ0.03～ϕ0.25mm。电火花线切割加工的加工量 U_w，是切缝宽、切深和工件厚度的乘积。切缝宽是由线电极直径和放电间隙决定的，所以线电极直径越细，其加工量就越小。但是线电极细，允许通过的电流就会变小，切割速度会随线电极直径的变细而下降。另外，如果增大线电极的直径，允许通过的加工电流就可以增大，加工速度增快，但是加工槽宽增大，加工量也增大，因而必须增加由于加工槽加宽所增加的那一部分电流。线电极允许通过的电流与线电极直径的平方成正比，而切缝宽仅与线电极的直径成正比，因此，切割速度与线电极直径是成正比地增加，线电极直径越粗，切割速度越快，而且还有利于厚工件的加工。但是线电极直径的增加，要受到加工工艺要求的约束，另外增大加工电流，加工表面的粗糙度会变差，所以线电极直径的大小，要根据工件厚度、材料和加工要求进行确定。

2）线电极走丝速度的影响。在一定范围内，随着走丝速度的提高，线切割速度也可以提高，提高走丝速度有利于电极丝把工作液带入较大厚度的工件放电间隙中，有利于电蚀产物的排除和放电加工的稳定。走丝速度也影响电极在加工区的逗留时间和放电次数，从而影响线电极的损耗。但走丝速度过高，将加剧电极丝的振动，精度降低和切割速度，并使表面粗糙度变差，且易造成断丝，所以，高速走丝线切割加工时的走丝速度一般以小于 10m/s 为宜。

在慢速走丝线切割加工中，电极丝材料和直径有较大的选择范围，高生产率时可用 ϕ0.3mm 以下的镀锌黄铜丝，允许较大的峰值电流和气化爆炸力。精微加工时可用 ϕ0.03mm 以上的钼丝。由于电极丝张力均匀，振动较少，所以加工稳定性、表面粗糙度、精度指标等均较好。

（3）工件厚度及材料的影响。工件材料薄，工作液容易进入并充满放电间隙，对排屑和消电离有利，加工稳定性好。但工件太薄，金属丝易产生抖动，对加工精度和表面粗糙度不利。工件厚，工作液难以进入和充满放电间隙，加工稳定性差，但电极丝不易抖动，因此精度和表面粗糙度较好。切割速度 v_{wi}先随厚度的增加而增加，达到某一最大值（一般为 50～100mm^2/min）后开始下降，这是因为厚度过大时排屑条件会变差。

工件材料不同，其熔点、气化点、热导率等都不一样，因而加工效果也不同。例如，采用乳化液加工时会出现以下情况：

1）加工铜、铝、淬火钢时，加工过程稳定，切割速度高。

2）加工不锈钢、磁钢、未淬火高碳钢时，稳定性较差，切割速度较低，表面质量不太好。

3）加工硬质合金时，比较稳定，切割速度较低，表面粗糙度好。

此外，机械部分精度（如导轨、轴承、导轮等磨损、传动误差）和工作液（种类、浓度及其脏污程度）都会影响加工效果。当导轮、轴承偏摆，工作液上、下冲水不均匀，会使加工表面产生上、下凹凸相间的条纹，工艺指标将变差。

（4）各因素对工艺指标的相互影响关系。切割速度与脉冲电源的电参数有直接的关系，它将随单个脉冲能量的增加和脉冲频率的提高而提高。但有时也受到加工条件或其他因素的制约。因此，为了提高切割速度，除了合理选择脉冲电源的电参数外，还要注意其他因素的影响。例如，工作液种类、浓度、脏污程度的影响，线电极材料、直径、走丝速度和抖动的影响，工件材料和厚度的影响，切割加工进给速度、稳定性和机械传动精度的影响等。合理地选择各因素指标，可使两极间维持最佳的放电条件，以提高切割速度。

表面粗糙度也主要取决于单个脉冲放电能量的大小，但线电极的走丝速度和抖动状况等因素对表面粗糙度的影响也很大，而线电极的工作状况则与所选择的线电极材料、直径和张紧力大小有关。

加工精度主要受机械传动精度的影响，但线电极的直径、放电间隙大小、工作液喷流量大小和喷流角度等也影响加工精度。

因此，在线切割加工时，要综合考虑各因素对工艺指标的影响，以充分发挥设备性能，达到最佳的切割加工效果。

3. 数控快走丝线切割工艺参数

线切割的工艺参数分为电参数和机械参数两类。电参数是指脉冲宽度、脉冲间隙、脉冲频率、峰值电流、开路电压等。机械参数包括走丝速度和进给速度等。

（1）脉冲宽度。脉冲宽度是指脉冲电流的持续时间。在其他加工条件相同的情况下，切割速度随脉冲宽度的增大而增大，但电蚀物也随之增多，当脉冲宽度增大到电蚀物来不及排除时，就会使加工不稳定，表面粗糙度增大，反而使切割速度降低。

（2）脉冲间隙。脉冲间隙是指相邻两个脉冲之间的时间。在其他条件不变的情况下，减小脉冲间隙，相当于提高了脉冲频率，增加单位时间内的放电次数，使切割速度加快。但是，当脉冲间隔减少到一定程度之后，电蚀物不能及时排除，加工间隙的绝缘强度来不及恢复，破坏了加工稳定性，也会使切割速度减慢。

（3）峰值电流。峰值电流是指放电电流的最大值。峰值电流对切割速度的影响也就是单个脉冲能量对加工速度的影响，它和脉冲宽度对切割速度和表面粗糙度的影响类似，但程度更大一些。因此，合理增大脉冲电流的峰值，对提高切割速度最为有效。但脉冲电流的峰值过大会使电极丝的损耗也随之增大，容易造成断丝。

（4）开路电压。开路电压改变峰值电流和电加工间隙。提高开路电压则加工间隙增大，排屑容易，提高了切割速度和加工稳定性，但容易造成电极丝振动，加大电极丝损耗。

（5）走丝速度。走丝速度是指电极丝移动的速度，单位为 m/s。在一定范围内，随着走丝速度的提高，切割速度也提高。提高走丝速度有利于电极丝将工作液带入较厚的工件放电间隙中，有利于电蚀物的排除和放电加工的稳定。但走丝速度高会导致机械振动加大，从而降低了加工精度和切割速度，使表面粗糙度值增大，并易造成断丝。因此，快走丝线切割机床的走丝速度一般不超过 10m/s。

（6）进给速度。进给速度太快，超过工件的蚀除速度时，会造成频繁短路，切割速度反而会降低，表面粗糙度也差，甚至引起断丝；反之，如进给速度太低，大大低于工件的蚀除速度，极间又将偏于开路，将影响线切割加工速度和表面粗糙度。只有当进给速度和工件蚀除速度相匹配，才会获得切割速度和表面粗糙度都好的最佳状态。

因此，要综合考虑各参数对加工的影响，合理选择工艺参数，在保证工件加工精度的前提下，尽量提高生产效率、降低生产成本。

4.1.4 数控快走丝线切割加工工艺技巧

1. 穿丝孔的确定

(1) 穿丝孔的作用。穿丝孔是工件上用来穿过电极丝而预先钻制的小孔，在电火花线切割加工中扮演着重要的角色，它主要用来保证工件加工部位与工件其他部位的位置精度。在凸模加工时，穿丝孔可减小工件变形；在凹模加工时，穿丝孔更是必不可少，可以保证凹模加工后的完整性。

(2) 穿丝孔的位置。穿丝孔位置应根据切割工件的实际情况来确定，如根据切割工件的类型、材料、大小等情况来确定，应遵循以下几点：

1) 在切割小型凹模类工件时，穿丝孔一般确定在凹模的中心位置，以便于穿丝孔的加工和切割轨迹程序的计算，如图 4-2 (a) 所示。此方法的缺点是当切割大型零件时，无用切割路线长，因此不适合大型凹模的加工。

2) 在切割凸模类工件和大型凹模类工件时，穿丝孔一般确定在起切点附近，可以缩短无用切割路线的长度，如图 4-2 (b) 所示。

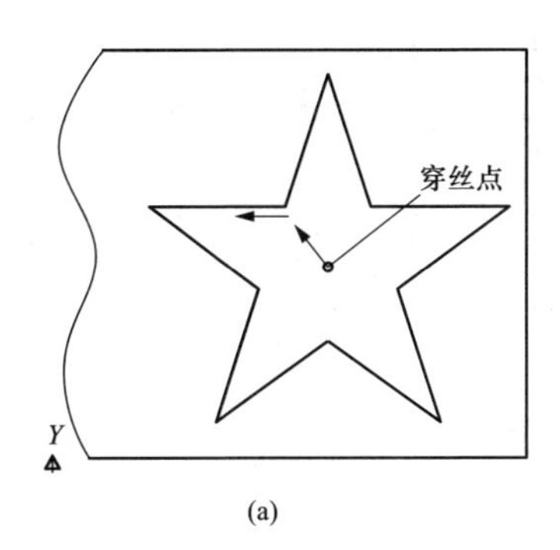

(a)

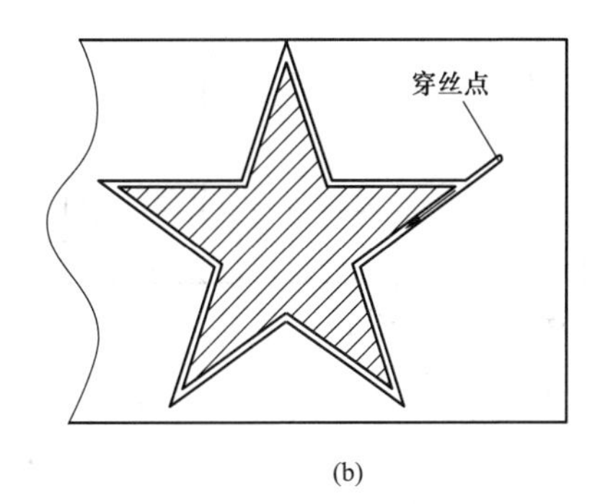

(b)

图 4-2 穿丝点
(a) 切割凹模；(b) 切割凸模

3) 穿丝孔的位置应选择在已知坐标点或便于计算的坐标点上，特别是对于有多次穿丝的工件，把穿丝点选在特殊坐标点上，将有利于程序的编制，如图 4-3 所示。

(3) 穿丝孔大小及加工。穿丝孔直径大小的选择，应便于钻孔加工，不宜过大或过小，一般在 3～10mm 范围内选择，并取整数直径。

由于穿丝孔常用作加工基准，因此，穿丝孔的加工一般在具有较高精度的机床上进行，可以采用电火花穿孔，以保证穿丝孔的位置、尺寸精度。

2. 走丝路线的确定

(1) 走丝路线确定的一般原则。合理选择走丝路线是线切割工艺中重要的一个环节，它直接影响切割工件的精度和质量。走丝路线确定的一般原则是切割时使工件变形最小。因此，工件与夹持部位分离的切割轨迹程序应安排在整个切割程序的末尾，如图 4-4 (b) 所示的切割路线优于图 4-4 (a) 的切割路线。图 4-4 (b) 所示的线切割路线中，在大部分的切

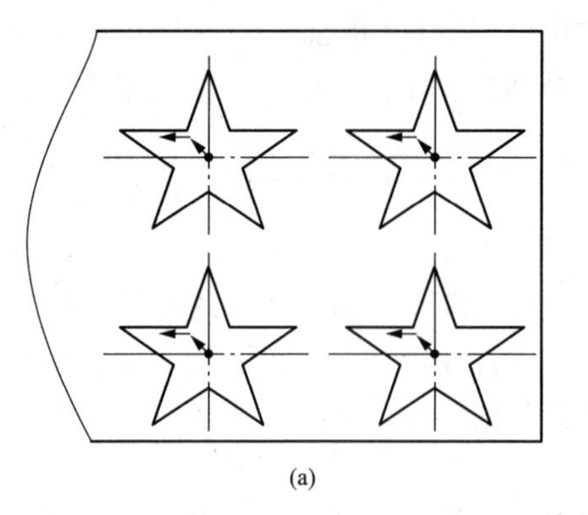

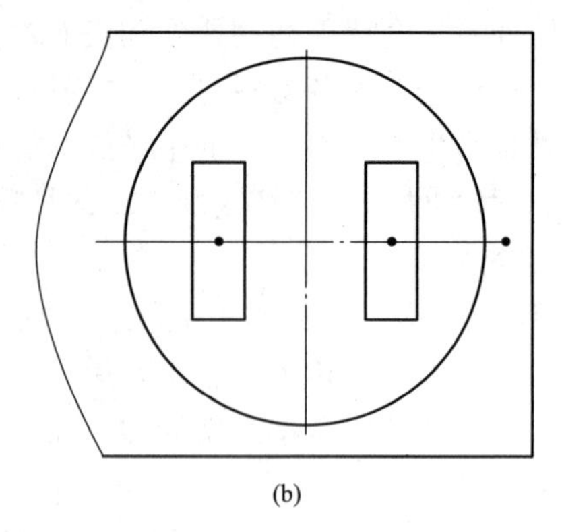

(a)　　　　(b)

图 4-3　多次穿丝点

(a) 切割凹模；(b) 切割凸模

割时间内，切割工件与夹持部分连接；而图 4-4（a）所示的切割路线中，夹持部分在开始加工时就被切割掉大部分，这样加工过程中的材料变形会影响工件的精度，容易造成断丝。

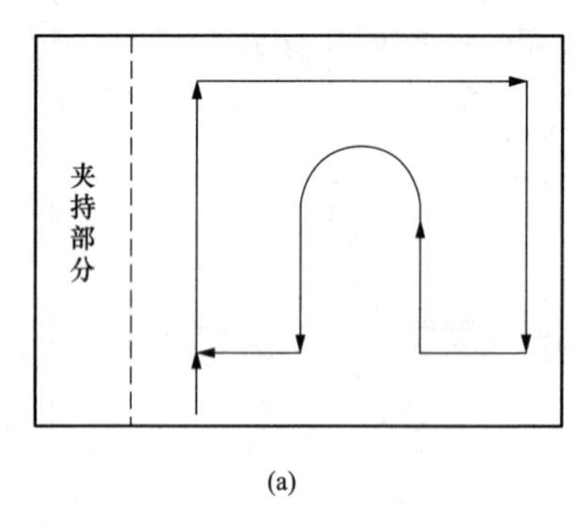

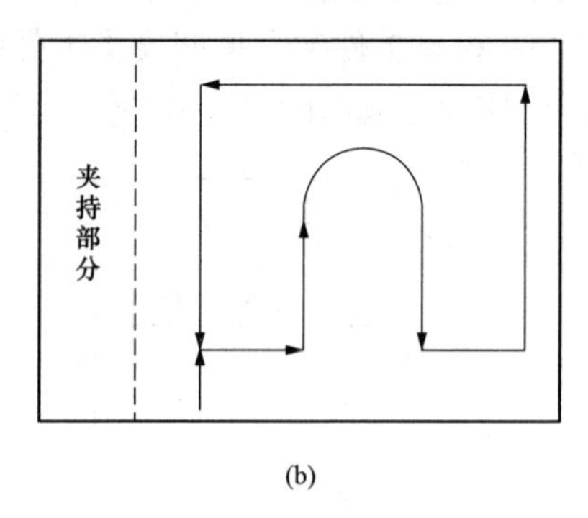

(a)　　　　(b)

图 4-4　走丝路线

(a) 不好；(b) 好

（2）清角走丝路线。在实际加工中，受电极丝、放电压力和工作液压力等因素的影响，电极丝在切割轨迹拐角处往往会把清角切割成圆弧角，如图 4-5（a）所示。对于要求切割出清角的工件应在拐角处增加一段辅助切割轨迹，如图 4-5（b）所示，电极丝切割轨迹为 $A—B—C—B—D$（原轨迹为 $A—B—D$），增加了辅助切割轨迹 $B—C—B$ 段，便可切割出清角。

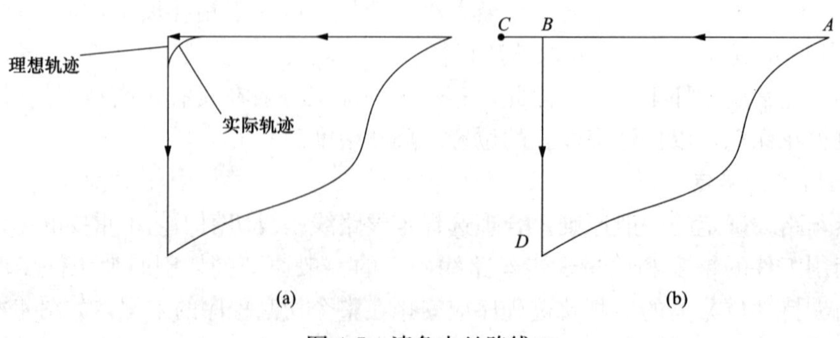

图 4-5　清角走丝路线

4.1.5 数控线切割加工编程实例

1. 编程步骤

数控线切割编程与数控机床编程相类似，步骤如图 4-6 所示。

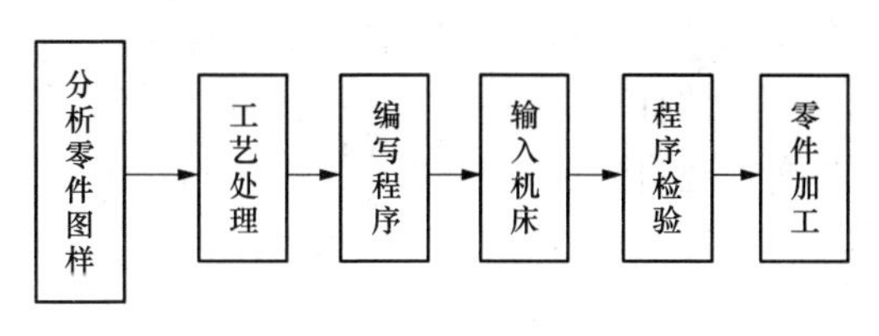

图 4-6 编程步骤

（1）分析零件图样及工艺处理。首先对零件图进行分析，明确加工要求，合理选择加工路径和偏移量等。工艺处理要注意以下几点：

1）工夹具的设计和选择。工夹具应可以反复使用，所以夹具要便于安装，便于协调工作和机床的尺寸关系。在加工大型模具时，应考虑工件的定位问题，特别是在加工快完成时，工件在重力作用下容易变形，致使电极丝被夹紧，影响加工，这时可用磁铁将加工完的地方吸住，保证加工能正常进行。

2）正确选择穿丝孔和进刀线、退刀线。

3）选择合理的偏移量。在加工凸模、凹模时，对精度要求较高，必须考虑电极丝半径和放电间隙的影响。合理的偏移量要根据电极丝直径和机床参数来决定。

（2）编写程序。

（3）输入控制台。

（4）程序检验。编写完的程序要经过检验才能正式加工，通常的检验方法有图形检验、模拟运行等。

2. 加工步骤

（1）加工前的准备。加工前先准备好工件毛坯、压板、夹具等装夹工具。若需切割内腔形状工件，毛坯应预先打好穿丝孔，然后按以下步骤操作：

1）启动机床电源进入系统，编程加工程序。

2）检查系统各部分是否正常，包括高频、工作液系统、丝筒等的运行情况。

3）进行储丝筒上丝、穿丝和电极丝找正操作。

4）装夹工件。

5）移动 X、Y 轴坐标确立切割起始位置。

6）开启工作液泵，调节喷嘴流量。

7）运行加工程序开始加工，调整加工参数。

8）监控运行状态，如发现工作液循环系统堵塞应及时疏通，及时清理电蚀产物，但在整个切割过程中，均不宜变动进给控制按钮。

9）每段程序切割完毕后，一般都应检查 X、Y 轴的手轮刻度是否与指令规定的坐标相符，以确保加工零件的精度。如果出现差错，应及时处理，避免加工零件报废。

10）清现机床。

（2）加工操作注意事项。

1）在放电加工时，工作台架内不允许放置任何杂物以防止损坏机床。

2）装夹工件时，应充分考虑装夹部位和穿丝位置，保证切割路径通畅。

3）在穿丝、紧丝等操作时，一定注意电极丝是否要从导轮槽中脱出，并与导电块接触良好。

4）摇把使用后应立即取下，避免人身事故的发生。

5）合理配制工作液浓度，以提高加工效率及表面粗糙度。

6）切割时，控制喷嘴流量不要过大，以防飞溅。

7）切割过程中要随时观察运行情况，排除事故隐患。

（3）加工过程中特殊情况的处理。

1）短时间临时停机。在某一程序尚未切割完时，若需要暂时停机片刻，应先关闭控制台的高频及进给，然后关闭脉冲电源、工作液泵和走丝电机，其他设备可不必关闭。只要不关闭控制器的电源，控制器就能保存停机时余下的程序。重新开机时，按下述次序进行操作即可继续加工：开走丝电动机—工作液泵—脉冲电源—高频开关。

2）断丝处理。断丝是线切割加工中最常见的一种异常情况，造成断丝的原因主要有以下几个方面：

① 电极丝的材质不佳，抗拉强度低、折弯、打结、叠丝或使用时间过长，导致丝被拉长、拉细且布满微小放电凹坑。

② 导丝机械的机械传动精度低，绕丝松紧不适度，导轮与储丝筒的径向圆跳动和窜动。

③ 导电块长时间使用或位置调整不好，在加工过程中被电极丝拉出沟槽。

④ 导轮轴承磨损，导轮磨损后底部出现沟槽，造成导丝部位摩擦力过大，运行中抖动剧烈。

⑤ 工件材料的导电性、导热性不好，并含有非导电杂质或因内应力过大而造成切缝变窄。

⑥ 加工结束时，因工件自重引起切除部分脱落或倾斜而夹断电极丝。

⑦ 工作液的种类选择配制不适当或脏污程序严重。

在加工过程中出现断丝现象，首先应立即关闭脉冲电源和变频，再关闭工作液泵及走丝电动机，让机床工作台继续按原程序走完，最后回到起点位置重新穿丝加工。若工件较薄，可就地穿丝，继续切割；若加工快结束时断丝，可考虑从末尾进行切割，但需要重新编制程序。当加工到二次切割的相交处时，要及时关闭脉冲电源和机床，以免损坏已加工表面。如果钼丝不能再用必须更换新丝时，应测量新丝的直径，若断丝直径和新丝直径相差较大，应要重新编制程序以保证加工精度。

（4）控制器出错或突然停电。这两种情况出现在待加工零件的废断部位且零件的精度要求不高的情况下，排除故障后，将电极丝退出，拖板移动到起始位置，重新加工即可。

（5）短路的排除。短路也是线切割加工中常见的故障之一，常见的短路原因主要有以下几点：

1）导轮和导电块上的电蚀物堆积严重未及时清除。

2）工件变形造成切缝变窄，使切屑无法及时排出。

3）工作液浓度太高造成排屑不畅。

4）加工参数选择不当造成短路。

若发生短路，应立即关掉变频，待其自行消除。如果不能奏效，再关掉高频电源，用酒精、汽油、丙醇等溶剂冲洗短路部分。若此时还不能消除短路，只能把电极丝抽出，退回到起始点重新加工。

目前大部分线切割控制器均有断丝、短路自行处理功能，在断电情况下也会保持记忆。

3. 编程实例

为提高学生的创新意识可让学生自主设计图形，例如，用 AutoCAD 在 90mm×90mm 范围内自主设计图形，要求图形新颖且具有可加工性，或可表达出某种象征意义的图案，有可加工性，可导入到线切割图形界面中，能独立编程、加工出实体零件（材料为 1mm 厚不锈钢板）。下面以 AutoCUT 软件为例详细讲解加工过程。

（1）先用 AutoCAD 画出图形（见图 4-7），尺寸控制在材料大小范围内，画图时最好将图形起点放在CAD坐标（0，0）上，方便显示图形。为方便切割，有内部空间线条的可在内外线条间设置一条引入线和一条引出线，两线间隙可在0.01～0.05mm范围内（仅限于自主图形，实际产品除外）。

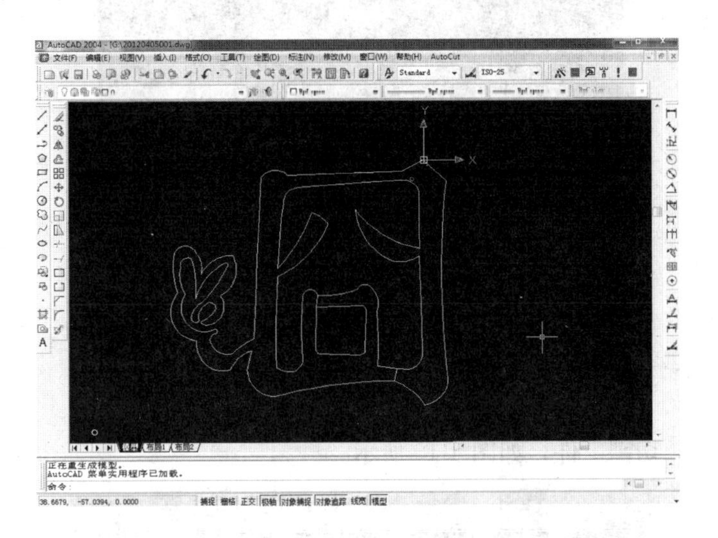

图4-7 CAD图形

（2）将图形在线切割机床工控AutoCAD软件里打开。单击菜单中“AutoCUT”—“里生成加工轨迹”。

（3）图形编程。生成加工轨迹后要进行加工设置，其中针对图形尺寸要求设置偏移值，自主设计的图可以不用偏移；根据工件厚度设置加工参数（也可以先不设置），一次加工轨迹设置见图4-8；单击“确定”按钮，根据提示选择进丝点和起割点，如果进丝点和起割点是一个点，直接在当前点上单击两下；选择加工方向，再选择退丝点（封闭图形的退丝点就是起割点，不用设定），如图4-9所示。

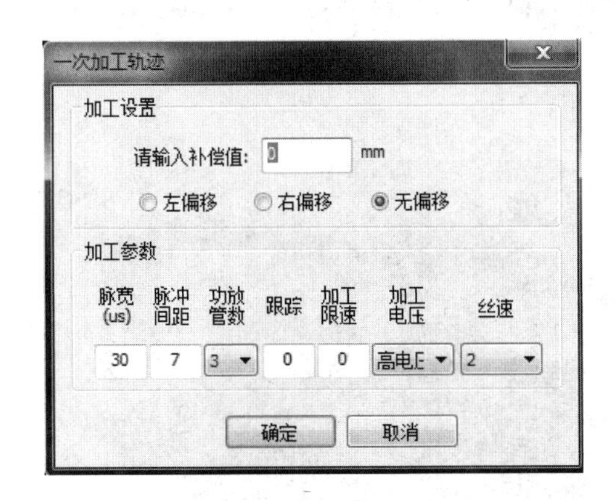

图4-8 加工设置

（4）程序送入控制台。图形编程完毕，单击菜单AutoCUT中“发送加工任务”，软件会自动切换到AutoCUT加工软件。然后按之前所述加工步骤装夹工件，选择合适的加工参

图 4-9　图形编程

数，单击开始加工，切割工件，如图 4-10 所示。

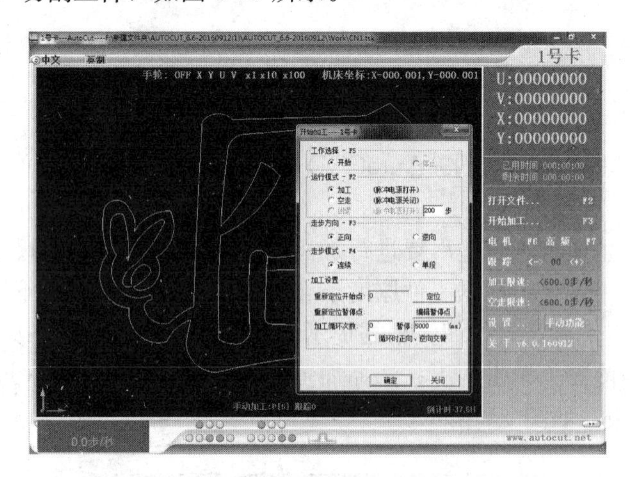

图 4-10　程序送入控制台

（5）加工成品见图 4-11。

图 4-11　加工成品

4.2 激光切割技术

4.2.1 激光切割技术原理

随着现代加工技术的发展，激光切割越来越多地应用于生产之中。激光切割是利用经聚焦的高功率密度激光束照射工件，使被照射的材料迅速熔化、气化、烧蚀或达到燃点，同时借助与光束同轴的高速气流吹除熔融物质，从而将工件割开，如图 4-12 所示。

图 4-12 激光切割设备

4.2.2 激光切割机床操作

1. 操作主界面

启动 RDCAM 激光雕刻切割软件，操作界面如图 4-13 所示。

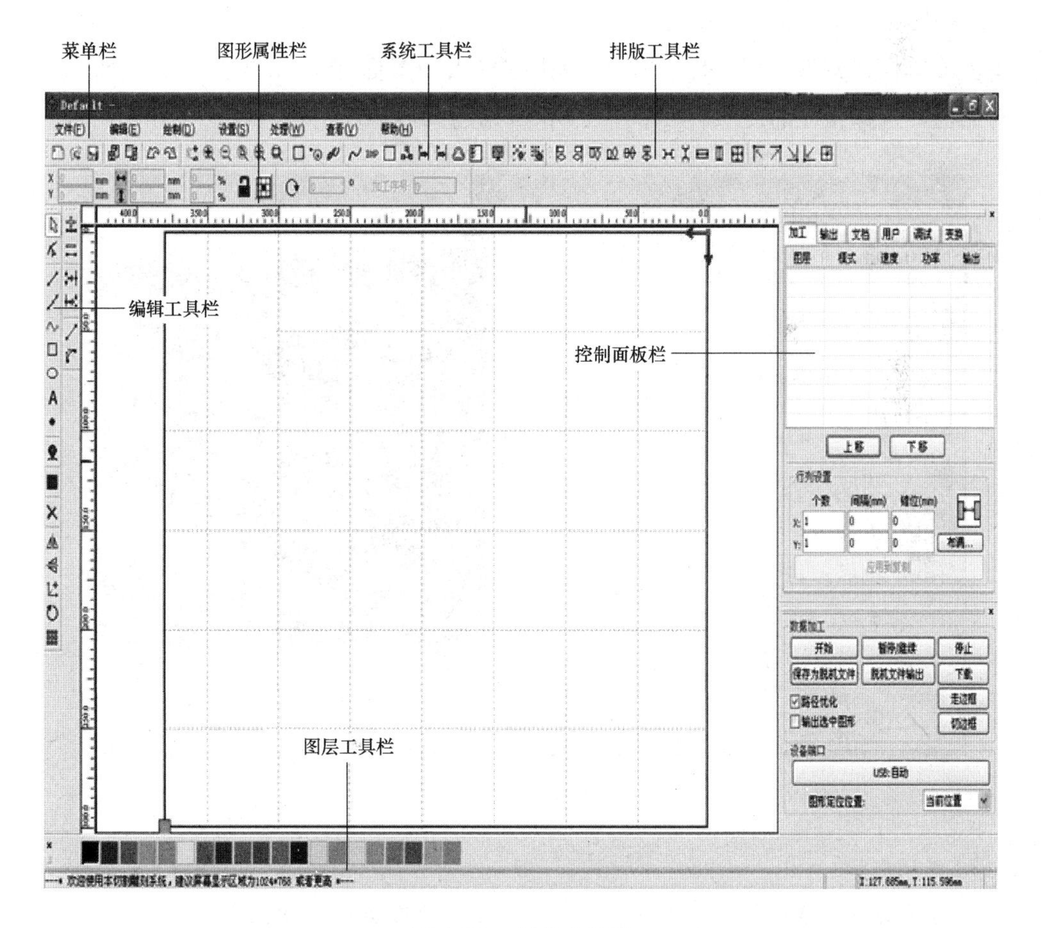

图 4-13 操作主界面

（1）菜单栏。RDCAM 激光雕刻切割软件的主要功能都可以通过执行菜单栏中的命令选项来完成，执行菜单命令是最基本的操作方式。菜单栏中包括文件、编辑、绘制、设置、处理、查看和帮助这 7 个功能各异的菜单。

（2）图形属性栏。图形属性栏可对图形基本属性进行操作，包含图形位置、尺寸、缩放、加工序号等。

（3）系统工具栏。在系统工具栏上放置了最常用的一些功能选项，并通过命令按钮的形式体现出来。这些功能选项大多数都是从菜单中挑选出来的。

（4）排版工具栏。排版工具栏可使选择的多个对象对齐，完善页面的排版。

（5）控制面板。控制面板主要是实现一些常用的操作和设置。

（6）图层工具栏。图层工具栏用于修改被选择对象的颜色。

（7）编辑工具栏。编辑工具栏系统默认是位于工作区的左边。在编辑工具栏上放置了经常使用的编辑工具，从而使操作更加灵活方便。

2. 文件的导入

激光切割机床软件支持的文件格式包括两类。

（1）矢量格式：dxf，ai，plt，dst，dsb，…。

（2）位图格式：bmp，jpg，gif，png，mng，…。

单击菜单栏“文件”—“导入”，或单击“导入”图标，弹出如图 4-14 所示的“导入”对话框，选择相应的文件后，单击“Open”按钮即可导入文件。

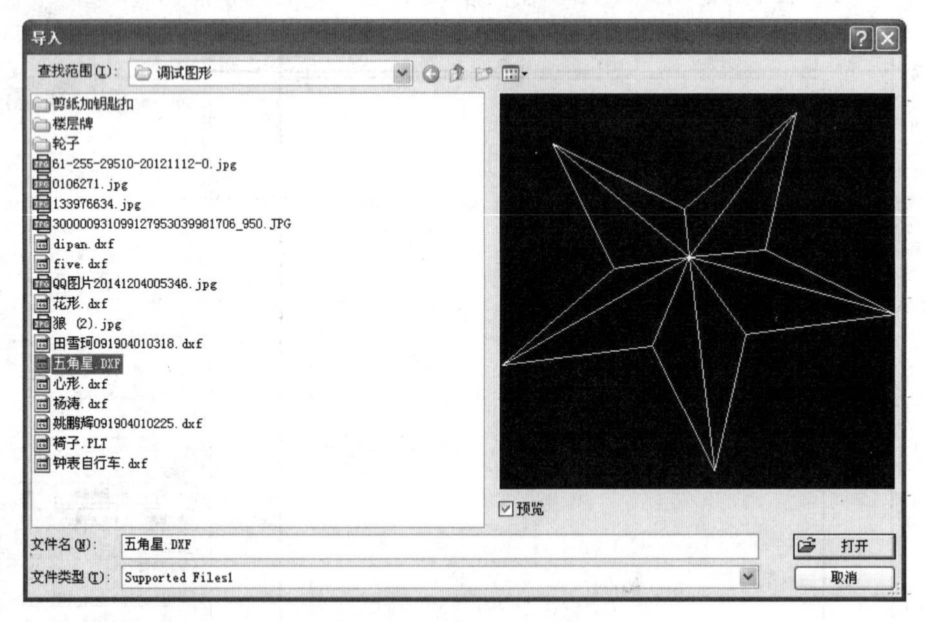

图 4-14 “导入”界面

3. 对象的变换

对象的变换主要是对对象的位置、方向、大小等方面进行改变操作，而并不改变对象的基本形状及其特征。

（1）镜像对象。镜像对象就是将对象在水平或垂直方向上进行翻转。单击对象操作栏“镜像”图标，即可水平翻转被选取的对象；单击对象操作栏“水平翻转”图标，即可垂直翻转被选取的对象。

（2）旋转对象。单击对象操作栏“旋转对象”图标，弹出旋转角度设置对话框，可以精确地设定旋转角度。

（3）改变对象大小。使用大小变换工具条（见图4-15）进行变换，可修改尺寸、选择是否锁定长宽比、设置相对于对象的位置。

图4-15 大小变换工具条

（4）阵列复制对象。单击编辑工具栏“选择”图标，选取要阵列复制的对象。然后单击对象操作栏“阵列”图标，弹出“阵列复制”对话框，如图4-16所示。其中，“X个数”为水平方向阵列个数；“Y个数”为垂直方向阵列个数；“X间隔”为水平方向图形边框间距；“Y间隔”为垂直方向图形边框间距；阵列方向，可选择向右下、左下、左上、右上四个方向。

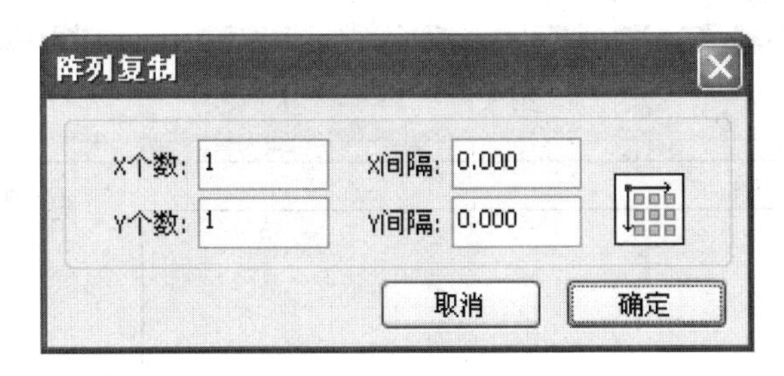

图4-16 导入界面

（5）放置对象。放置对象是为了方便查看或者定位。软件提供的放置对象工具如下：，将被选对象放置到页面的中心，即对象中心与页面中心重合；，将被选对象放置到页面的左上、右上、右下、左下。

（6）对象的对齐。选中多个对象后，单击排版工具栏的工具即可，见图4-17。

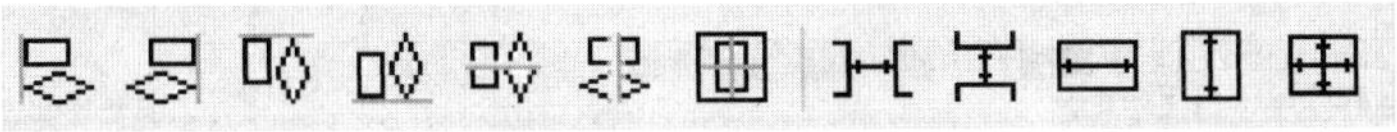

图4-17 排版工具栏

4. 参数设置与加工

（1）一般设置。一般设置界面如图4-18所示。

1）“轴方向镜像”选项。默认的坐标系为笛卡尔坐标系，按习惯认为零点在左下方。

比较方便的方法是查看图形显示区的坐标系箭头所在的位置是否与机器实际的原点位置一致。如果不一致，则修改相应方向的镜向。例如，坐标系箭头出现在左上角（见图4-19），而机器原点在右上角，只需要在“设置”对话框中勾选“X镜像”即可。

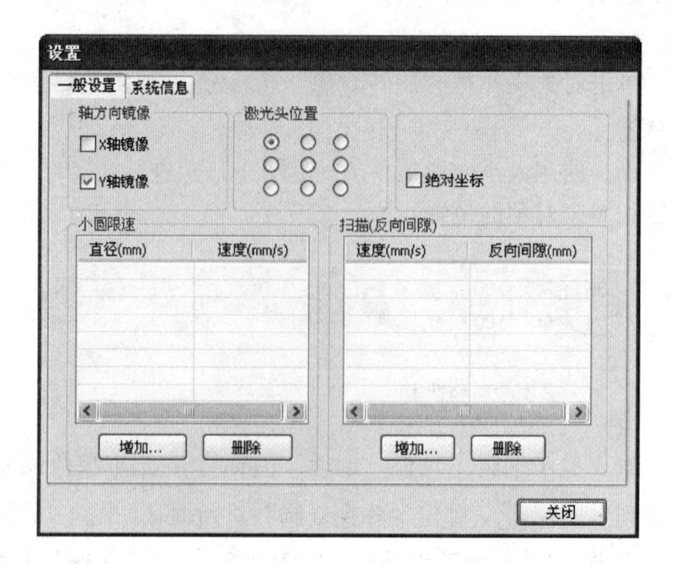

图 4-18　一般设置界面

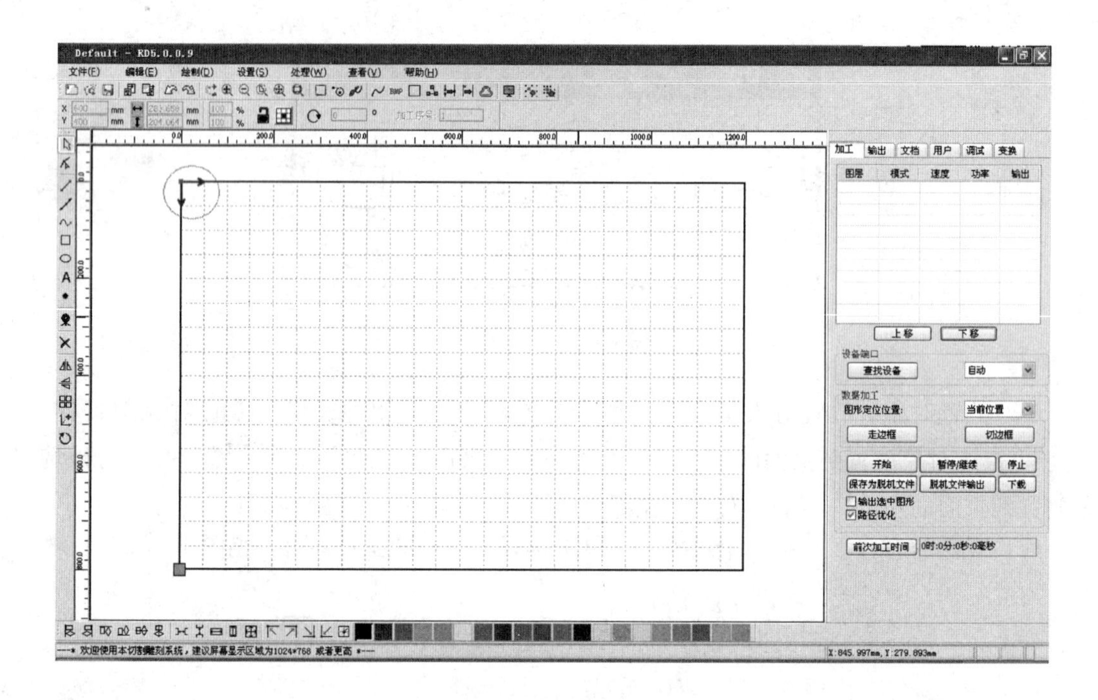

图 4-19　坐标系

2）“激光头位置”选项。“激光头位置”选项是用来设置激光头相对于图形的位置。只需要直观地查看图形显示区中绿色的点出现在图形的哪个位置即可，如图 4-20 所示。

3）“绝对坐标”选项。如果希望将图形在图形显示区的位置与实际工作台面的加工位置对应起来，就可以直接勾选“绝对坐标”选项。那么图形的实际输出位置将不再与激光头相对图形位置及定位点相关，而是始终是以机器的机械原点作为定位点。

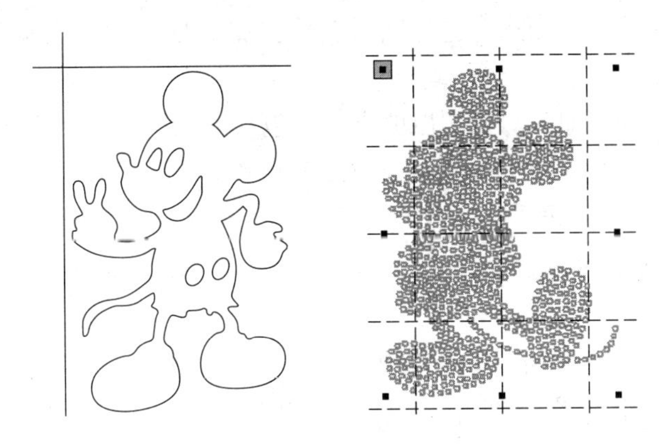

图 4-20 激光头位置设置

4）“小圆限速”选项。加工工作中，系统自动判别加工对象是否为限速的小圆。然后根据圆的直径大小采用当前设置的限制速度来加工该圆。如果参数配置合适，将大大提高小圆的切割质量。可以单击设置对话框中的“增加”和“删除”按钮来设置该参数。

（2）图层设置。在图层列表内用鼠标左键双击要编辑的图层，即会弹出“图层参数”对话框，如图 4-21 所示。左侧的颜色条代表目前图形的图层，选择不同的颜色，即可在不同图层之间切换。

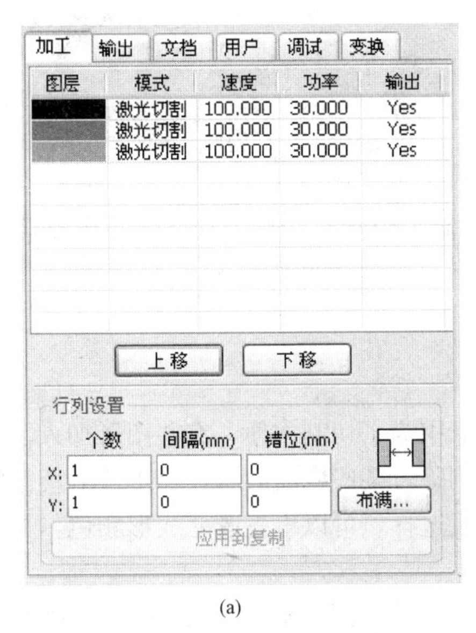

(a)

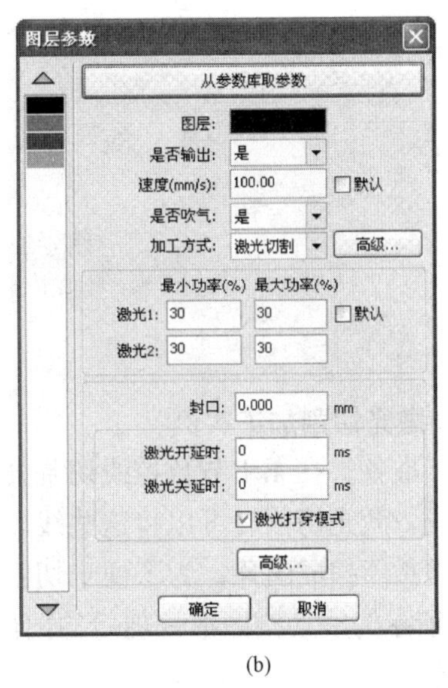

(b)

图 4-21 图层设置

（a）图层显示界面；（b）“图层参数”对话框

1）“图层”：软件以图层来区分不同图形的加工工艺参数。如果希望各个图形单独输出，则可以别放置到不同图层即可。

2）“是否输出”：选择“是”，对应的图层将输出加工；选择“否”，不会输出加工。

3）“速度”：相应加工方式的加工速度。

4）“是否吹气”：选择“是”，进行该图层数据加工时，将打开风机；否则，将不打开风机。

5）“加工方式”：表示加工对应图层的方法，包括激光扫描、激光切割、激光打点。

6）“激光1”“激光2”：分别对应主板激光信号的第1路和第2路激光输出。

7）“最小功率”“最大功率”：功率值的范围为0～100，表示加工过程中激光的强弱。

（3）加工输出。加工参数设置完成后，单击按钮［下载］将加工数据下载到激光切割机中，如图4-22（a）所示。

开始加工前，首先操作机器，移动激光头到对应图形的位置，在操作面板上按“定位”按钮；然后按“文件”按钮找到要加工的文件，按“确定”按钮；最后按“启动”按钮，开始加工，如图4-22（b）所示。

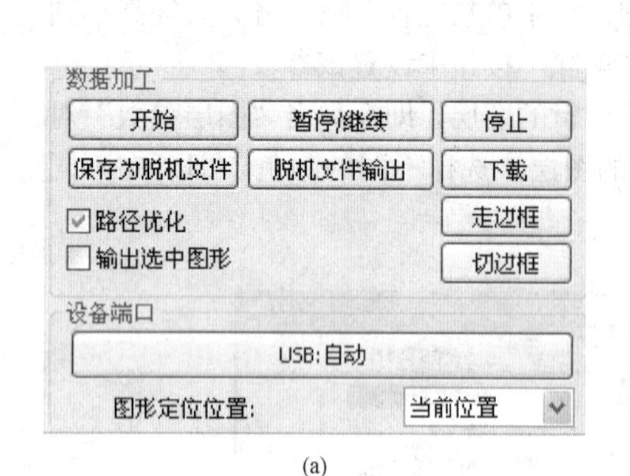

(a)

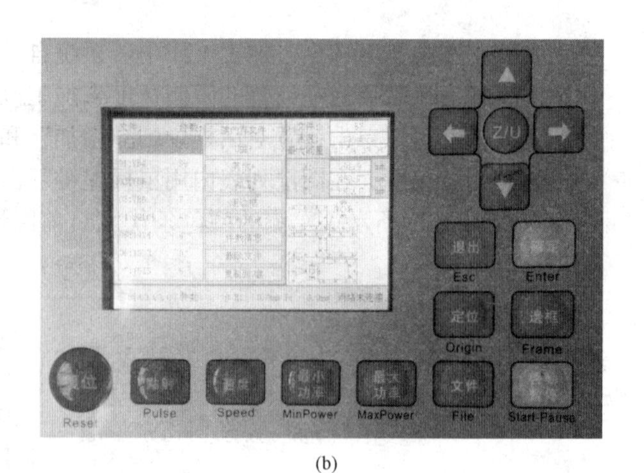

(b)

图4-22 激光头位置

（a）数据下载；（b）设备操作面板

4.2.3 激光切割加工实例

（1）图纸准备。在4.1节数控线切割技术中为了切割方便，有些图形加入了内部图形的切入、切出线，激光切割时可以将这些线段删除，某些线段间隔较窄不适合切割的图形可以利用切割扫描功能扫成图片，为了便于切割机选择，可以事先改变线形颜色，再加上切断边框。图4-23所示为线切割图形处理后的图形。

（2）程序准备。将图纸存成DXF格式后导入激光切割软件，选择合理切割参数，黑色线形按切割方式，图形中红色采用扫描方式，然后设置激光头位置，等待设备开启后下载至设备中，如图4-24所示。

（3）切割前准备。开启设备电源，设备会自动回机器零点，下载扫描参数，然后放好待切割材料，调整激光头至距离材料板5mm高度，开启激光头光源，按上一步设置的激光头位置将激光头移至合适位置选择定位。在设备控制面板中选择下载的文件，单击“启动”按钮开始加工，如图4-25所示。

（4）完成加工。最终作品如图4-26所示。加工完成后，首先要关闭激光头，然后再关闭设备电源，清扫现场。

图 4-23 图形准备

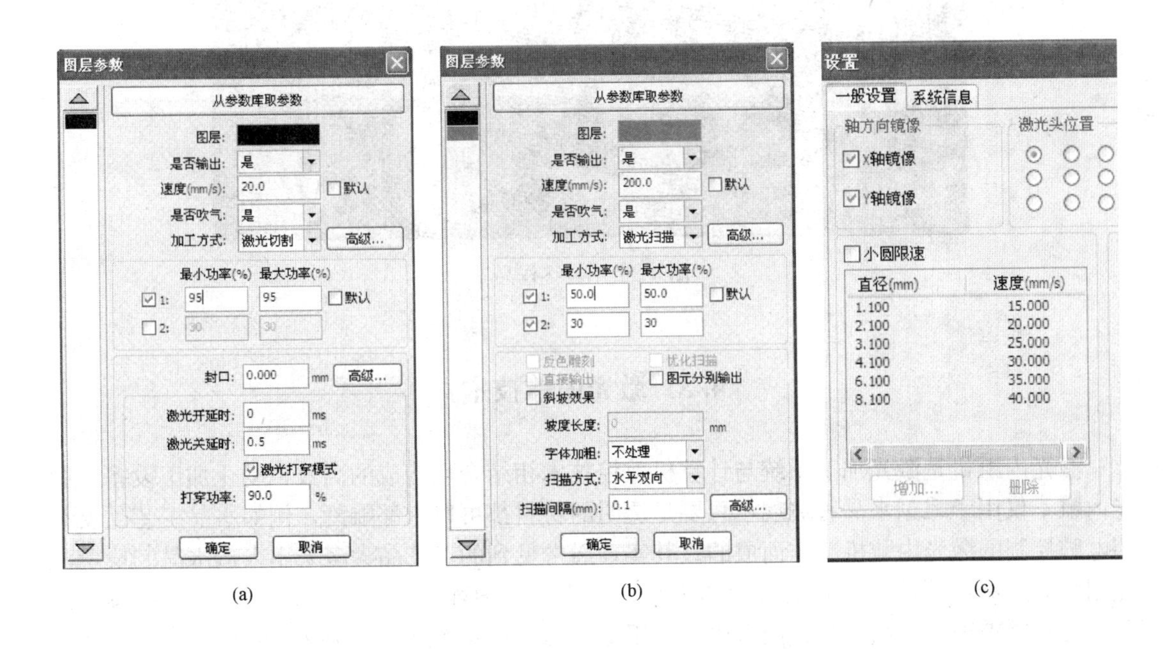

(a) (b) (c)

图 4-24 扫描参数选择

(a) 切割参数设置；(b) 扫描参数设置；(c) 激光头设置

图 4-25　切割前准备

图 4-26　最终作品

4.3　激光内雕技术

激光内雕机是激光加工系统与计算机数控技术相结合而构成的高效自动化加工设备，激光内雕不仅用于雕刻水晶和玻璃，只要是透明的材料都可以内部雕刻，例如水晶工艺品就是用电脑控制的激光内雕机制作而成的。其实，通常见到的工艺品大多采用人造水晶制成，激光则是对人造水晶进行内雕最有用的工具。采用激光内雕技术，将平面或立体的图案“雕刻”在水晶玻璃的内部。激光内雕机是采用专用点云转换软件将二维/三维图像或者人像转换成点云图像，然后根据点的排列，通过激光控制软件控制水晶的位置和激光的输出，在水晶处于某一特定位置时，聚焦的激光将在水晶的内部打出一个个的小爆破点，大量的小爆破点就形成了要内雕的图像或者人像。本节以正天激光 ZT-532 内雕机为例进行介绍，如图 4-27 所示。

4.3.1 开启内雕机

旋转 BREAKER 开关，确认为弹出状态。顺时针旋转钥匙开关，从 STOP 到开关正中，此时钥匙开关显示为蓝色指示灯。

4.3.2 关闭内雕机

在设备操作面板按按钮，进入如图 4-28 所示的界面，再次按按钮即可关闭内雕机。

图 4-27 激光内雕设备

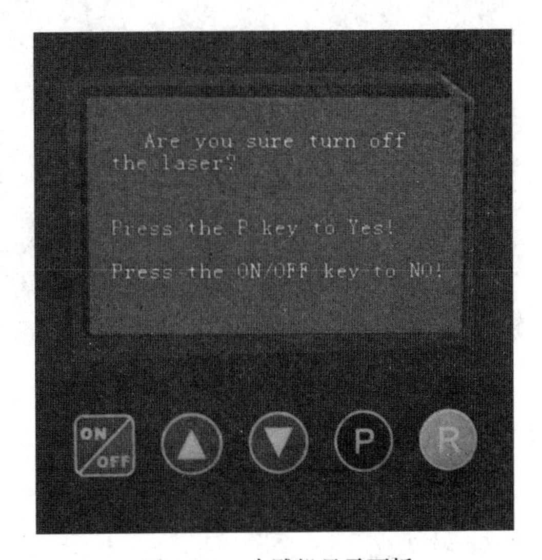

图 4-28 内雕机显示面板

4.3.3 正天激光 ZT-532 内雕机加工实例

(1) 内雕机一共有三个软件：布点软件、分割软件和雕刻软件。

布点软件：用于将 3D 模型和平面图形转换成点云图。

分割软件：用于将点云图按照设好的参数切割成很多的小块。因为内雕机雕刻范围小，所以只有将范围大的图形切割成多个小块，一个一个的雕刻后组成大的图形，从而实现大范围的图形雕刻。

雕刻软件：内雕机雕刻软件用来控制内雕机的雕刻运动。

三个软件的操作步骤是先将要雕刻的图形导入布点软件中进行点云转换，再将点云图导入切割软件中进行技术切割，切割完将保存的文件再导入雕刻软件中进行雕刻。

(2) 使用 Solidworks 软件进行模型的创建，如图 4-29 所示。

(3) 布点软件界面如图 4-30 所示，导入 SolidWorks 制作并保存的 OBJ 文件，并进行相关的设置，单击“生成点云”按钮保存成点云文件，如图 4-31 所示。

图 4-29 三维模型

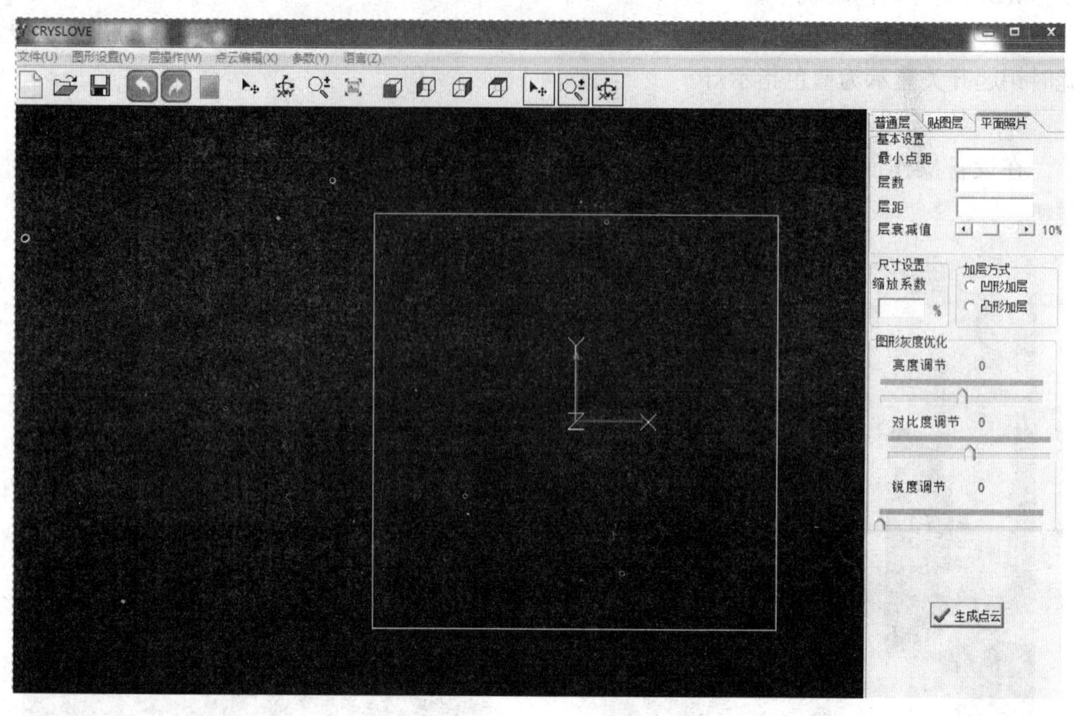

图 4-30 布点软件界面

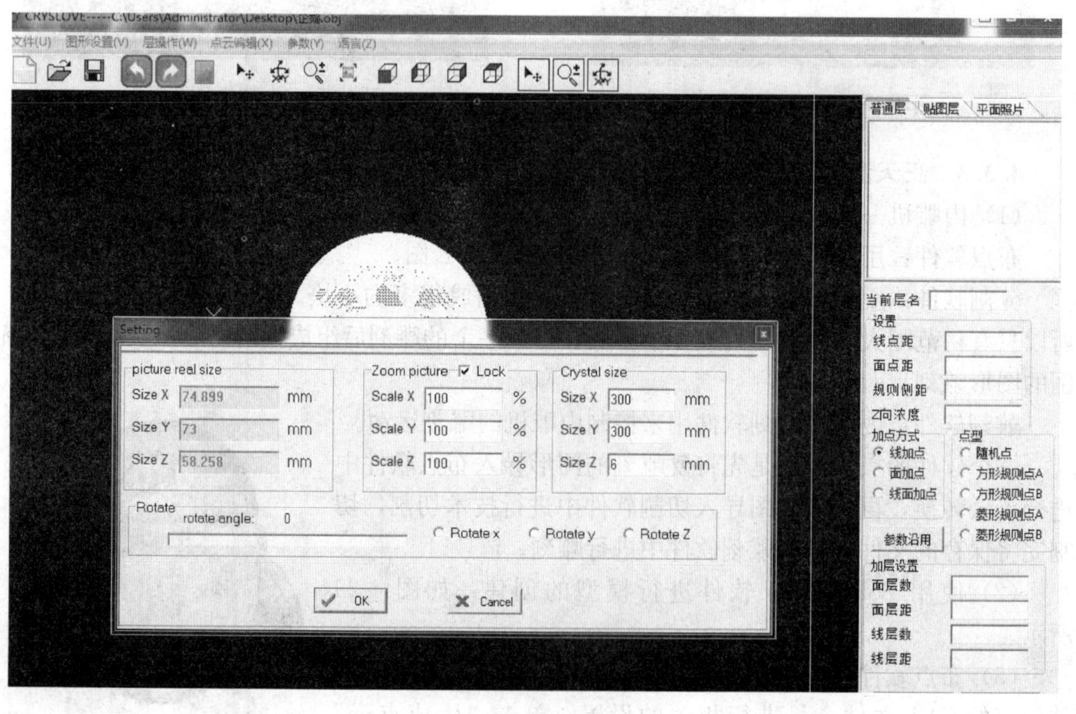

图 4-31 点云设置

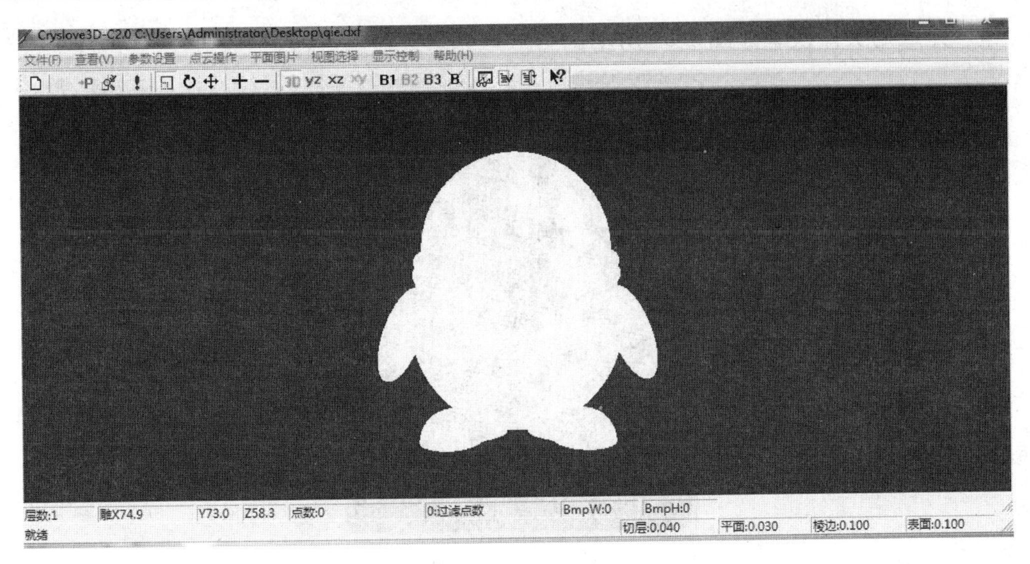

图 4-32 切割软件界面

（4）切割软件界面如图 4-32 所示。切割参数在出厂时已经设置好，只需要按照步骤将点云文件导入，然后单击按钮 IN 。选择步骤（3）保存的点云文件，顺序单击按钮 P 、B1、P、!，最后计算并保存文件。

（5）雕刻软件界面如图 4-33 所示，将图形按照要求的位置雕刻在水晶里面，以 50×80×50 为例，先单击按钮系统原点，这样工作台将进行复位动作到达系统原点。在工作台上用激光画出使用的水晶大小，将水晶摆放在画好的框上，单击按钮 雕刻 ，内雕机将完成模型的雕刻。

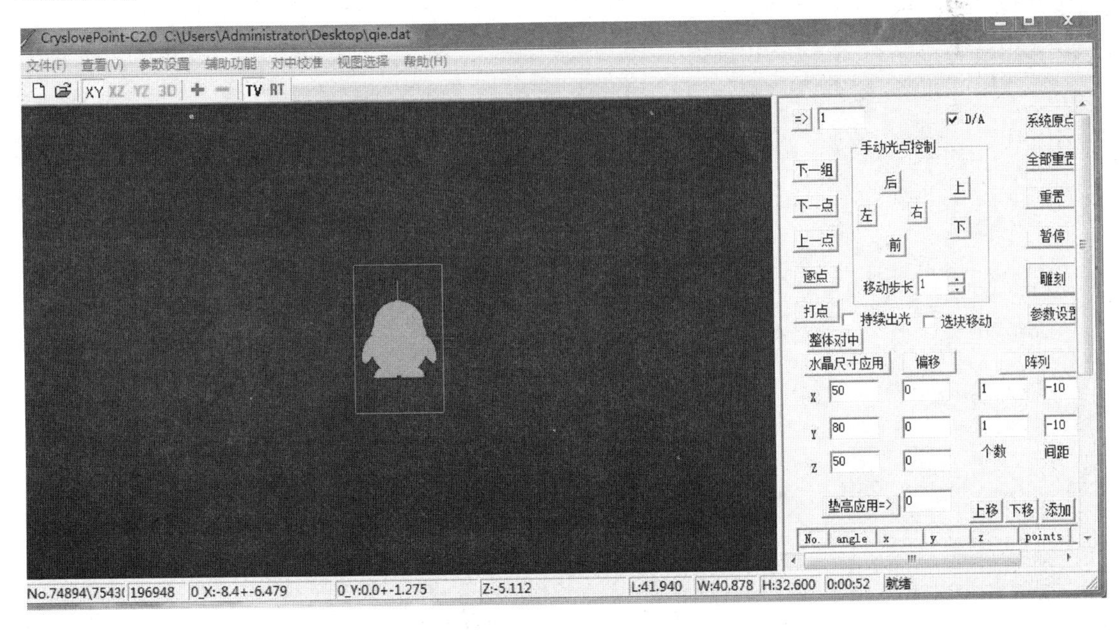

图 4-33 雕刻软件界面

（6）完成的实体模型如图 4-34 所示。

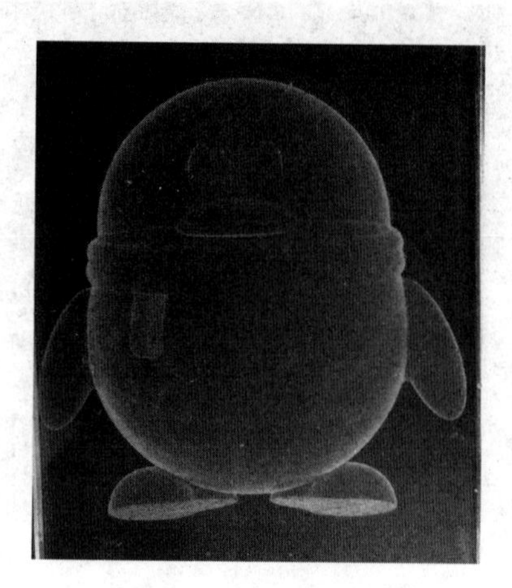

图 4-34　实体模型

第5章　精密测量技术

5.1　传统测量技术

在机械制造领域中，测量技术是指把工件上的被测几何量与具有计量单位的标准相比较，以确定被测几何量是计量单位的若干倍数，然后将测得量用数值和计量单位表示。传统测量手段就是利用一些传统的测量工具对被测工件的几何量进行测量。

5.1.1　量具的分类

量具总体可以分为标准量具、通用量具和专用量具（非标量具）三大类。按照用途又可分为长度量具、角度量具、几何公差量具、表面质量量具、齿轮量具、螺纹量具等，见表5-1。

表5-1　量具的分类

序号	名　称	简　　介	举　　例
1	长度量具	在平面内对长度量进行测量的量具	卡尺类，千分尺类，指示表类，以及量块、线纹尺等
2	角度量具	在平面内对角度量进行测量的量具	角度块、直角尺、角度尺、各类分度头、正弦规等
3	几何公差量具	专用于几何误差测量的量具	平晶、平尺、刀口形直尺、水平仪和专用的非标准量具等
4	表面质量量具	专用于测量表面粗糙度、波度等表面几何参数值的量具	粗糙度比较样块
5	齿轮量具	专用于测量齿轮几何参数值的量具	齿厚卡尺、公法线千分尺、齿厚规、渐开线样板、各种花键量规等
6	螺纹量具	专用于测量螺纹几何参数值的量具	螺纹样板、量针、螺纹量规、螺纹千分尺等

5.1.2　常用量具

1. 长度量具

（1）量块。量块又称块规，它是机器制造业中控制尺寸的最基本的量具，是从标准长度到零件之间尺寸传递的媒介，是技术测量上长度计量的基准。量块是用耐磨性好、硬度高不易变形的轴承钢制成矩形截面的长方块，如图5-1所示。

量块是成套供应的，其尺寸编组有一定的规定。每块量块只有一个工作尺寸，但由于量块的两个测量面做得十分准确而光滑，具有可粘合的特性。利用量块的可粘合性，就可组成不同尺寸的量块组，但为了减小误差，建议组成量块组的块数不超过5块。

（2）游标卡尺。游标卡尺是一种常用的量具，具有结构简单、使用方便、精度中等、测量的尺寸范围大等特点，可以用它来测量零件的外径、内径、长度、宽度、厚度、深度和孔距等。游标卡尺有三种结构形式，如图5-2所示。

图5-2（a）所示为测量范围0～125mm的游标卡尺，制成带有刀口形的上、下量爪和带有深度尺的形式。图5-2（b）所示为测量范围0～200mm和0～300mm的游标卡尺，可

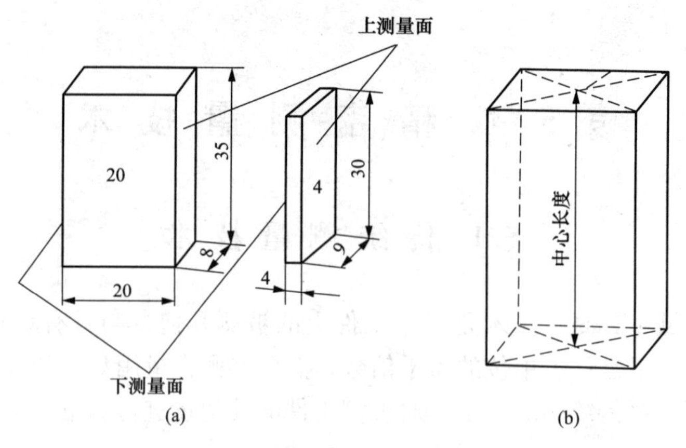

图 5-1 量块

(a) 量块上下测量面；(b) 量块中心长度

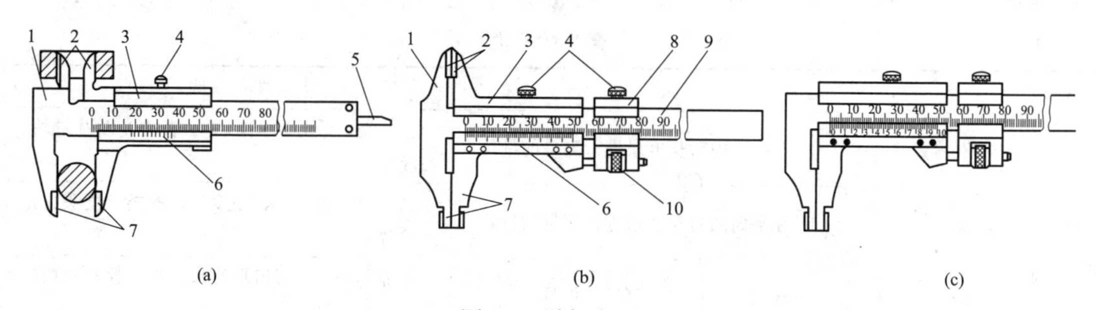

图 5-2 游标卡尺

1—尺身；2—上量爪；3—尺框；4—紧固螺钉；5—深度尺；6—游标；7—下量爪；

8—微动装置；9—主尺；10—微动螺母

制成带有内、外测量面的下量爪和带有刀口形的上量爪形式。图 5-2（c）所示为测量范围大于 300mm 的游标卡尺，制成仅带有下量爪的形式。

有的卡尺装有测微表称为带表卡尺（见图 5-3），读数准确，测量精度高；更有一种带有数字显示装置的游标卡尺（见图 5-4），这种游标卡尺在零件表面上测量尺寸时，就直接用数字显示出来，使用极为方便。

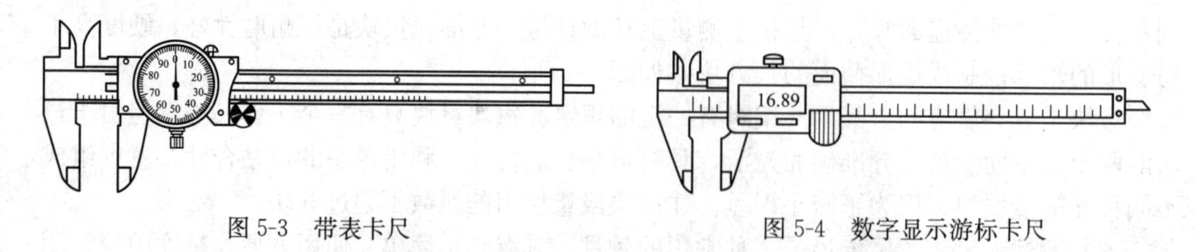

图 5-3 带表卡尺　　图 5-4 数字显示游标卡尺

游标卡尺的使用示例见图 5-5。

（3）高度游标卡尺。高度游标卡尺如图 5-6 所示，用于测量零件的高度和精密划线。它的结构特点是用质量较大的基座 4 代替固定量爪 5，而移动的尺框 3 则通过横臂装有测量高度和划线用的量爪，量爪的测量面上镶有硬质合金，用以提高量爪的使用寿命。高度游标卡

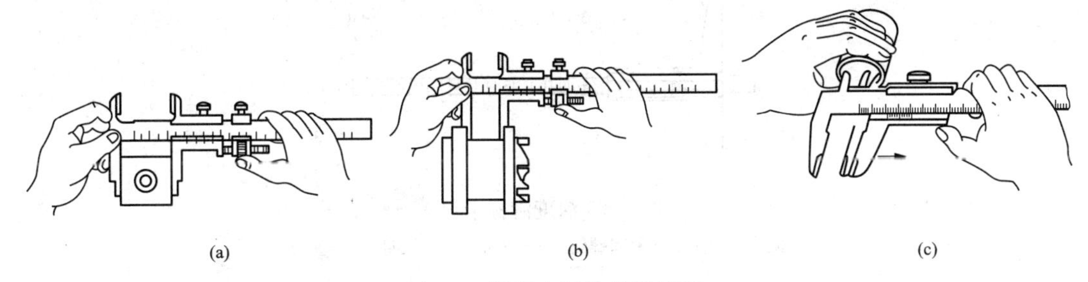

(a)　(b)　(c)

图 5-5　游标卡尺的使用示例

(a) 测量外尺寸；(b) 测量沟槽；(c) 测量内孔

尺的测量工作应在平台上进行。当量爪的测量面与基座的底平面位于同一平面时，如在同一平台平面上，主尺 1 与游标 6 的零线是相互对准的。所以在测量高度时，量爪测量面的高度，就是被测量零件的高度尺寸，它的具体数值与游标卡尺一样，可在主尺（整数部分）和游标（小数部分）上读出。高度游标卡尺应用示例见图 5-7。

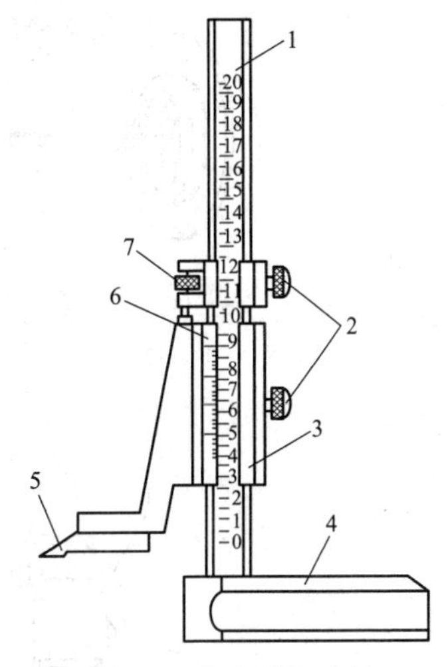

图 5-6　高度游标卡尺

1—主尺；2—紧固螺钉；3—尺框；4—基座；5—量爪；6—游标；7—微动装置

(4) 深度游标卡尺。深度游标卡尺如图 5-8 所示，用于测量零件的深度尺寸、台阶高低和槽的深度。它的结构特点是尺框 3 的两个量爪连成一起成为一个带游标测量基座 1，基座的端面和尺身 4 的端面就是它的两个测量面。它的读数方法和游标卡尺相同。深度游标卡尺的使用方法见图 5-9。

(5) 外径百分尺。外径百分尺可用于测量或检验零件的外径、凸肩厚度、板厚或壁厚等。百分尺由尺架、测微头、测力装置和制动器等组成。图 5-10 所示为测量范围为 0～25mm 的外径百分尺。尺架 1 的一端装着固定测砧 2，另一端装着测微螺杆。固定测砧和测微螺杆的测量面上都镶有硬质合金，用以提高测量面的使用寿命。

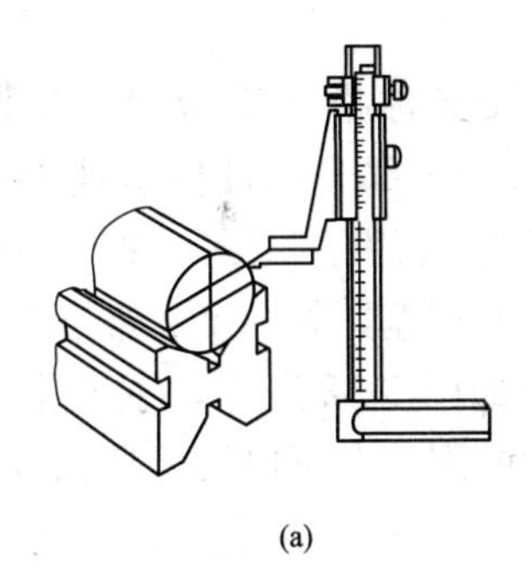

(a)

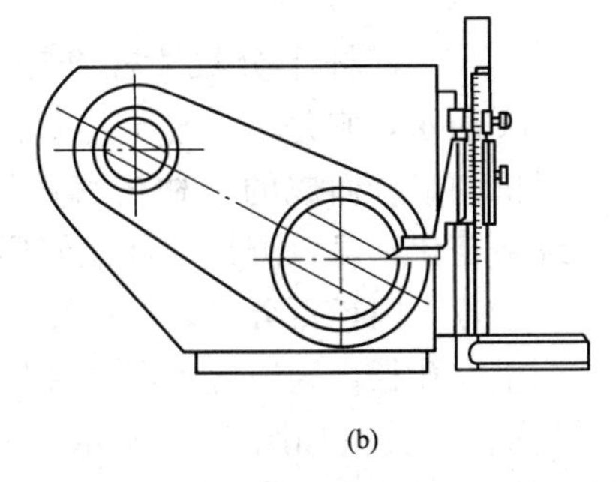

(b)

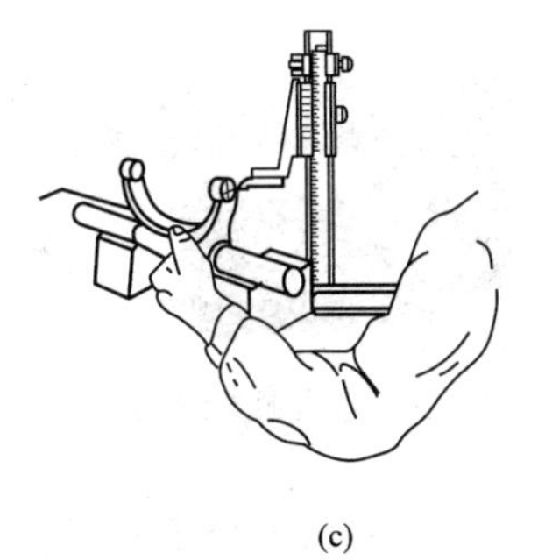

(c)

图 5-7　高度游标卡尺应用示例

(a) 划偏心线；(b) 划箱体；(c) 划拨叉轴

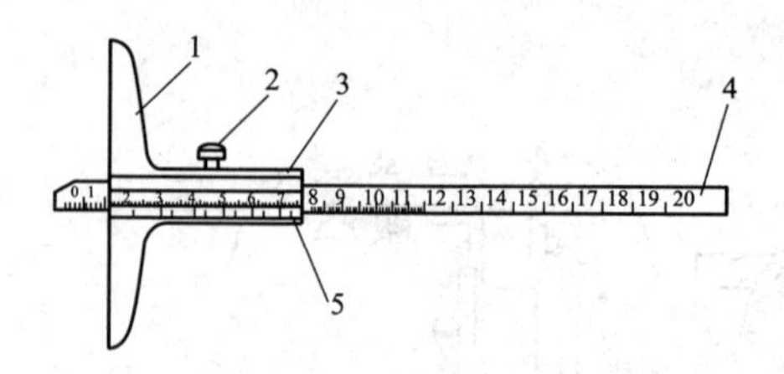

图 5-8　深度游标卡尺

1—测量基座；2—紧固螺钉；3—尺框；4—尺身；5—游标

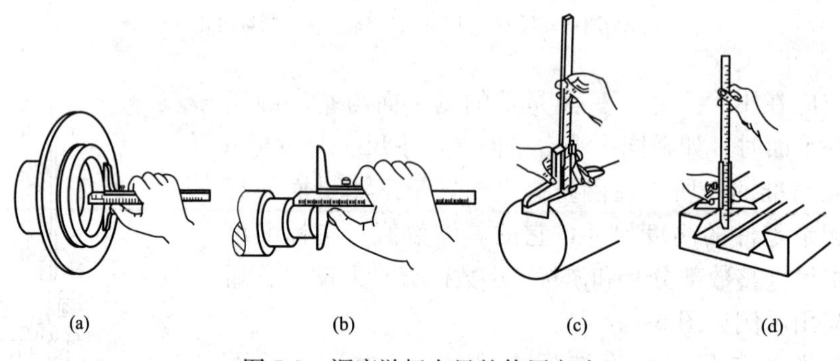

图 5-9　深度游标卡尺的使用方法

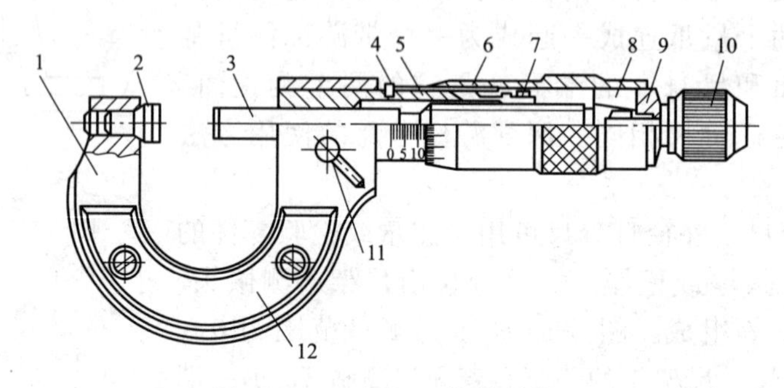

图 5-10　0～25mm 外径百分尺

1—尺架；2—固定测砧；3—测微螺杆；4—螺纹轴套；5—固定刻度套筒；6—微分筒；7—调节螺母；8—接头；9—垫片；10—测力装置；11—锁紧螺钉；12—绝热板

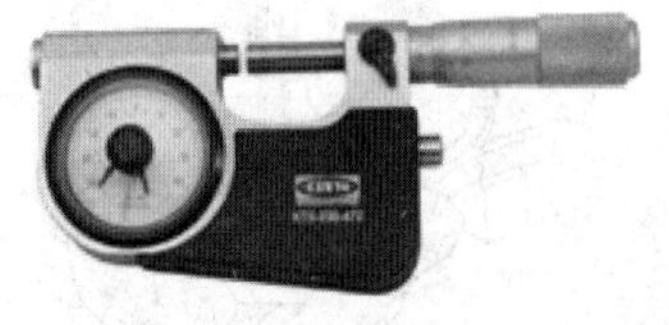

图 5-11　杠杆千分尺

(6) 杠杆千分尺。杠杆千分尺又称指示千分尺，如图 5-11 所示，它是由外径千分尺的微分筒部分和杠杆卡规中指示机构组合而成的一种精密量具。主要用于测量工件尺寸的细微变化，可以测量零件几何形状的偏差，如圆度、锥度等。

(7) 内径百分尺。内径百分尺如图 5-12 所示，主要用于测量大孔径，为适应不同孔径尺寸的测量，可以接上接长杆。

(8) 三爪内径千分尺。三爪内径千分尺如图 5-13 所示，适用于测量中小直径的精密内孔，尤其适于测量深孔的直径。

(9) 壁厚千分尺。壁厚千分尺如图 5-14 所示，主要用于测量精密管形零件的壁厚。壁厚千分尺的测量面镶有硬质合金，用以提高使用寿命。

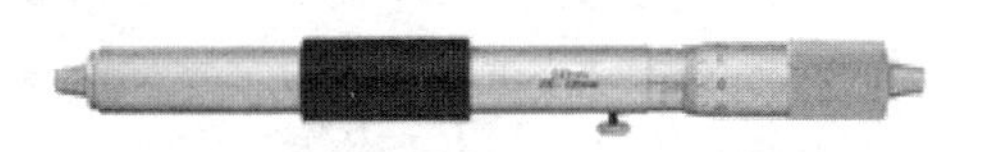
图 5-12 内径百分尺

图 5-13 三爪内径千分尺

(10) 板厚百分尺。板厚百分尺如图 5 15 所示，主要用于测量板料的厚度尺寸。

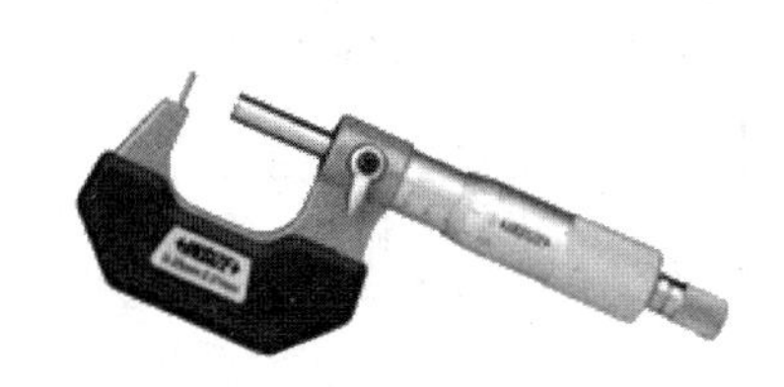
图 5-14 壁厚千分尺

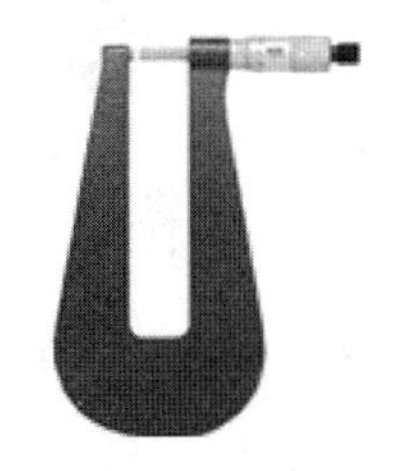
图 5-15 板厚百分尺

(11) 尖头千分尺。尖头千分尺如图 5-16 所示，主要用于测量零件的厚度、长度、直径及小沟槽，例如钻头和偶数槽丝锥的沟槽直径等。

(12) 深度百分尺。深度百分尺如图 5-17 所示，用以测量孔深、槽深和台阶高度等。

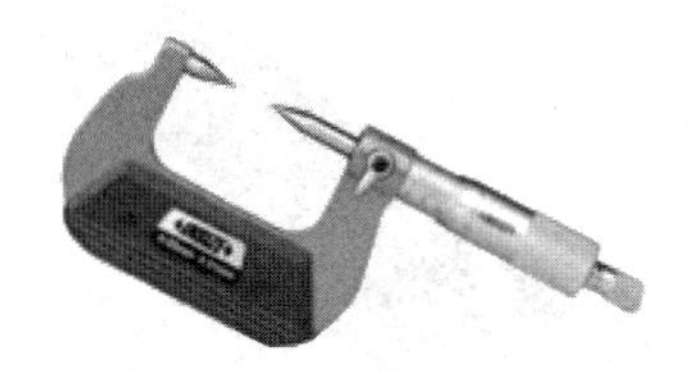
图 5-16 尖头千分尺

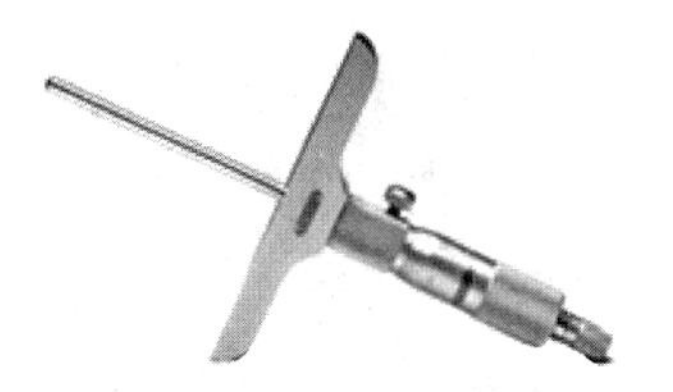
图 5-17 深度百分尺

(13) 内径百分表。内径百分表是由杠杆式测量架和百分表的组合，如图 5-18 所示，用以测量或检验零件的内孔、深孔直径及圆度。

2. 角度量具

(1) 万能角度尺。万能角度尺如图 5-19 所示，用来测量精密零件内、外角度或进行角度划线。

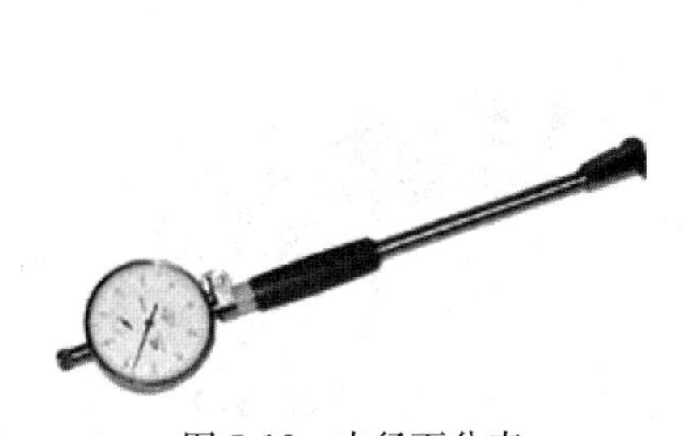
图 5-18 内径百分表

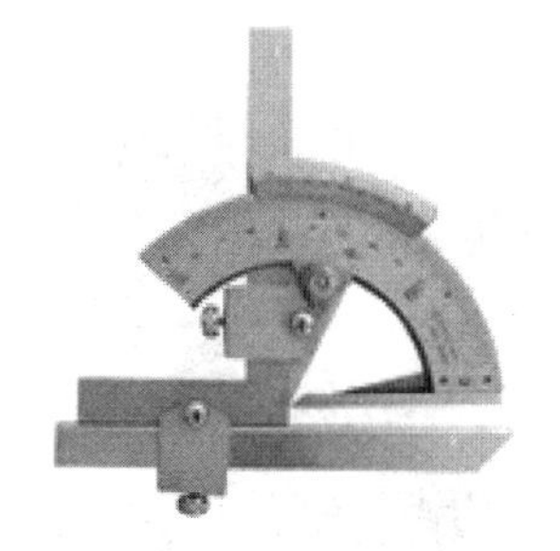
图 5-19 万能角度尺

(2) 游标量角器。游标量角器如图 5-20 所示，它由直尺、转盘、固定角尺和定盘组成。直尺可顺其长度方向在适当的位置上固定，转盘上有游标刻线，它的精度为 5′。

(3) 万能角尺。万能角尺又称万能钢角尺、万能角度尺、组合角尺，如图 5-21 所示，主要用于测量一般的角度、长度、深度、水平度，以及在圆形工件上定中心等。

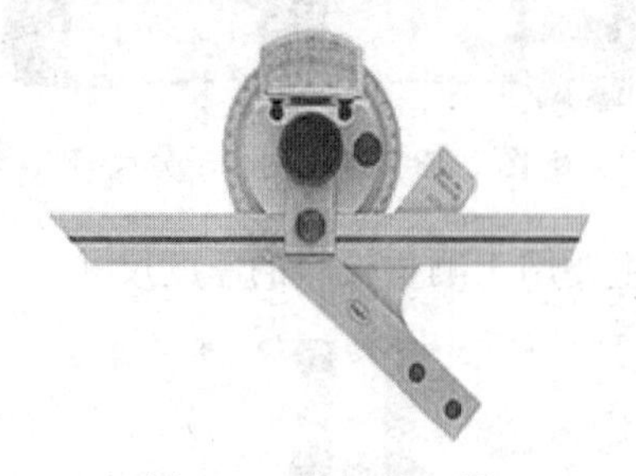

图 5-20 游标量角器

图 5-21 万能角尺

（4）带表角度尺。带表角度尺如图 5-22 所示，用于测量任意角度，测量精度比一般角度尺高。

3. 几何公差量具

（1）条式水平仪。图 5-23 所示为钳工常用的条式水平仪。条式水平仪由作为工作平面的 V 形底平面和与工作平面平行的水准器两部分组成。当水平仪的底平面放在准确的水平位置时，水准器内的气泡正好在中间位置（即水平位置）。

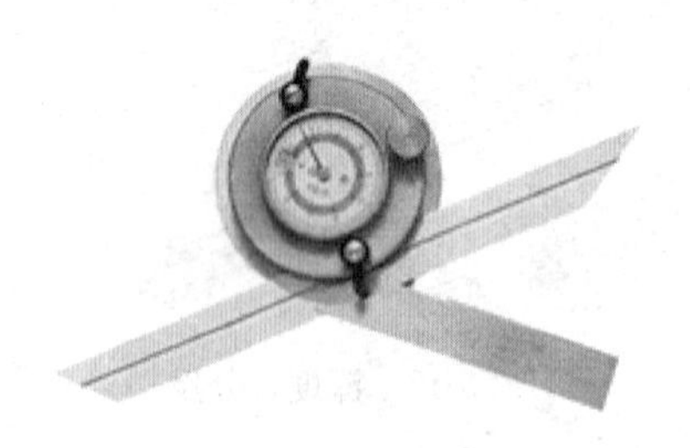

图 5-22 带表角度尺

图 5-23 条式水平仪

（2）框式水平仪。图 5-24 所示为常用的框式水平仪，主要由框架和弧形玻璃管主水准器、调整水准组成。利用水平仪上水准泡的移动来测量被测部位的角度变化。

（3）光学合像水平仪。光学合像水平仪如图 5-25 所示，广泛用于精密机械中，测量工件的平面度、直线度和找正安装设备的正确位置。

图 5-24 框式水平仪

图 5-25 光学合像水平仪

4. 表面质量量具

（1）表面粗糙度比较样块。表面粗糙度比较样块如图 5-26 所示，是以比较法来检查机械零件加工表面粗糙度的一种量具。通过目测或放大镜与被测加工件进行比较，判断表面粗糙度。

（2）粗糙度仪。粗糙度仪如图5-27所示，具有测量精度高、测量范围宽、操作简便、便于携带、工作稳定等特点，广泛应用于各种金属与非金属的加工表面的检测。该仪器是传感器主机一体化的袖珍式仪器，具有手持式特点，更适宜在生产现场使用。

图5-26　表面粗糙度比较样块

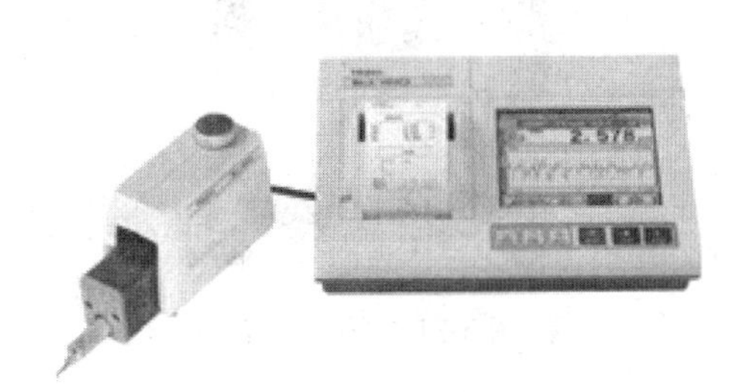

图5-27　粗糙度仪

5. 齿轮量具

（1）齿厚游标卡尺。齿厚游标卡尺如图5-28所示，用来测量齿轮（或蜗杆）的弦齿厚和弦齿顶。这种游标卡尺由两个互相垂直的主尺组成，刻线原理和读法与一般游标卡尺相同。测量蜗杆时，把齿厚游标卡尺读数调整到等于齿顶高（蜗杆齿顶高等于模数），法向卡入齿廓，测得的读数是蜗杆中径的法向齿厚。

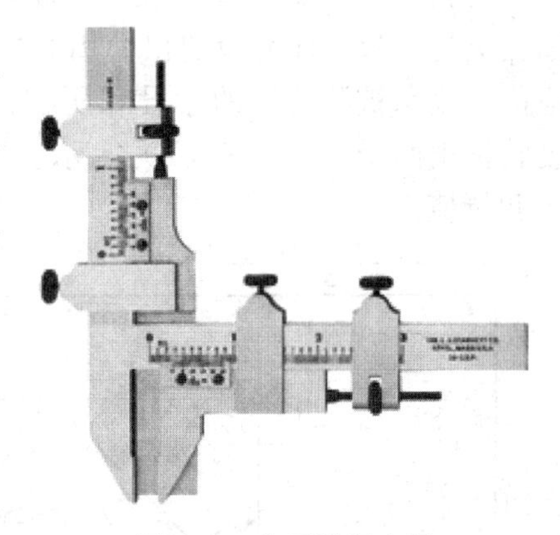

图5-28　齿厚游标卡尺

（2）公法线长度千分尺。公法线长度千分尺如图5-29所示，主要用于测量外啮合圆柱齿轮的两个不同齿面公法线长度，也可以在检验切齿机床精度时，按被切齿轮的公法线检查其原始外形尺寸。它的结构与外径百分尺相同，所不同的是在测量面上装有两个带精确平面的量钳来代替原来的测砧面。

6. 螺纹量具

（1）螺纹千分尺。螺纹千分尺如图5-30所示，主要用于测量普通螺纹的中径。螺纹千分尺的结构与外径百分尺相似，所不同的是它有两个特殊的可调换的量头，其角度与螺纹牙形角相同。

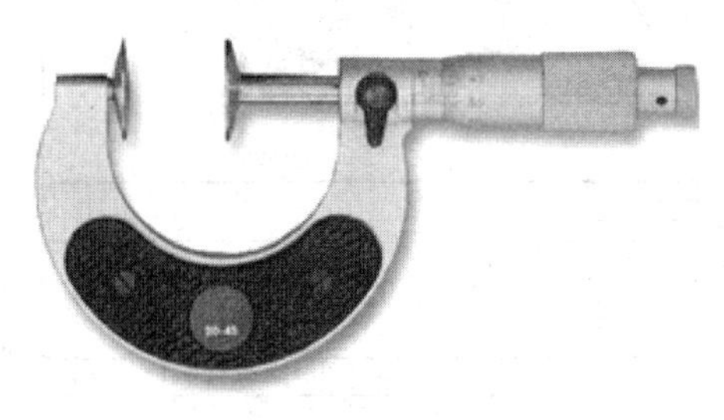

图5-29　公法线长度千分尺

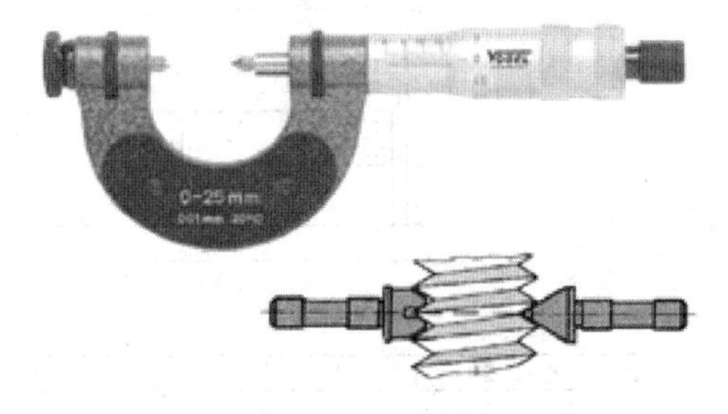

图5-30　螺纹千分尺

（2）螺纹量规。螺纹量规有环规和塞规两种，如图5-31所示，环规检测外螺纹尺寸，塞规检测内螺纹尺寸。不论是环规或是塞规都由检测最大极限尺寸和最小极限尺寸的检验量具构成。螺纹塞规用于综合检验内螺纹，螺纹环规用于综合检验外螺纹。

（3）螺纹牙规。螺纹牙规如图 5-32 所示，是内、外螺纹大小的标准测量工具。一组牙规包括了常用的牙形，牙规与牙形吻合就可确认未知螺纹的牙距。

图 5-31　螺纹量规

图 5-32　螺纹牙规

5.1.3　测量实例

请利用实验量具和实际工件测量出图纸中提示的尺寸，图 5-33 所示为被测工件图纸，需要测量的尺寸序号及建议使用的量具见表 5-2。图 5-33 和表 5-2 中的数字序号是相互对应的，表示被测特征的序号和所在位置，长度、角度和直径特征由单个序号表示，位置度特征由两个序号（X，Y）表示。要求至少使用 5 种不同的量具，读数精确到量具的最小测量值。

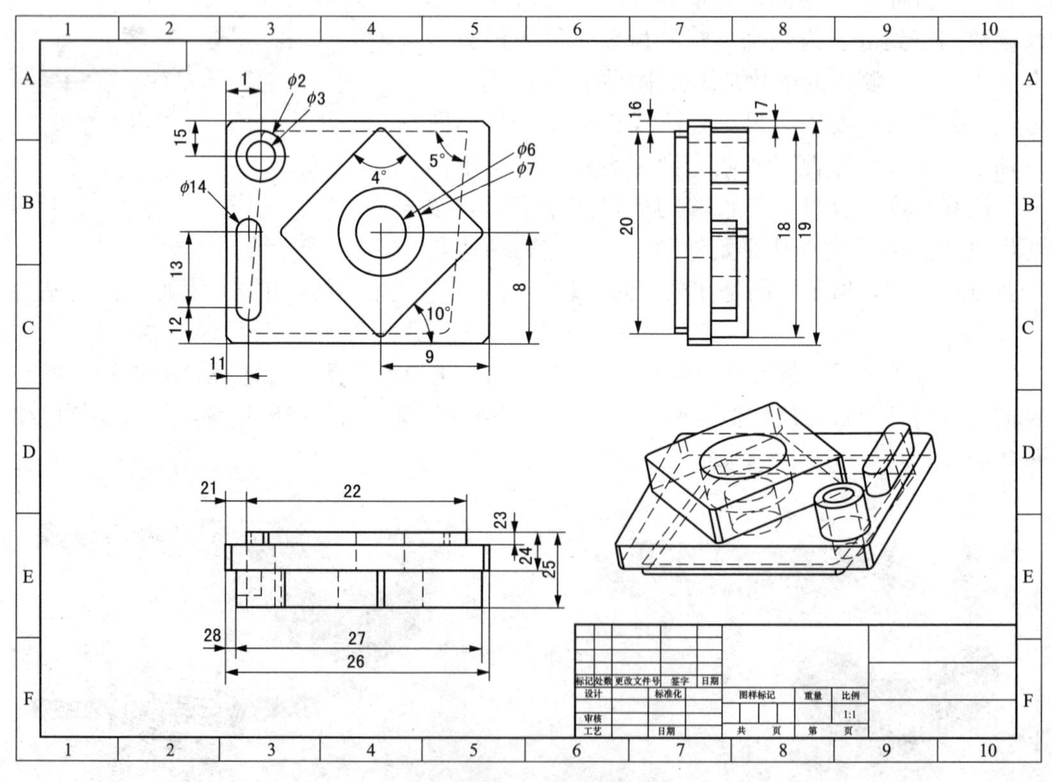

图 5-33　测量实例

表5-2　测量尺寸分类及量具选用

类型	序　号	建议使用的量具
长度	13，18，19，20，22，23，24，25，26，27	游标卡尺、高度尺、深度尺、深度百分尺等
直径	2，3，6，7，14	外径百分尺、游标卡尺、内径百分表等
角度	4，5，10	万能角度尺、游标量角器等
位置度	(1、15)，(8、9)，(11、12)，(16、21)，(17、28)	游标卡尺、高度尺等

5.2　三坐标测量技术

三坐标测量机是基于坐标测量的通用化数字测量设备。它首先将各被测几何特征的测量转化为点及坐标位置的测量，在测得这些点的坐标位置后，再根据这些点的空间坐标值，经过数学运算求出其尺寸和几何误差。

5.2.1　三坐标测量机的组成

三坐标测量机一般由机械主体、电器控制柜、计算机、控制软件与测头系统五部分组成。下面以海克斯康 Global Status 575 型三坐标测量机为例进行说明。

1. 机械主体

为了保证测量系统的测量精度和长期稳定性，主机部件均选用具有长期稳定性且对温度变化不敏感的材料。三坐标测量机的床身由单块花岗岩构成，这是因为花岗岩变形小、稳定性好、耐磨损、不生锈，且价格低廉、易于加工。它同时作为测量机的工作台和移动部分的支撑。在图5-34所示结构中，主桥架、中心滑架、主轴分别沿 X、Y、Z 三个方向运动。三

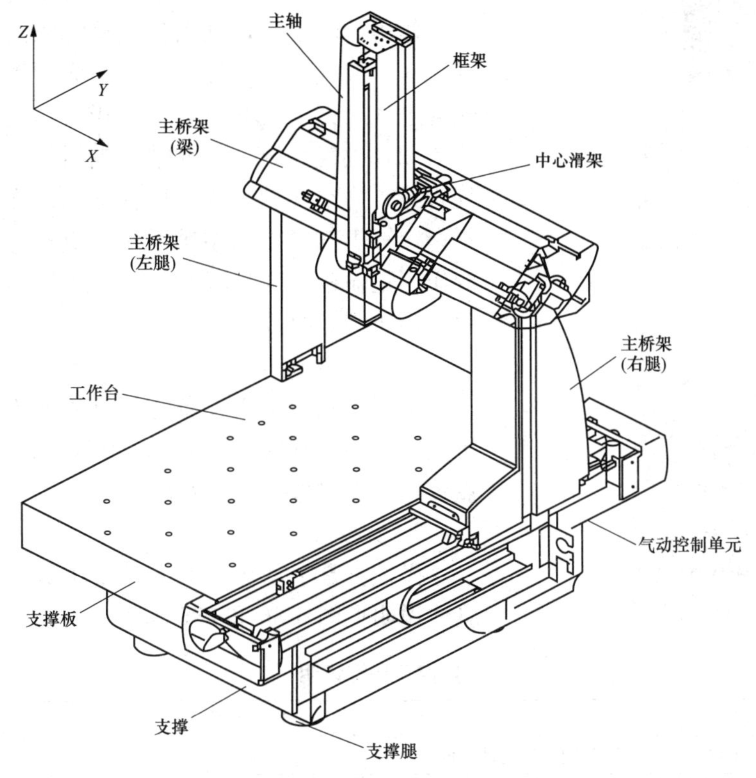

图5-34　海克斯康 Global Status 575 型三坐标测量机机械主体结构

个方向轴上均装有光栅尺用以测量各轴位移值。

(1) 导轨系统。导轨是测量机的导向装置，直接影响测量机的精度，因而要求其具有较高的直线性精度。在三坐标测量机上使用的导轨有滑动导轨、滚动导轨和气浮导轨。由于滚动导轨的耐磨性较差，刚度也较滑动导轨低，因而应用较少。在早期的三坐标测量机中，许多机型采用的是滑动导轨。滑动导轨精度高，承载能力强，但摩擦阻力大，易磨损，低速运行时易产生爬行，且不宜在高速下运行。目前，多数三坐标测量机采用气浮导轨（又称为空气静压导轨），它具有精度高、摩擦力极小、工作平稳等优点。Global Status 575 型三坐标测量机采用的就是气浮导轨，其工作原理见图 5-35。

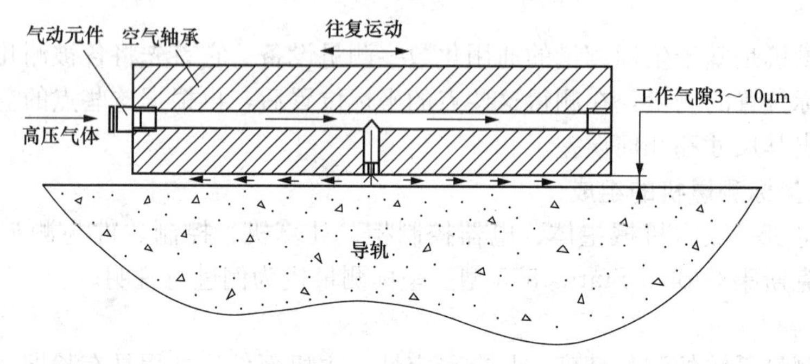

图 5-35 气浮块工作原理

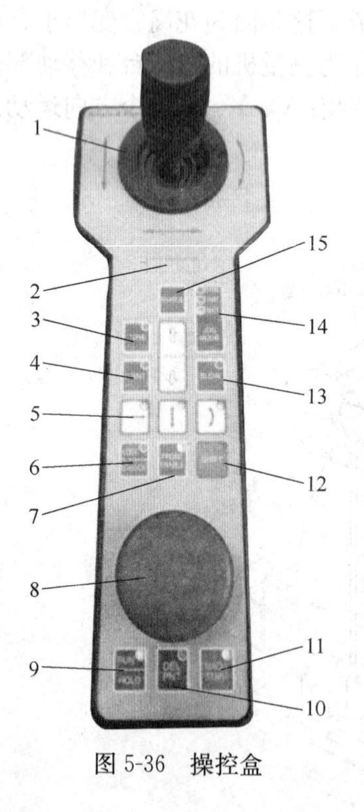

图 5-36 操控盒

主桥架（X 轴）、中心滑架（Y 轴）、主轴（Z 轴）三个轴向导轨系统均安装数个空气轴承。空气轴承起支撑作用，同时，在气动控制单元供气后，在轴承和导轨间形成气垫，保证三个轴向无摩擦运动。气浮导轨的进气压力一般不小于 0.5MPa。

(2) 供气系统。供气系统包括气动控制单元和供气管路，为空气轴承供气以保证轴向无摩擦运动，为平衡汽缸供气以平衡主轴系统的重量。气动控制单元的作用是输送和调节压力空气，它由过滤器、压力表、手动调压阀等组成。

2. 电器控制柜、计算机与控制软件

电器控制柜用于设备与计算机的连接控制。计算机上安装的控制软件为 PC-DMIS，用于获得被测坐标点数据，并对数据进行处理。

3. 操控盒

操控盒是手动操作时的重要工具，操控盒各按键具体说明见图 5-36 和表 5-3。

表 5-3 操控盒按键说明

序号	按键名称	解 释
1	操控杆	控制测头的运动方向
2	“SPEED”	运行速度百分比控制键

续表

序号	按键名称	解　释
3	“DONE”	确认键或者执行键
4	“PRINT”	加 MOVE 点（安全移动点）按键
5	“X、Y、Z”	X、Y、Z 轴指示灯。灯灭，轴锁定
6	“LOCK/UNLOCK”	仅用于带有轴锁定系统的老机器
7	“PROBE ENABLE”	当此按键灯灭时，测头有效，但不记录测点，运行程序，当测头触测时，测量机不能停止；否则，可能导致测头损坏
8	“STOP”	紧急停按键
9	“RUN/HODE”	灯灭，程序暂停（HOLE 状态）；灯亮，程序继续运行
10	“DEL PNT”	删除 DONE 之前的测点
11	“MACH START”	测量机加电按键，开机时需要按下此键
12	“SHIFT”	相当于键盘的 Shift 作用，“SHIFT”按键灯亮，（RUN/HODE、LOCK/UNLOCK）按键下面的功能有效
13	“SLOW”	灯亮慢速，灯灭快速，测针与工件接触时应按亮此键
14	“JOGMODE”	操控杆工作模式。 1. “PROBE”：此按键灯亮时，测量机按测头方向移动。 2. “PART”：此按键灯亮时，测量机按工件坐标系移动。 3. “MACHINE”：此按键灯亮时，测量机按机器坐标系移动
15	“ENABLE”	用操控杆测量时，需同时按住此键，测量机才能移动

4. 测头系统

测头系统由测座、转换器、测头（又称传感器）及测针（又称探针）组成。

（1）测座。有手动分度式测座和自动可分度测座两种。手动分度式测座包括两个自由度的集成测头和测座系统，允许以设定的可重复分度在空间内手动定位其内置的测头，提高了手动和机动测量机的灵活性；自动可分度测座包括两个自由度的测座，可在空间内以良好的重复性自动定位测头，能够自动更换测量传感器。

（2）测头。测头是负责采集测量信息的关键部件，测头精度的高低很大程度决定了测量机的测量重复性及精度；不同工件需要选择不同功能的测头进行测量。根据其特点可分为触发测头、扫描测头和光学测头。

（3）测针：在测量过程中，测针与被测工件直接接触以触发测量信号。常见的测针有球形测针、星形测针、陶瓷类半球形测针、盘形测针、柱形测针、五方向连接座、角度微调关节，见表5-4。在测量过程中需要根据不同情况选择合适的测针，其中球形测针最为常用。

表5-4　　测　针

名称	特　点	图　解
球形测针	用户使用最广泛的测针种类，红宝石的高硬度可保持最小磨损，它的低密度又尽可能地在运动时减少测头的误触发	

续表

名称	特　点	图　解
星形测针	用于检测工件内腔时，用单一测针无法检测到的位置，例如缸径上的钻孔、沟槽等	
陶瓷类半球形测针	可以只用一个球在 X、Y、Z 三个方向来测一些较深的缸体，另外这样一个较大的球可以忽略一些表面上的粗糙度	
盘形测针	用来探测工件侧面的凹处、切口和沟槽作为大球上的一个截段，它实际的接触面积很小，常使用 X、Y 方向，因此它对坐标系建立的精度和测量位置的定位要求较高	
柱形测针	用来测薄壁件上的孔、螺纹、丝锥	
五方向连接座	用于检测工件内腔用单一杆无法检测到的位置	
角度微调关节	通常测座可调整的角度最小刻度为 7.5°，当所需的角度小于 7.5°，可以通过角度微调关节，安装好测针调整到所需要的角度	

5.2.2　三坐标测量机原理

三坐标测量机是基于坐标测量的通用化数字测量设备。它首先将各被测几何元素的测量转化为对这些几何元素上一些点及坐标位置的测量，在测得这些点的坐标位置后，再根据这些点的空间坐标值，经过数学运算求出其尺寸和几何误差。如图 5-37 所示，要测量工件上一圆柱孔的直径，可以在垂直于孔轴线的截面Ⅰ内，触测内孔壁上三个点（点 1、2、3），则根据这三点的坐标值就可计算出孔的直径及圆心坐标 O_{I}；如果在该截面内触测更多的点

(点1、2、…、n，n为测点数)，则可根据最小二乘法或最小条件法计算出该截面圆的圆度误差；如果对多个垂直于孔轴线的截面圆(Ⅰ、Ⅱ、…、m，m为测量的截面圆数)进行测量，则根据测得点的坐标值可计算出孔的圆柱度误差及各截面圆的圆心坐标，再根据各圆心坐标值又可计算出孔轴线位置；如果再在孔端面A上触测三点，则可计算出孔轴线对端面的位置度误差。由此可见，CMM的这一工作原理使得其具有很大的通用性与柔性。从原理上说，它可以测量任何工件上任何几何元素的任何参数。

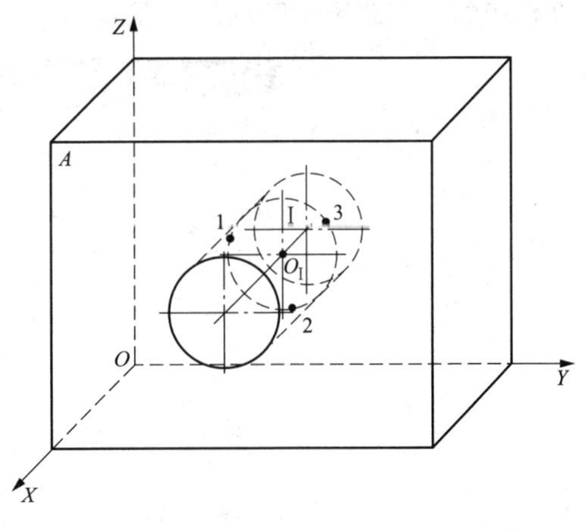

图5-37　坐标测量原理

5.2.3　三坐标测量机的使用

1. 测量机开关机

测量机的开机步骤如图5-38和图5-39所示。进入PC-DMIS软件后测量机会首先执行回家动作，即X、Y、Z三个轴返回机械零点。

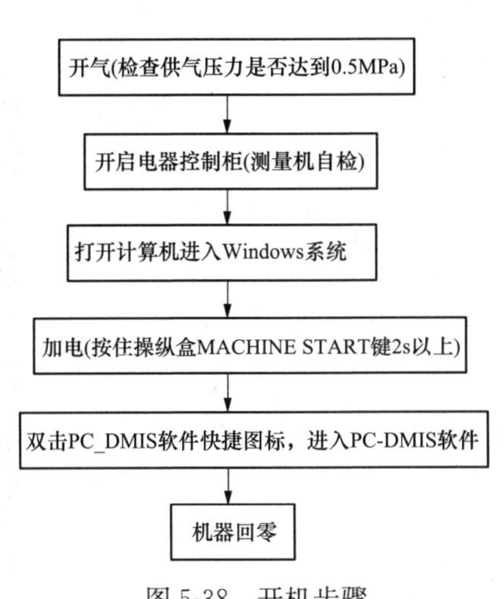

图5-38　开机步骤

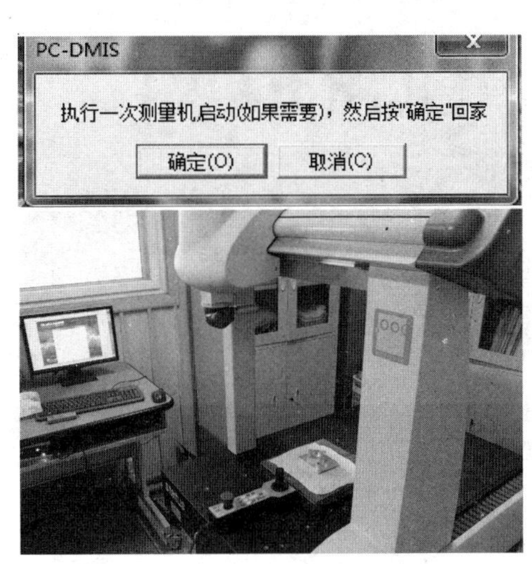

图5-39　机器回原点

关机前需要把测量机的X、Y、Z三个轴移动到靠近回家的位置(机械零点)。测量机的关机步骤如图5-40所示。

退出软件 → 退出Windows系统 → 关闭控制柜电源 → 关闭计算机 → 关闭气源

图5-40　关机步骤

2. 新建测量程序

PC-DMIS的文件操作主要包括文件的新建、打开、关闭、退出、保存、打印、导入、导出等，这些操作是通过文件菜单完成的。

开机后打开新建文件对话框，建立新文件，如图5-41和图5-42所示。在零件名处输入工件程序名，注意单位的选择，然后单击“确定”按钮。

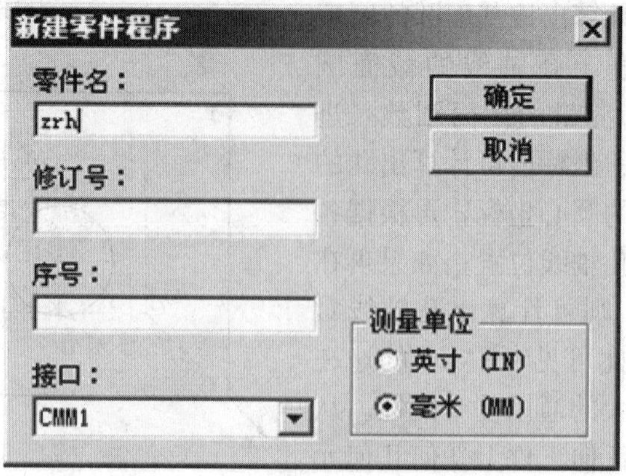

图 5-41　新建零件程序对话框

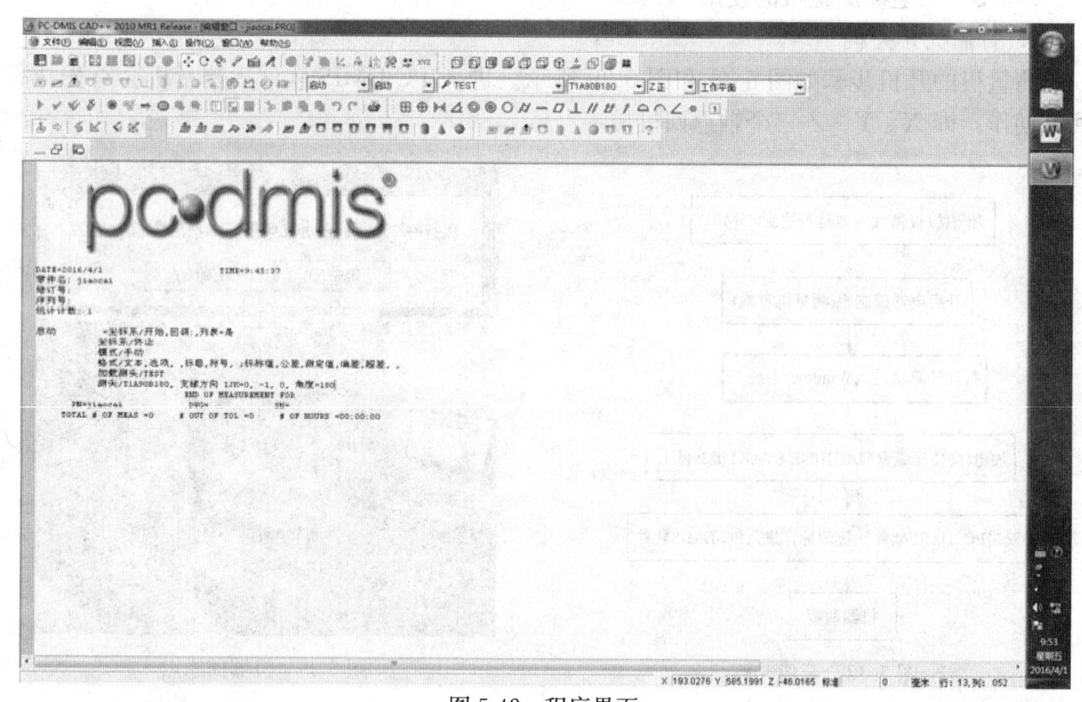

图 5-42　程序界面

3. 测头校验

测头校验是三坐标测量机进行工件测量时必不可少的重要步骤，目的是正确得到被测工件的测量参数。由于在进行工件测量时，在程序中出现的坐标值记录的是测针红宝石球心的位置，但实际上是红宝石球的表面接触工件，这就需要进行测头半径、位置的补偿。因此，使用三坐标测量机检测工件时，首先要校正所用的测头系统。

具体步骤如下：

(1) 配置测头。在“插入”下拉菜单中选择“硬件定义”，进入“测头”选项，弹出“测头功能”对话框，如图 5-43 所示。在“测头文件”方框中，输入新的文件名。在“测头说明”窗口加亮“没有测头定义”选项，然后单击下拉菜单的箭头。按照三坐标测量机测头硬件配置，在窗口中由测座至测针依次选择相应的配置，直至完成全部测头系列的连接。

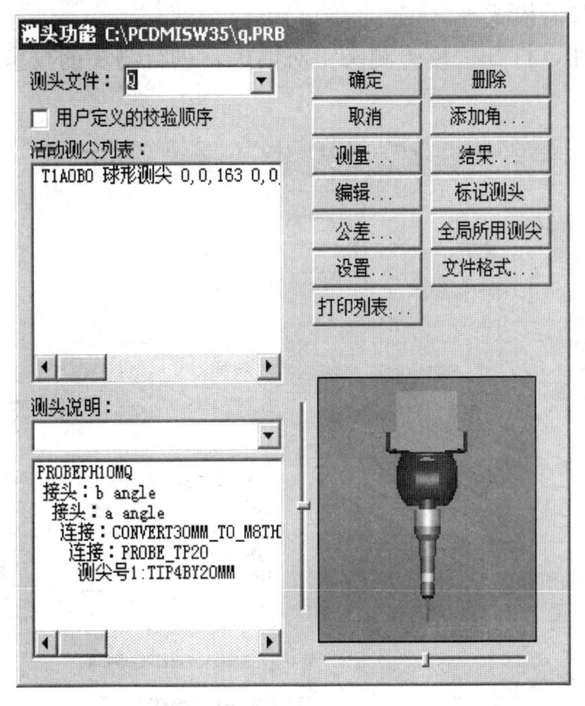

图 5-43　测头功能对话框

（2）设置测头角度。单击“添加角度”按钮，打开添加角度对话添加所需要的 A、B 角度，单击“确定”按钮，如图 5-44 所示。

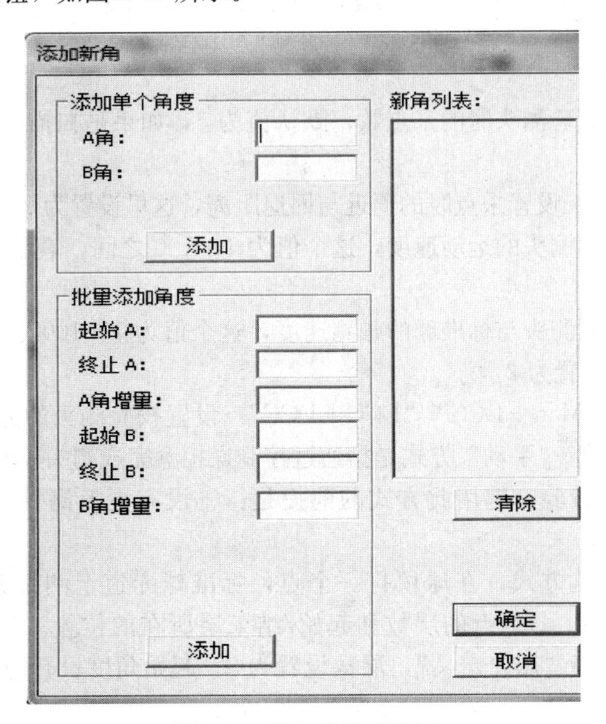

图 5-44　添加角度对话框

（3）测头校验参数设置。测头校验参数主要包括测点数、逼近回退距离、移动速度、接触速度、采点方式、校验模式等。

单击“测量”按钮，打开“校验测头”对话框，进行测头的校验参数设置，如图5-45所示。

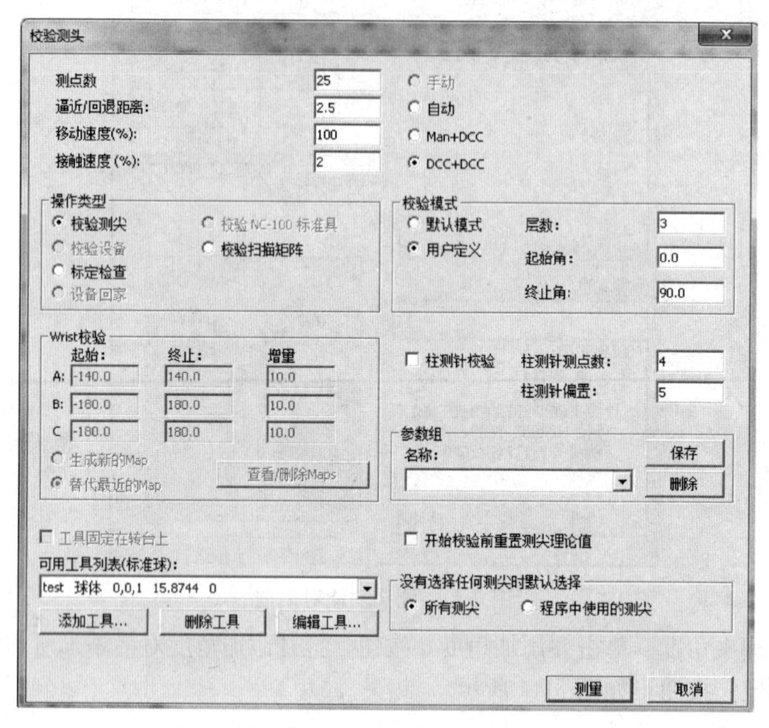

图5-45 “校验测头”对话框

“测点数”：设置校验测头时的采点数，默认值为5，如果是扫描测头测点数应设为25，见图5-45。

“逼近/回退距离”：设置采点时的逼近与回退距离，这里设置为2.5。

“移动速度”：设置测头的运动速度，这个值为1～100之间，表示默认运动速度的百分之几，默认值为100。

“接触速度”：设置测头与标准球的触测速度，这个值为1～100之间，表示默认运动速度的百分之几，这里设置为2。

“手动”“自动”“Man＋DCC”“DCC＋DCC”：设置校验测头的方式，通常选“手动”或“DCC＋DCC”方式。“手动”方式是指通过控制操控盒完成测头校验。“DCC＋DCC”方式是指自动完成测头校验，选用此方式的前提是：①没有更换测针；②标准球没有移动位置。

“校验模式”：默认方式，在球顶打一个点，标准球赤道上测量其他点数；“用户定义”，可定义在标准球上测量点的层数和起始/结束层所在的位置。0°为赤道位置，90°为标准球球顶。这里选择“用户定义”，层数设置为3，起始角度设置为0.0，终止角度设置为90.0。

“柱测针校验”：选中此项表示要校验一个柱形测针，校验其他测针时切勿勾选。

“柱测针测点数”：定义柱测针上柱形部分的采点数，默认值为4。

“柱测针偏置”：定义柱测针由测头向上来打第二层的一个偏置量，默认值为5。

其他选项保持默认即可。

（4）定义工具。即定义标准球参数。在实际校验之前要定义所用的校验工具，若以前定义过，那么只要在可用工具列表中选用，若是第一次定义此校验工具，应单击“添加工具”按钮，如图5-46所示。

打开“添加工具”对话框，输入工具标识；输入校验工具类型，通常为球体；输入柱测尖矢量，此矢量通过支撑杆的中心线，方向为通过标准球向外，若用一竖直向上的单球，则典型矢量方向为（0，0，1）；在“直径/长度”文本框中输入标准球的直径，单击“确定”按钮。当所有选项均选择完毕，单击“测量”按钮。

添加工具
确定
取消
工具标识： 11
工具类型： 球体
偏置 X：
偏置 Y：
偏置 Z：
柱测尖矢量 I： 0
柱测尖矢量 J： 0
柱测尖矢量 K： 1
搜索替代矢量 I：
搜索替代矢量 J：
搜索替代矢量 K：
直径/长度： 24.9871

图5-46 添加工具

PC-DMIS将提问标准球位置是否被移动过，若是首次校验或标准球在上次校验测量后已被移动过，回答“是”；如果标准球未动过，则回答“否”。手动方式下，在PC-DMIS提示下手动采点校验测头；自动方式下，PC-DMIS要求在球的垂直方向上测一点，如图5-47所示，测完此点后，PC-DMIS将自动进行校验。如果回答“否”，则PC-DMIS直接进行自动校验。在测头校验完后，通过测头功能对话框中的“结果”按钮可以打开结果对话框，显示测头校验的结果，由此可以判断校验的精度。

(a)

(b)

图5-47 测头校验实况

（a）手动测点；（b）自动校验

5.2.4 三坐标测量机测量实例

利用三坐标测量机对如图5-48所示工件进行测量。具体实验内容包括以下几点：

（1）完成测量前的准备工作：设备开关机、新建文件、测头校验。

图 5-48　实验工件

（2）利用手动特征完成初建坐标系和精建坐标系。

（3）完成三种自动特征的建立。

（4）对自动特征进行评价，打印评价报告。

（5）简述三坐标测量机的操作过程(流程图)。

三坐标测量机测量流程如图 5-49 所示。

1. 特征的手动测量

手动特征包括点、线、面、圆、圆柱、圆锥、

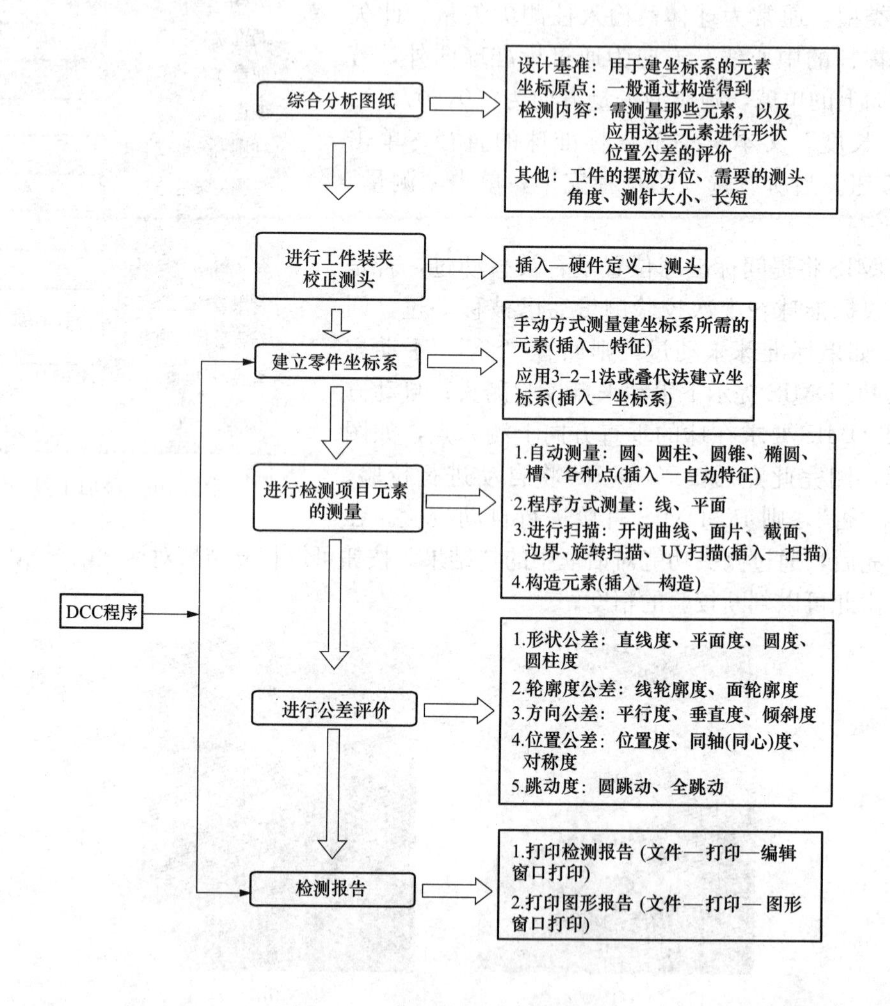

图 5-49　三坐标测量机测量流程

椭圆、槽、曲线、曲面等。手动方式测量特征时，首先在工具栏中单击按钮进入手动模式，然后直接操作操控盒手动进行测量。PC-DMIS 软件具有智能判断功能，所以测量时不需严格指定被测特征的类型。例如，测量一个面，可直接在面上进行触测，当在面上测完 4 个点后，按操控盒的“DONE”键，PC-DMIS 能进行智能判断，判断出所测量的是一个面。如果被测特征智能判断有误，可以通过替代推测进行修正。

下面以测量直线为例，简述手动测量的具体步骤。

(1) 单击工具中的按钮进入手动模式。注意，手动操作测量时，需同时按住操控盒上的 ENABLE 键和操作杆。

(2) 利用操控盒把测针运动到第一个点附近，然后低速驱动令测针与表面接触，待测量机响应后移开测头，如图 5-50 所示。

(3) 利用操控盒把测头运动到第二个点附近，然后低速驱动令测头与表面接触，待测量机响应后移开测头，如图 5-51 所示。

图 5-50　测量第一点

图 5-51　测量第二点

(4) 在操控盒上按“DONE”键，则此采点进入到工件程序，如图 5-52 所示。若想取消此点，然后重新采集，则在操控盒按“PROBE ENABLE”键，这样测点计数器显示为零。

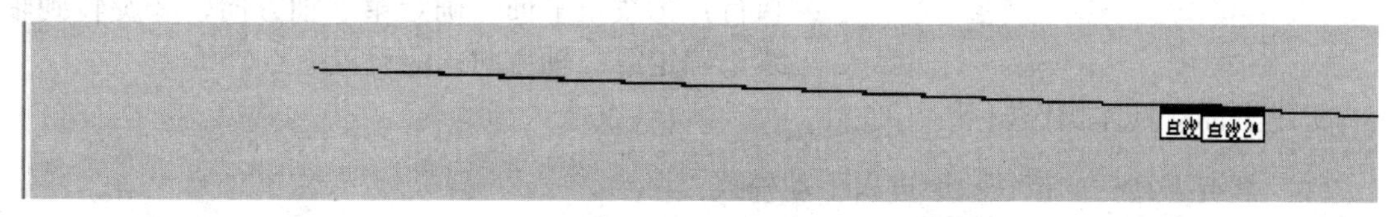

图 5-52　手动测量直线

(5) 若不想取测量特征为缺省名称，可以通过“编辑”—“替代推测”进行修改，如图 5-53 所示。

2. 利用手动特征建立坐标系

利用手动特征建立坐标系就是通过手动的方式测量出建立坐标系所需要的几个特征，利用这几个特征构建测量工件时所需要的工件坐标系，如图 5-54 所示。以 3-2-1 法为例讲述手动坐标系的建立方法。所谓 3-2-1 法是利用 3 点测量得到的平面、2 个点测量得到的直线和 1 个测量点建立工件坐标系。

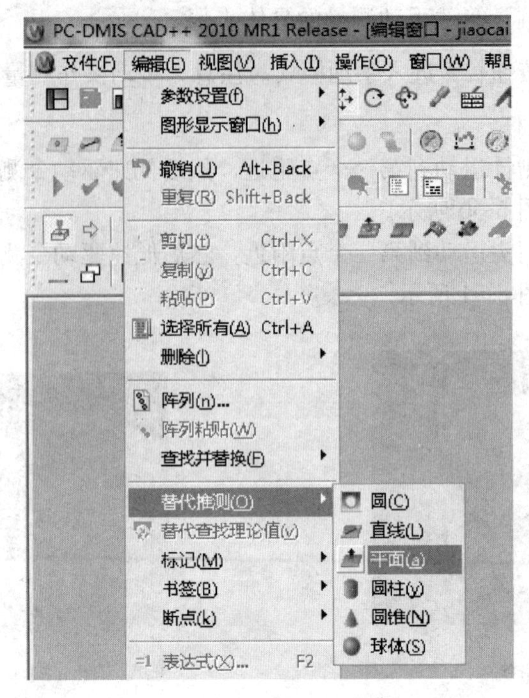

图 5-53 替代推测

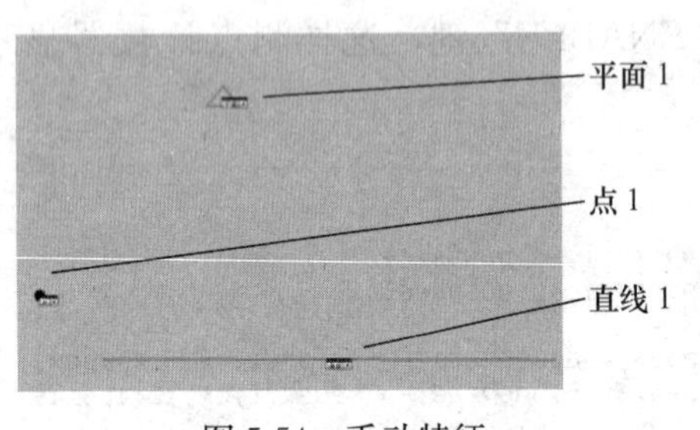

图 5-54 手动特征

3：不在同一直线上的三个点确定一个平面，取该平面的法向矢量确定第一轴的轴向。

2：两个点确定一条直线，利用投影到该平面上的一条直线来建立第二轴，该直线的矢量方向为第二轴的轴向。

1：一个点用于确定坐标系某一轴向的原点。

建立坐标系有三步，而且需严格按照步骤顺序执行：①找正平面，确定第一轴方向；②旋转到轴线，确定第二轴方向；③设置原点。

初建坐标新具体操作如下：

(1) 单击工具栏的按钮 进入手动模式。

(2) 单击菜单栏“插入”—“坐标系”，进入“坐标系功能”对话框，如图 5-55 所示。

(3) 选择特征“平面 1”，用该平面的法向矢量方向作为第一轴的方向如“Z 正”，单击“找正”按钮。

(4) 选择特征“直线 1”，用该直线的方向作为坐标系的第二个轴向如“X 正”，单击“旋转”按钮。

(5) 选择特征“点 1”，该点的 X 坐标分量作为坐标系 X 方向的零点，单击“原点”按钮。选择特征“直线 1”，用该直线的 Y 坐标分量作为坐标系 Y 方向的零点，单击“原点”按钮。选择特征“平面 1”，用该平面的 Z 坐标分量作为坐标系 Z 方向的零点，单击“原点”按钮。

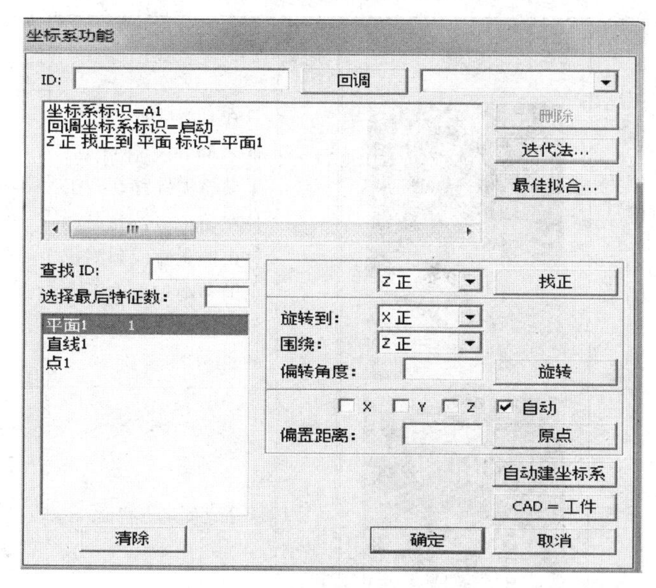

图 5-55　坐标系功能对话框

（6）单击“确定”按钮，完成工件坐标系的建立。

建立完工件坐标系后进入图形界面，按住鼠标左键移动测头检验坐标系是否与设想的一致，如图 5-56 所示。

3. 在自动模式下建立工件坐标系（即精建坐标系）

由于在初建坐标系时所使用的是手动测量的特征，难免会导致误差较大，所以在自动测量工件时，必须通过自动测量的特征再次精确地建立工件坐标系，以尽可能避免在测量过程中的人为误差。

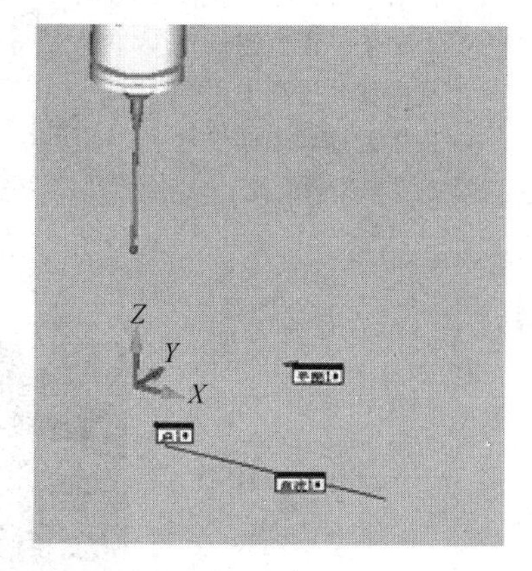

图 5-56　工件坐标系

一般在测量工件时，先手动提取特征初建坐标系，然后改为自动测量模式，在初建坐标系的坐标系下自动测量特征，再用自动测量的数据进行精建坐标系。

精建坐标新具体操作如下：

（1）确定编辑程序窗口中的光标位于已经建立的程序后面，单击工具栏中的按钮 ，将手动模式改为自动模式。

（2）重复利用手动特征测量特征的过程，并在特征平面、特征直线、特征点之间建立安全移动点。安全移动点是建立在两个特征之间的空间避让点，由于测头自动运行时默认执行两点之间的直线距离，为了防止测针与被测工件发生碰撞，因此需要建立安全移动点。操作步骤见表 5-5。

所有的移动点建立完成后，可以将光标移到“模式/自动”之后，然后按键盘 Ctrl＋U 键，观察测头自动移动的过程，检查移动点建立是否有误，注意降低测头移动速度。

表 5-5　　建立安全移动点的操作过程

步骤	说明	图解	步骤	说明	图解
1	在测量特征前建立移动点：手动将测针移动到工件正上方，按操控盒的“PRINT”键		5	在直线特征与点特征之间建立移动点：手动将测针移动到工件左前上方，确保测针由测量直线到测量点的移动过程中不会发生碰撞，按操控盒的“PRINT”键	
2	手动测量工件的上平面		6	手动测量点特征	
3	在平面特征与直线特征之间建立移动点：手动将测针移动到工件前上方，确保测针由测量平面到测量直线的移动过程中不会发生碰撞，按操控盒的“PRINT”键		7	建立测针安全退出移动点：手动将测针移动到工件左前上方，按操控盒的“PRINT”键，建立第一个移动点。手动将测针移动到工件正上方，按操控盒的“PRINT”键，建立第二个移动点	
4	手动测量直线特征				

(3) 精建立坐标系的步骤和手动建立坐标系的步骤相同：①找正平面，确定第一轴方向；②旋转到轴线，确定第二轴方向；③设置原点。

4. 自动测量特征

利用已经建立的工件坐标系，可以得到所测工件的任意特征的坐标表达方式。利用自动测量方式，输入特征的坐标值与矢量方向，进行自动测量，可得到更为精确的数值。

自动测量特征操作如下（以自动测量圆为例）：

（1）确认当前为自动模式。

（2）单击菜单栏“插入”—“特征”—“自动”—“圆”选项，系统弹出“自动特征”对话框，如图 5-57 和图 5-58 所示。

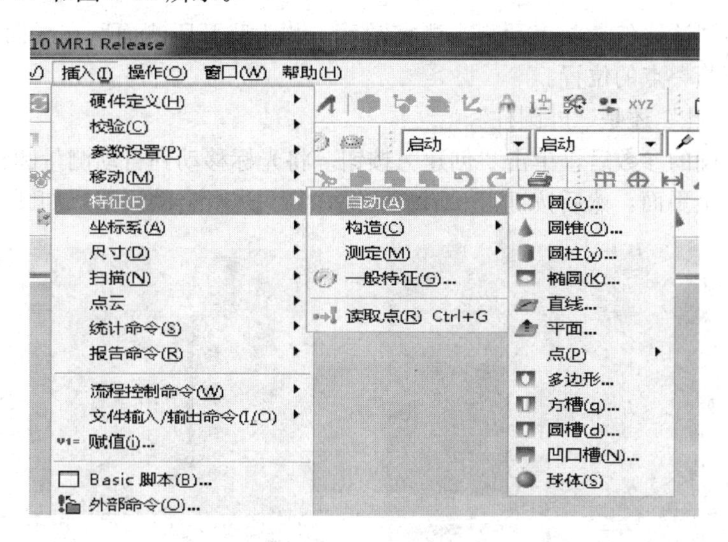

图 5-57　插入特征

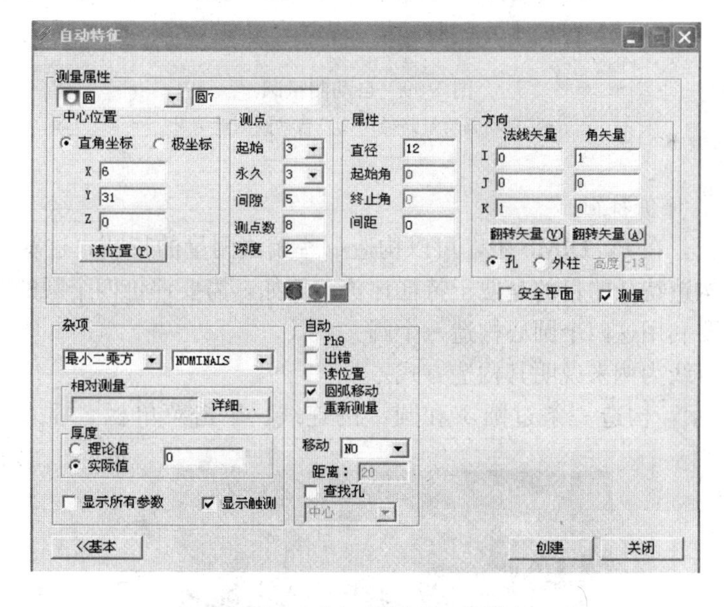

图 5-58　“自动特征”对话框

在自动测量特征中，有几项是必须填写的。

1）“中心位置”：圆心位于工件坐标系中的坐标值。

2）“测点”：“起始”“永久”“间隙”值的输入都是为了能确定被测圆所在的平面，这在测量钣金件时非常有用。“测点数”与“深度”分别表示测量的点数与测量的深度，孔的深度为正值，外圆柱的深度为负值。

3）“属性”：包括属性圆的直径，测量起始、终止角度（测量圆弧时需要设定特殊值）及间距。

4）“方向”：“法线矢量”表示测头测完圆后，测头躲开所测面所在平面的方向；“角矢量”表示测量圆第一点的位置。

5）选择为“孔”还是“外圆柱”。

（3）输入正确的参数后，单击“创建”按钮。将光标移动到自动测量圆特征前面，观察测头是否处于安全平面，然后按键盘 Ctrl＋U 键，测头进行自动测量，如图 5-59 所示。

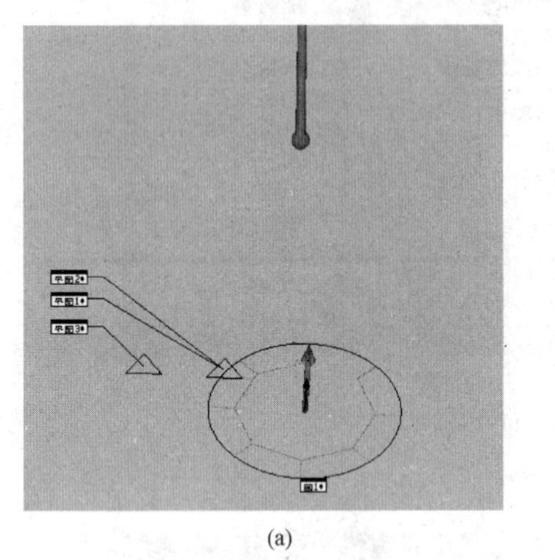

(a)

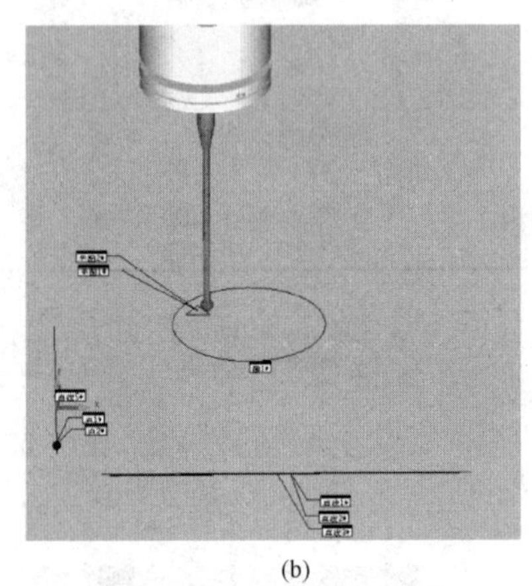

(b)

图 5-59　自动测量圆

（a）自动圆测量路径；（b）自动圆测量结果

5. 构造特征、评价特征

（1）构造特征。在 PC-DIMS 中，可以构造一些无法测量的特征，这些特征包括点、直线、平面、圆。构造特征的目的是便于特征评价。例如，需要评价四个圆的圆心是否在同一个圆上，这就需要利用这四个圆心构造一个圆。

本节以构造直线为例来说明其构造方式。

如图 5-60 所示，构造一条过圆 1 和圆 2 的连线。单击菜单栏“插入”—“特征”—

图 5-60　特征圆

“构造”—“线”选项，系统弹出“构造线模式”对话框，如图 5-61 所示。在特征列表中选择“圆 1”和“圆 2”；在构造方法中选择“2 维线”“最佳匹配”；单击“创建”按钮，即可构造一条过圆 1 和圆 2 的连线。

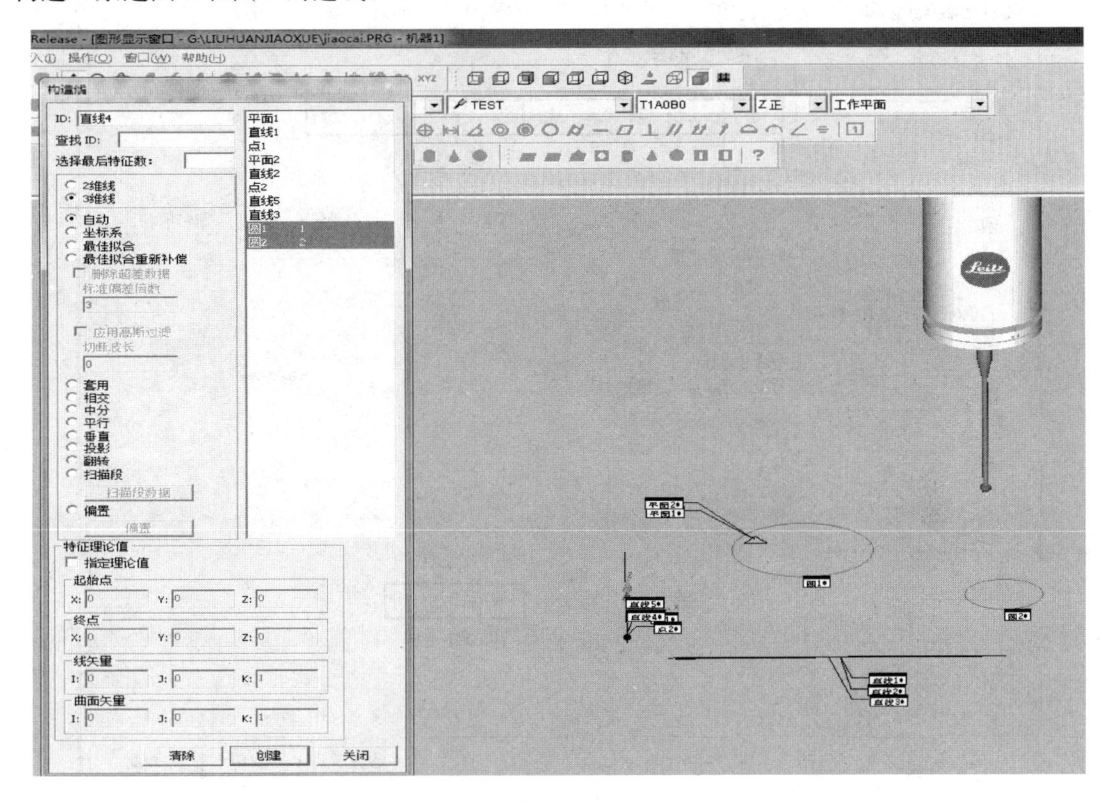

图 5-61　构造直线对话框

2 维线和 3 维线的区别：2 维线是特指构造出平等于当前工作平面的直线，3 维线是指用特征的质心构造出的实际空间直线。2 维线和 3 维线只是适应于“最佳匹配”和“最佳拟合重新补偿”两种方法。

（2）评价特征。在 PC-DIMS 软件中，可以对测量特征、构造特征进行评价，包括形状公差与位置公差，下面以评价孔的位置度为例加以说明。

单击菜单栏“插入”—“尺寸”—“位置度”选项，系统弹出“位置度”对话框，如图 5-62 所示，评价圆 1 相对于坐标系的位置。具体操作步骤如下：

（1）定义基准：利用平面 2、直线 2、点 2 分别建立特征评价基准 A、基准 B、基准 C，如图 5-63 所示。

（2）在“位置度”对话框中（见图 5-62）分别单击三个“<dat><MC>”按钮，分别选择基准 A、B、C。

（3）选择要评价的特征圆 1。

（4）在“位置度”对话框中（见图 5-62）单击 Ø 0.01 Ⓜ 键，输入公差。

（5）单击“创建”按钮。打开报告窗口，查看评价结果，如图 5-64 所示。

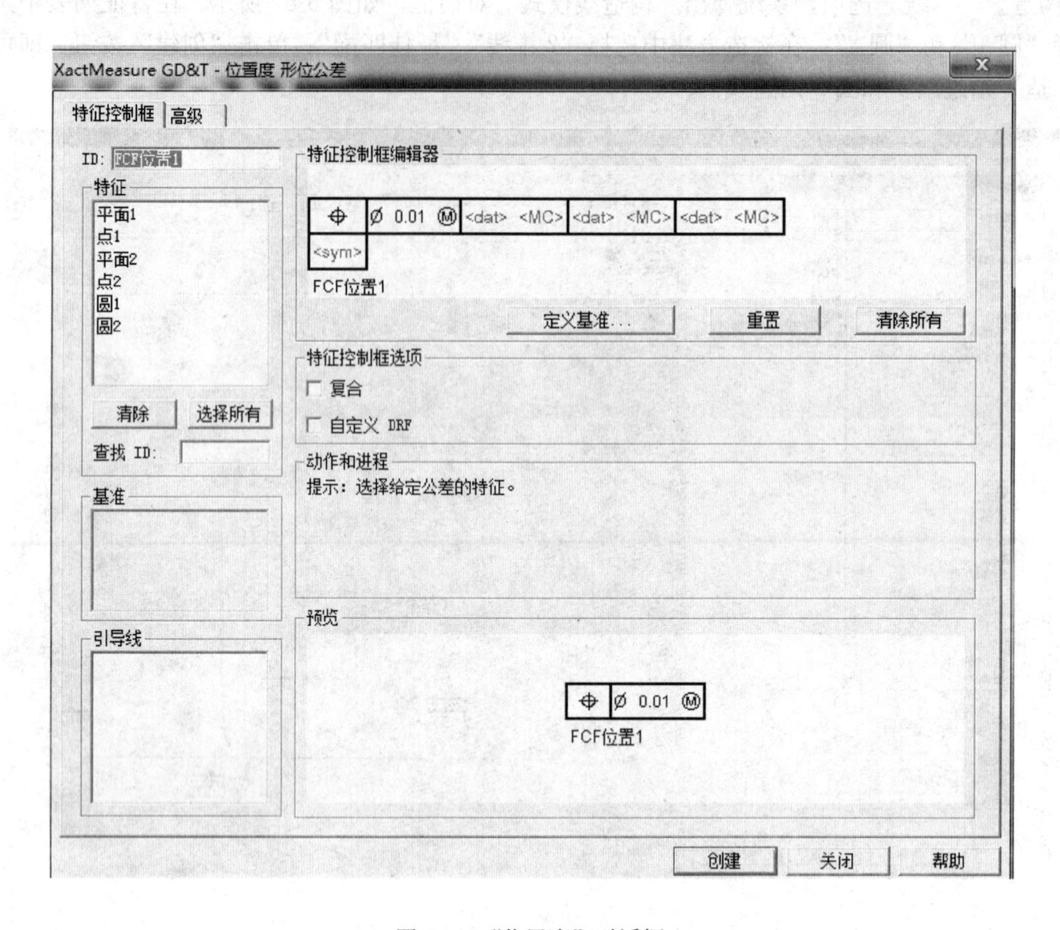

图 5-62 “位置度”对话框

基准定义
基准:
D
特征列表(L)
点1
平面2(A)
直线2(B)
点2(C)
直线5
查找 ID:
选择最后特征数:
创建(C)
关闭(C)

图 5-63 定义基准

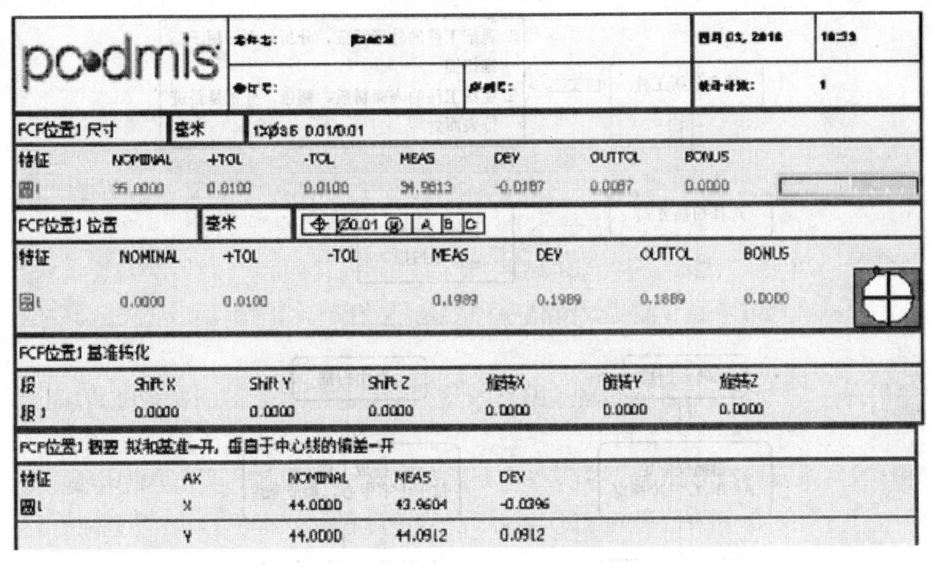

图 5-64　特征评价结果

5.3　三维扫描仪测量技术

三维扫描技术是集光、机、电和计算机技术于一体的高新技术，主要用于对物体空间外形和结构进行扫描，以获得物体表面的三维数据（点云）。它的重要意义在于能够将实物的立体信息转换为计算机能直接处理的数字信号，为实物数字化提供了相当方便快捷的技术手段。它是一种非接触测量方法，具有速度快、精度高的特点。其测量结果能直接与多种软件对接，因此在 CAD、CAM、CIMS 等技术应用日益普及的今天受到一致好评。

5.3.1　三维扫描仪的结构组成

三维扫描仪由计算机、扫描测头和转台三大部分组成。其中，计算机负责实现扫描仪的软件操作和模型处理；扫描测头由两台 CCD 相机和一台专用光栅投影组成，负责三维信息的采集；转台作为扫描仪的辅助部件，适用于较小体积的工件扫描，可以简化扫描步骤，提高扫描效率。

5.3.2　三维扫描仪的工作原理

三维扫描仪原理是基于结构光法的照相测量原理。扫描仪将光源投影在被测工件的表面上，利用光学拍照定位技术和光栅测量原理，获得工件表面点云数据，这种测量方法结合了结构光技术、计算机视觉技术和相位测量技术的复合三维测量技术。在测量时光栅投影到被测物体上，光栅条纹受到物体表面形状的影响，其相位关系会发生变化，然后经过数字图像处理，并对图像进行相位计算，利用三角形测量原理和匹配技术，计算出视区内像素点的三维坐标。拍照式扫描仪采用的是普通白光，亮度相对较低，对环境光要求比较敏感。当一次测量物体的时间较长时，会影响整体精度，因此白光拍照式扫描仪需要缩短扫描过程的时间。

5.3.3　三维扫描仪的操作实例

三维扫描仪扫描流程如图 5-65 所示。

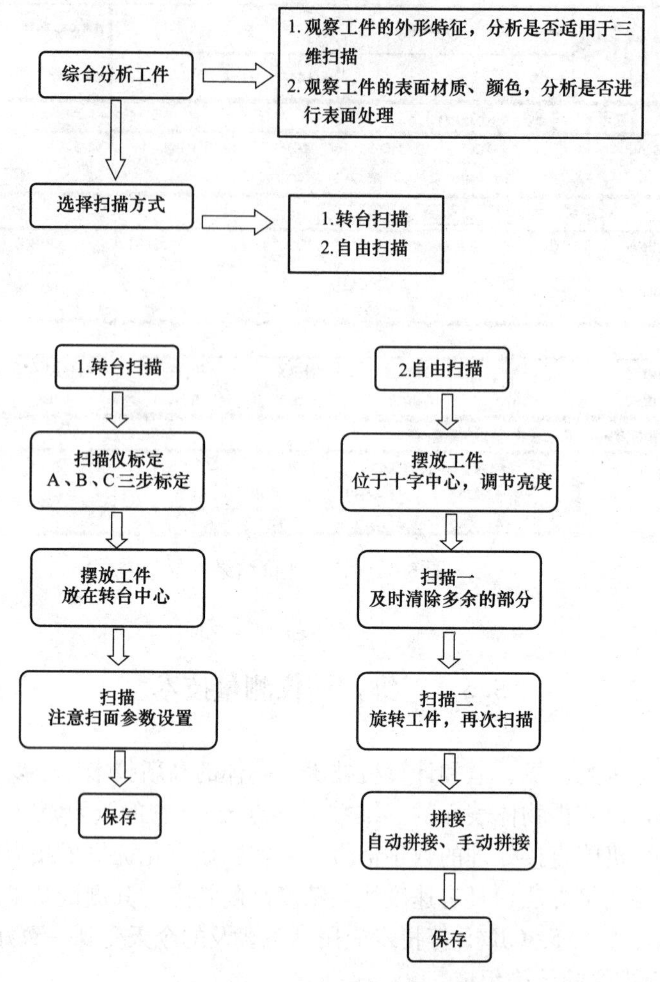

图 5-65　三维扫描仪操作流程

（1）扫描前的准备工作。主要包括设备准备、被测工件分析与表面处理、扫描仪标定。

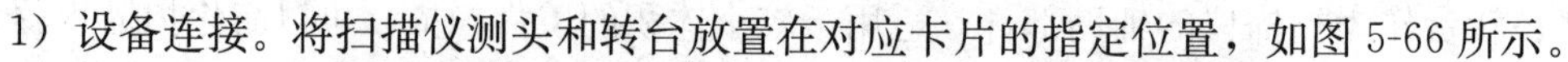

1）设备连接。将扫描仪测头和转台放置在对应卡片的指定位置，如图 5-66 所示。

图 5-66　扫描仪、转台放置

将电源线、USB 数据线、VGA 线插入计算机、测头和转台的指定位置，见图 5-67（a）；调整测头俯仰角度，使投影光源下边缘与转台第二圈轮廓平齐，见图 5-67（b）。

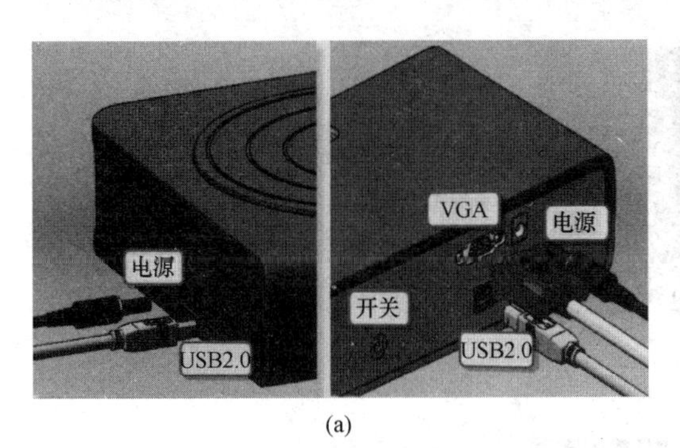

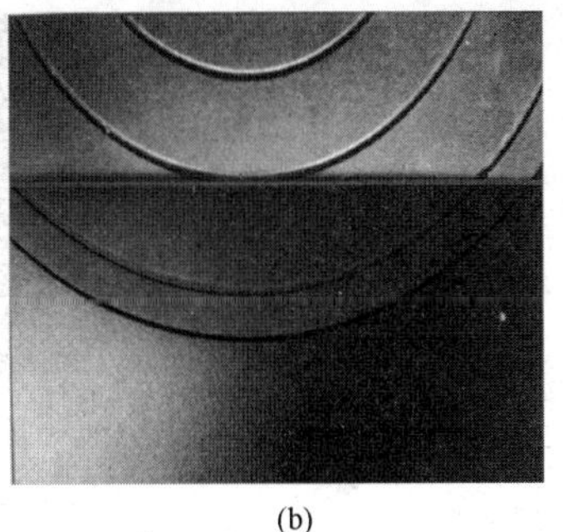

(a)　(b)

图 5-67　扫描仪连接

(a) 设备连接；(b) 调整测头

2）被测工件分析与表面处理。拍照式三维扫描仪适合测量表面起伏不大，曲率变化平滑，局部细节特征不是很多的工件，如手机、汽车等。因此，在测量之前要合理分析被测工件特征，正确选择测量方式。

由于拍照式投射的是白黑色条纹，当被测物体反光率过高，就会导致相机拍摄的黑色条纹趋亮，接近白色条纹；反之，会导致相机拍摄的白色条纹趋黑，接近黑色条纹；这两种情况都会严重影响测量精度。在这种情况下，应对被测物体进行喷涂处理，并注意喷涂表面的均匀性。建议使用显像剂喷涂工件表面，图 5-68 所示为常用显像剂。

图 5-68　显像剂

3）扫描仪标定。如图 5-69 所示，将标定板放置在转台中心位置。

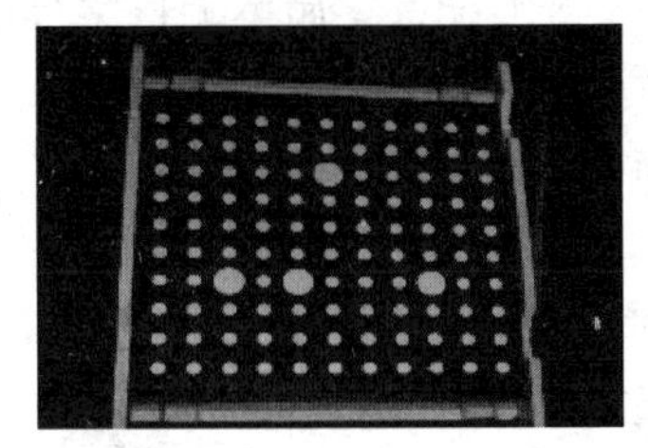
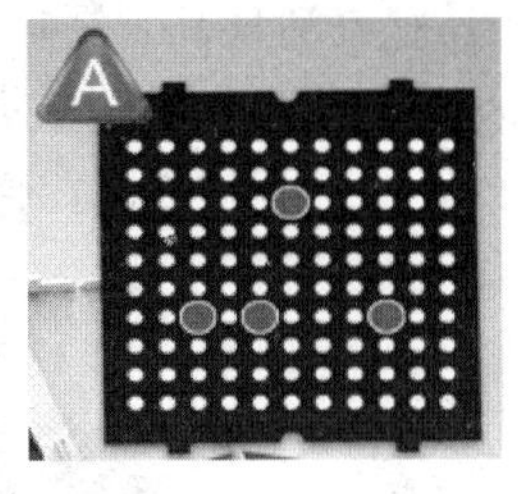

图 5-69　扫描仪标定 A

确保标定板放置平稳且正对测头，单击“下一步”，转台自动旋转一周采集数据，采集过程中请勿移动标定板，采集完毕后转台停止不动，软件界面显示进行 B 标定。

如图 5-70 所示，将标定板从标定板支架上取下，将标定板逆时针旋转 90°，嵌入标定板支架槽中。注意：只旋转标定板，标定板支架不要动。

确保标定板放置平稳且正对测头，单击“下一步”，转台自动旋转一周采集数据，采集过程中请勿移动标定板，采集完毕后转台停止不动，软件界面显示进行 C 标定。

如图 5-71 所示，将标定板从标定板支架上取下，将标定板逆时针旋转 90°，嵌入标定板支架槽中。注意：只旋转标定板，标定板支架不要动。

确保标定板放置平稳且正对测头，单击“下一步”，转台自动旋转一周采集数据，采集过

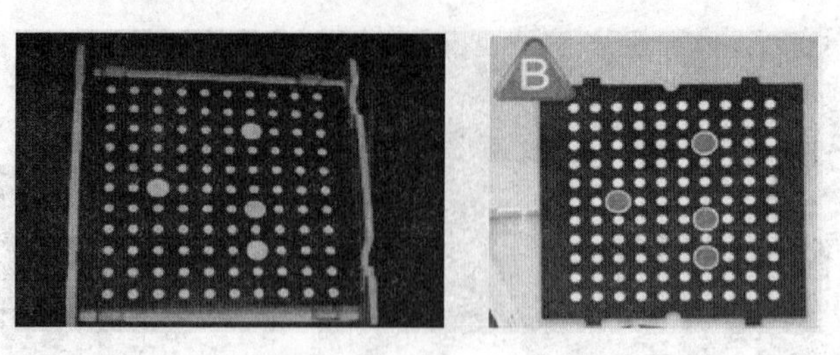

图 5-70 扫描仪标定 B

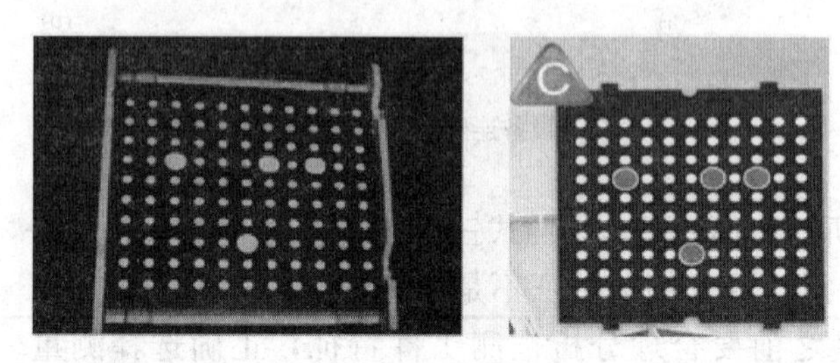

图 5-71 扫描仪标定 C

程中请勿移动标定板，采集完毕后转台停止不动，进行标定，标定成功后软件进入转台扫描界面。

如果提示标定失败，请按照上述步骤，重新进行标定。

（2）扫描方式的介绍及操作。为了方便小体积工件的测量同时又能实现较大体积工件的测量，该扫描仪支持转台扫描和自由扫描两种模式。其中，转台扫描主要适用于较小体积工件的测量，该扫描模式具有扫描效率高，操作简单等优点；自由扫描主要适用于较大体积工件的测量，该扫描模式具有灵活性高、适应性强等优点。如果测量工件的体积小于 250mm×250mm×250mm 可以采取转台扫描模式；反之，应采取自由扫描模式。

单击软件界面左上角“扫描”按钮，弹出扫描模式选择界面。转台扫描和自由扫描如图 5-72 所示。

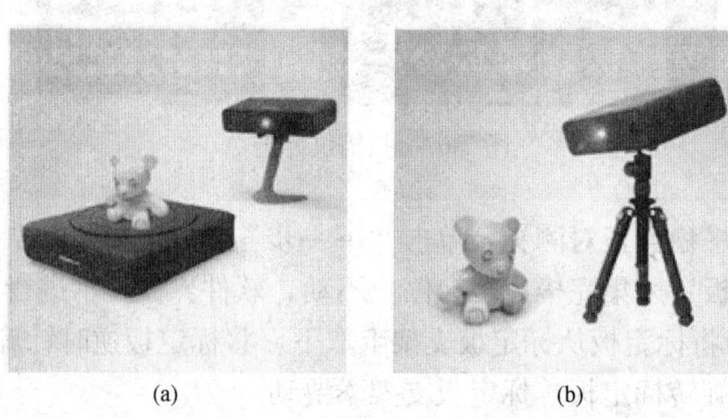

图 5-72 转台扫描和自由扫描

1）转台扫描。转台扫描操作步骤如下：将扫描物体放置在转台中心（软件左侧界面视口中心），摆放稳定，单击“物体亮度描述”，根据物体的明暗，选择合适的亮度设置，可以在软件界面窗口中时时查看当前亮度，呈现白色或者稍微泛红为宜，单击“应用”按钮确认，如图 5-73 所示。

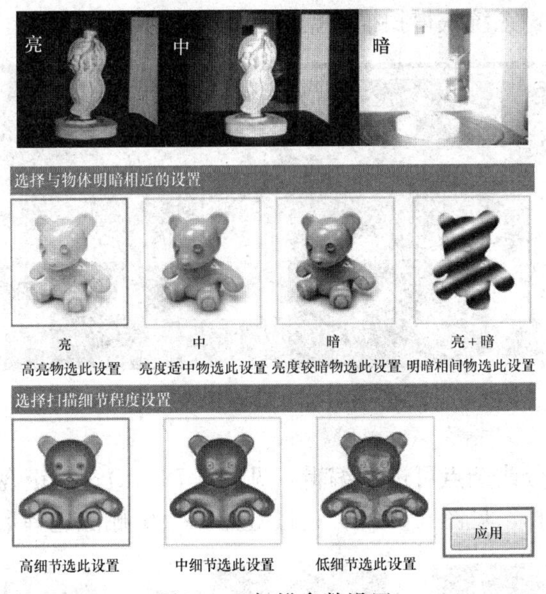

图 5-73 扫描参数设置

注意：对存在精细纹理的物体进行高细节设置，对于表面光滑细节较少的物体进行中、低细节设置。细节等级越高处理时间越长。

单击“扫描”按钮，开始自动转台扫描及数据优化过程，期间请勿移动模型，如图 5-74 所示。

当前模型扫描优化完成后，进入如图 5-75 所示的界面，可拖动及放大查看数据。

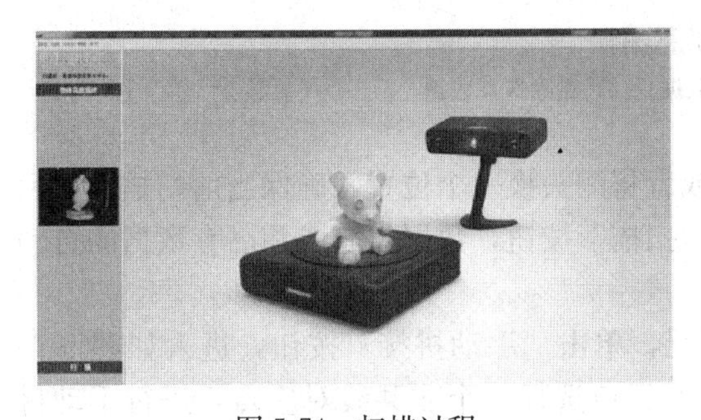

图 5-74 扫描过程

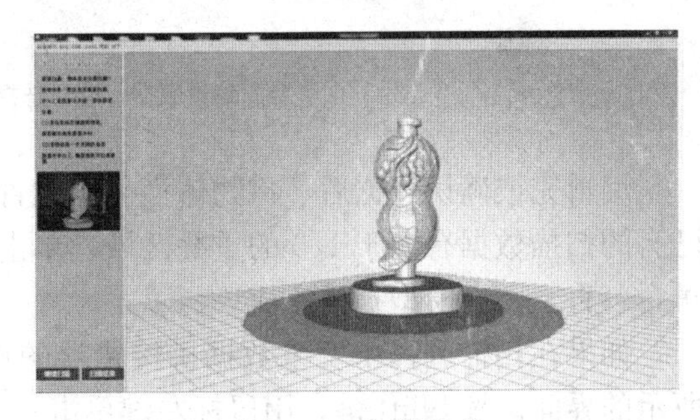

图 5-75 扫描完成

如果模型完整，单击“扫描结束”按钮；否则，将物体换一个角度放置到转台上，单击“继续扫描”，直至整个模型扫描完毕。

单击“扫描结束”，系统自动对扫描数据进行优化。完成后可将数据进行保存，单击“保存”按钮，模型可保存为 stl 或 asc 格式；然后单击“新扫描”按钮，可进行下一组扫描，如图 5-76 所示。

图 5-76 保存

2）自由扫描。将待扫描的物体放置在转台中心，摆放稳定，确保投影十字在预览窗口中心。

如果需要进行亮度调节，可以直接参考转台扫描中的亮度调节部分。

单击“扫描”按钮，系统获得扫描数据，如图 5-77 所示。

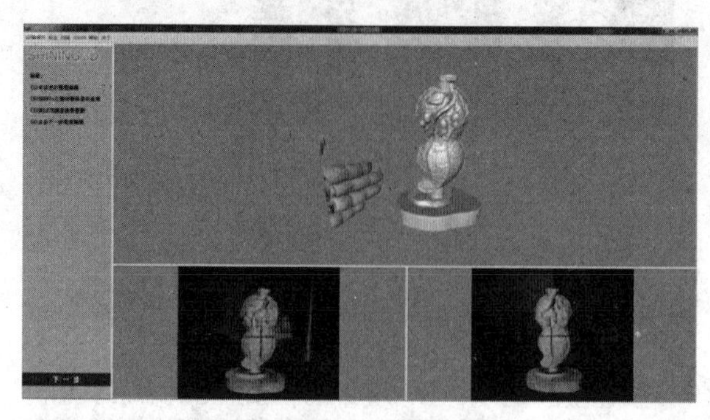

图 5-77 自由扫描

如果数据有多余部分或杂点可进行编辑，见图 5-78（a）；按键盘 Shift 键，同时鼠标左键选中多余部分进行选择，见图 5-78（b）；按键盘 Delete 删除选择数据，见图 5-78（c）。

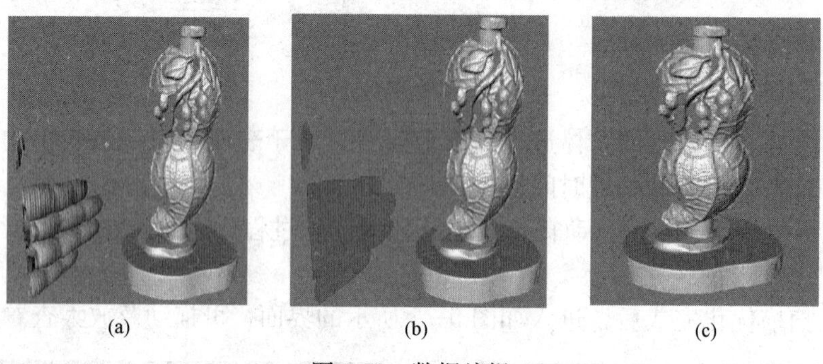

(a) (b) (c)

图 5-78 数据编辑

（a）编辑数据；（b）选择数据；（c）删除选择数据

编辑完或确认数据后，将物体换一个位置或者将测头换一个位置，确保当前扫描区域和已有的扫描数据有大于 1/3 的重叠区域，单击“扫描”按钮，数据将完成和已有数据的自动拼合，直至整个模型扫描完成。

如果在扫描过程中发生数据拼接错误的情况，单击“手动拼接”按钮，进入如图 5-79 所示的界面。按 Shift 键，用鼠标左键单击左、右视口选择三个非共线对应点，进行手动拼

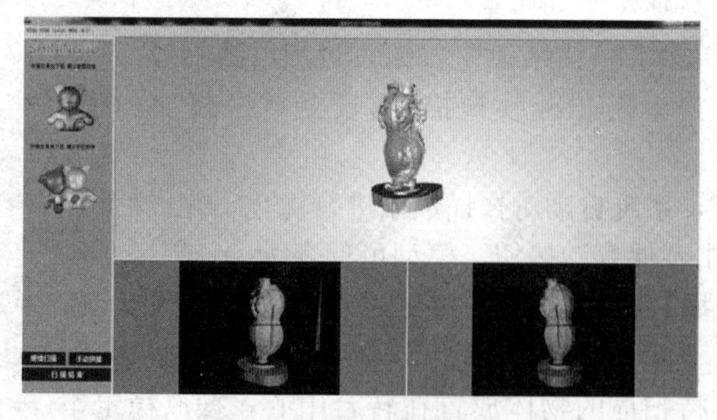

图 5-79 自动拼合

接，如图 5-80 所示；拼接后若数据正确，单击“下一步”，继续进行扫描。

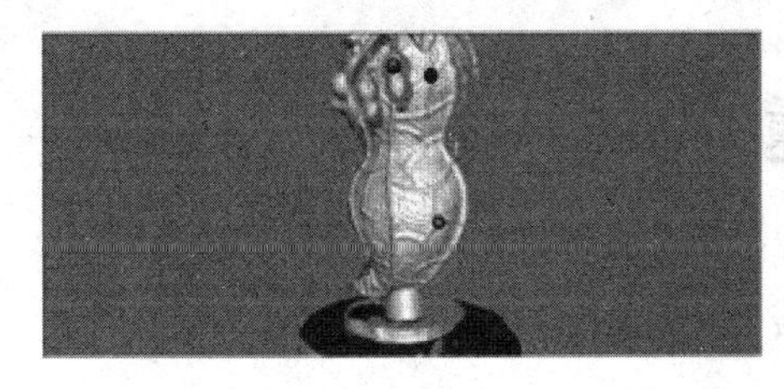
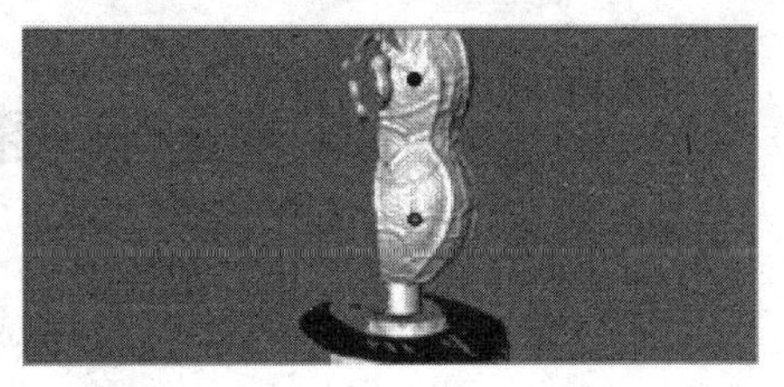

图 5-80　手动拼接

如果选点错误导致拼合错误，可以单击“重新选点”按钮，进行再次拼合。

如果当前数据和已有数据没有足够的重叠区域，建议单击“删除模型”按钮删除该片数据，转换物体或者测头位置，继续扫描，如图 5-81 所示。

图 5-81　删除模型

模型扫描完成后，单击“扫描结束”按钮，系统自动对扫描数据进行优化，完成后进入模型编辑界面，可对模型数据进行编辑，如图 5-82 所示。

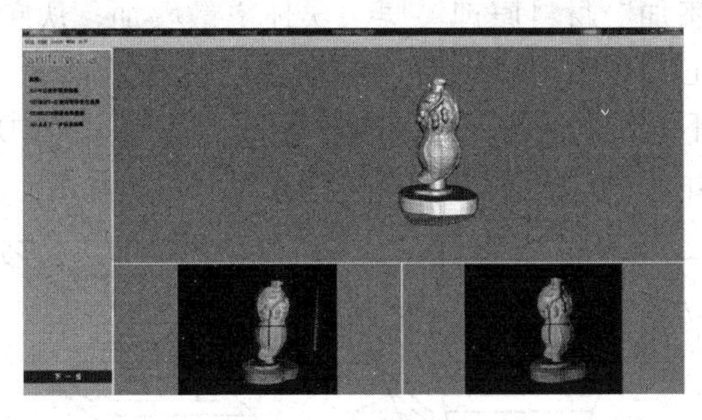

图 5-82　扫描结束

用 Shift＋鼠标左键对数据进行选择，Delete 删除选择数据，单击“下一步”按钮，结束编辑。

如果无须编辑直接单击“下一步”按钮，完成本次扫描；可对模型进行保存，单击“保存”按钮，模型可保存为 stl 或 asc 格式；然后单击“新扫描”按钮，可进行下一组扫描。

第6章 快速成型技术

6.1 快速成型技术概述

快速成型（rapid prototyping，RP）是20世纪80年代末90年代初发展起来的新兴制造技术，是由三维CAD模型直接驱动的快速制造任意复杂形状三维实体的总称。它集成了CAD技术、数控技术、激光技术和材料技术等现代科技成果，是先进制造技术的重要组成部分。由于快速成型技术把复杂的三维制造转化为一系列二维制造的叠加，因而可以在不用模具和工具的条件下生成几乎任意复杂的零部件，极大地提高了生产效率和制造柔性。

快速成型技术自问世以来，得到了迅速的发展。由于快速成型技术可以使数据模型转化为物理模型，并能有效地提高新产品的设计质量，缩短新产品的开发周期，提高企业的市场竞争力，因而受到越来越多的关注，被誉为名副其实的“万能制造机”，在航空航天、汽车摩托车、家电等领域得到了广泛应用。

6.1.1 快速成型的基本原理

与传统的机械切削加工（如车削、铣削等材料减削方法）不同，快速成型制造技术是依靠逐层融接增加材料来生成零件的，是一种材料叠加的方法。快速成型技术采用离散再堆积成型的原理，根据三维CAD模型，对于不同的工艺要求，按一定厚度进行分层，将三维数字模型变成厚度很薄的二维平面模型；再将数据进行一定的处理，加入加工参数，在数控系统控制下以平面加工方式连续加工出每个薄层，并使之黏结而成型，如图6-1所示。实际上就是基于“生长”或“添加”材料原理一层一层地离散叠加，从底至顶完成零件的制作过程。快速成型有很多种工艺方法，但所有的快速成型工艺方法都是一层一层地制造零件，只是每种方法所用的材料不同，制造每一层添加材料的方法不同。该技术的基本特征是“分层增加材料”，即三维实体由一系列连续的二维薄切片堆叠融接而成。

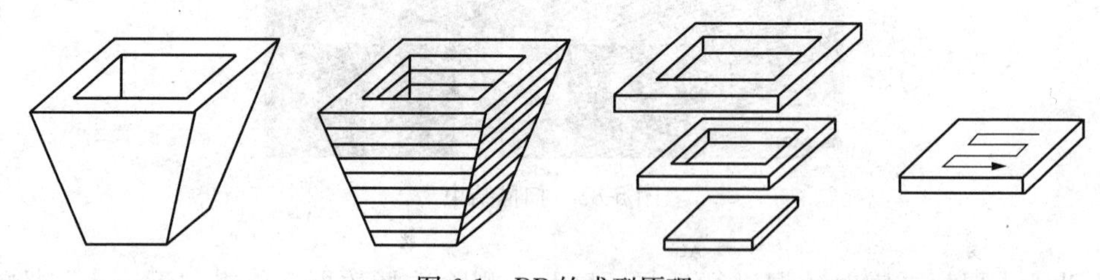

图6-1 RP的成型原理

6.1.2 快速成型的工艺过程

（1）三维模型的构造。按图纸或设计意图在三维CAD设计软件中设计出该零件的CAD实体文件。一般快速成型支持的文件输出格式为STL模型，对STL实体曲面做近似的面型化处理，用平面三角形面片近似模型表面，以简化CAD模型的数据格式，便于后续的分层处理。由于STL模型在数据处理上较简单，而且与CAD系统无关，所以很快发展为快速成型制造领域中CAD系统与快速成型机之间数据交换的标准。每个三角面片用四个数据项表示，即三个顶点坐标和一个法向矢量，整个CAD模型就是这样一个矢量的集合。在一般的软件系统中可以通过调整输出精度控制参数，减小曲面近似处理误差。例如，Pro/E软件是通过选定弦高值（ch-chord height）作为逼近的精度参数。

（2）三维模型的离散处理（切片处理）。在选定制作（堆积）方向之后，通过专用的分层程序将三维实体模型（一般为STL模型）进行一维离散，即沿制作方向分层切片处理，获取每一薄层片截面轮廓及实体信息。分层的厚度就是成型时堆积的单层厚度。由于分层破坏了切片方向CAD模型表面的连续性，会不可避免地丢失模型的一些信息，导致零件尺寸及形状误差的产生，所以分层后需要对数据做进一步的处理，以免出现断层。切片层的厚度直接影响零件的表面粗糙度和整个零件的型面精度，每一层面的轮廓信息都是由一系列交点顺序连成的折线段构成。因此，分层后所得到的模型轮廓是近似的，层与层之间的轮廓信息已经丢失，层厚越大丢失的信息越多，导致在成型过程中产生了型面误差。

（3）成型制作。把分层处理后的数据信息传至设备控制机，选用具体的成型工艺，在计算机的控制下，逐层加工，然后反复叠加，最终形成三维产品。

（4）后处理。根据具体的工艺，采用适当的后处理方法，改善样品性能。

6.1.3　快速成型技术的特点

与传统的切削加工方法相比，快速成型加工具有以下特点：

（1）自由成型制造。自由成型制造也是快速成型技术的另外一种叫法。作为快速成型技术的特点之一的自由成型制造有两方面含义：一是指不需要使用工装模具而制作模型或零件，由此可以大大缩短新产品的试制周期，并节省工装模具相关的费用；二是指不受形状复杂程度的限制，能够制作任何形状与结构、不同材料复合的模型或零件。

（2）制造效率高。从CAD数字模型或实体反求获得的数据到制成成品，一般仅需要数小时或十几小时，速度比传统成型加工方法快得多。该项目技术在新产品开发中改善了设计过程的人机交流，缩短了产品设计与开发周期。以快速成型机为母模的快速模具技术，能够在几天内制作出所需材料的实际产品，而通过传统的钢质模具制作产品，至少需要几个月的时间。该项技术的应用，大大降低了新产品的开发成本和企业研制新产品的风险。

（3）由CAD数字模型直接驱动。无论哪种快速成型制造工艺，其材料都是通过逐点、逐层以添加的方式累积成型的，并且都是通过CAD数字模型直接或者间接地驱动快速成型设备系统进行制造的。这种由CAD数字模型直接或者间接地驱动快速成型设备系统的成型制作过程，也决定了快速成型的制造快速和自由成型的特点。

（4）技术高度集成。当落后的计算机辅助工艺规划（computer aided process planning，CAPP）一直无法实现CAD与CAM一体化的时候，快速成型技术的出现较好地填补了CAD与CAM之间的缝隙。新材料、激光应用技术、精密伺候驱动技术、计算机技术、数控技术等的高度集成，共同支撑了快速成型技术的实现。

（5）经济效益高。快速成型技术制造模型或零件，无须工装模具，也与成型或零件的复杂程度无关，与传统的机械加工方法相比，其模型或零件本身制作过程的成本显著降低。此外，由于快速成型在设计可视化、外观评估、装配及功能检验、快速模具母模等方面的功用，能够显著缩短产品的开发试制周期，带来了显著的经济效益。也正是因为快速成型技术具有突出的经济效益，才使得该项技术一经出现，便得到了高度重视和广泛应用。

（6）精度不如传统加工。数据模型分层处理时不可避免地发生一些数据丢失外加分层制造必然产生台阶误差，堆积成型的相变和凝固过程产生的内应力也会引起翘曲变形，这从根本上决定了快速成型造型的精度极限。

6.2 快速成型工艺方法

快速成型主要工艺方法及其分类如图 6-2 所示。

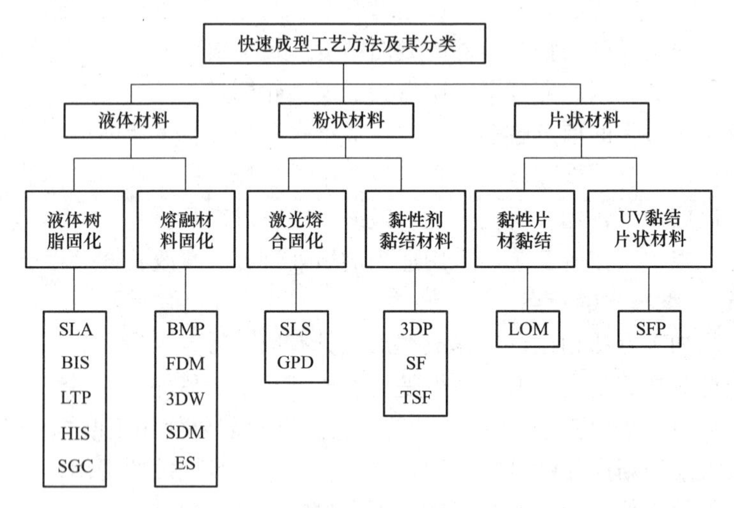

图 6-2 快速成型主要工艺方法及其分类

6.2.1 典型快速成型工艺方法

1. 光固化法（stereo lithography apparatus，SLA）

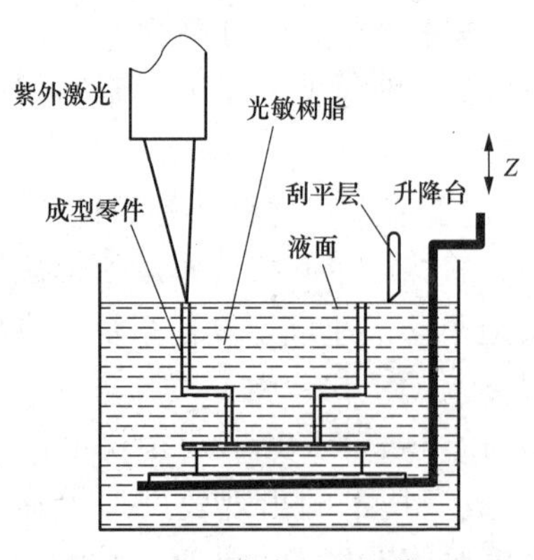

图 6-3 光固化成型法工作原理

光固化法是目前最为成熟、精度最高的一种快速成型制造工艺，如图 6-3 所示。这种工艺以液态光敏树脂为原材料，在计算机控制下的紫外激光按预定零件各分层截面的轮廓轨迹对液态树脂逐点扫描，使被扫描区的树脂薄层产生光聚合（固化）反应，从而形成零件的一个薄层截面。完成一个扫描区域的液态光敏树脂固化层后，工作台下降一个层厚，使固化好的树脂表面再敷上一层新的液态树脂，然后重复扫描、固化，新固化的一层牢固地黏结在上一层表面上。如此反复，直至完成整个零件的固化成型。

优点：成型速度快，自动化程度高，尺寸精度高；可成型任意复杂形状的零件；材料的利用率接近 100%，成型件强度高。

缺点：需要支撑结构；成型过程发生物理和化学变化，容易翘曲变形；原材料有污染；需要固化处理，且不便进行。

此工艺一般应用于制作复杂、高精度、艺术用途的精细件。

2. 选择性激光烧结法（selective laser sintering，SLS）

选择性激光烧结法是在工作台上均匀地铺上一层很薄（100～200μm）的材料粉末，激光束在计算机控制下按照零件分层截面轮廓逐点地进行扫描、烧结，使粉末固化成截面形状，如图 6-4 所示。完成一个层面后工作台下降一个层厚，滚动铺粉机构在已烧结的表面再铺上一层粉末进行下一层烧结。未烧结的粉末保留在原位置起支撑作用。这个过程重复进行，直至完成整个零件的扫描、烧结，去掉多余的粉末，再进行打磨、烘干等处理，获得所需要的零件。

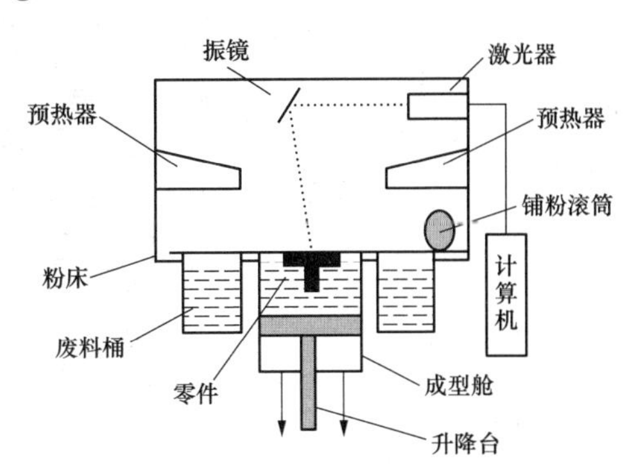

图 6-4　选择性激光烧结法工作原理

优点：制造工艺简单，柔性度高；材料选择范围广；材料价格便宜，成本低；材料利用率高，成型速度快。

缺点：成型件的强度和精度较差；能量消耗高；后处理工艺复杂，样件的变形较大。

此工艺一般用于铸造件设计，并且可以直接制作快速模具。

3. 熔融沉积成型法（fused deposition modeling，FDM）

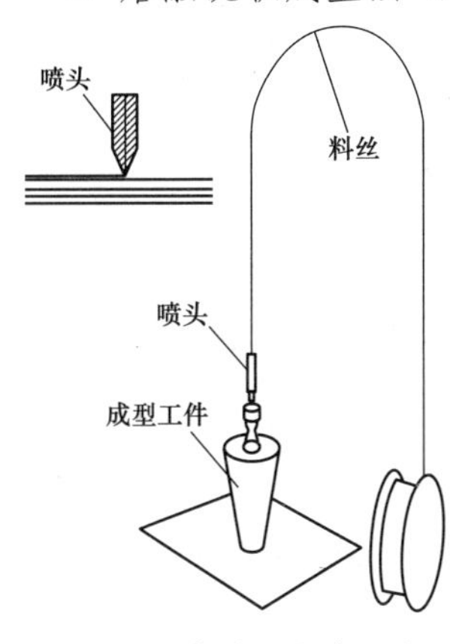

图 6-5　熔融沉积成型法工作原理

熔融沉积成型法是通过将丝状材料（如热塑性塑料、蜡或金属的熔丝）从加热的喷嘴挤出，按照零件每一层的预定轨迹，以固定的速率进行熔体沉积，如图 6-5 所示。每完成一层工作台便下降一个层厚，再进行叠加沉积新的一层，如此反复最终实现零件的沉积成型。熔融沉积成型法的关键是保持半流动成型材料的温度刚好在熔点之上（比熔点高 1℃左右）。其每一层片的厚度由挤出丝的直径决定，通常是 0.25～0.50mm。

优点：成型材料种类多，成型件强度高；精度高，表面质量好，易于装配；无公害，可在办公室环境下进行。

缺点：成型时间较长；需要支撑；沿成型轴垂直方向的强度较弱。

该工艺适合于产品的概念建模、形状和功能测试，以及中等复杂程度的中小模型，不适合制造大型零件。

4. 分层实体制造法（laminated object manufacture，LOM）

分层实体制造法是将单面涂有热溶胶的纸片通过热压辊加热黏结在一起，位于上方的激光切割器按照 CAD 分层模型所获数据，用激光束将纸切割成所制零件的内外轮廓，如图 6-6 所示。然后新的一层纸再叠加在上面，通过热压装置与下面的已切割层黏合在一起，激光束再次切割。如此反复逐层切割、黏合、切割，直至整个模型制造完成。

优点：无须后固化处理；无须支撑结构；原材料价格便宜，成本低。

缺点：不适宜做薄壁件；表面比较粗糙，成型后需要打磨；易吸潮膨胀；工件强度差，缺少弹性；材料浪费大，清理废料比较困难。

此工艺适合于制作大中型、形状简单的实体类成型件，特别适用于直接制造砂型铸造模。

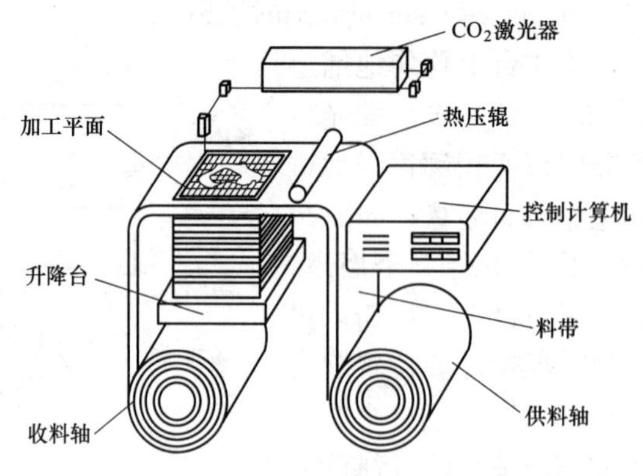

图 6-6 分层实体制造法工作原理

5. 三维印刷法（three dimensional printing，3DP）

三维印刷法是利用喷墨打印头逐点喷射黏合剂来黏结粉末材料的方法制造模型。3DP的成型过程与 SLS 相似，只是将 SLS 中的激光变成喷墨打印机喷射结合剂，如图 6-7 所示。

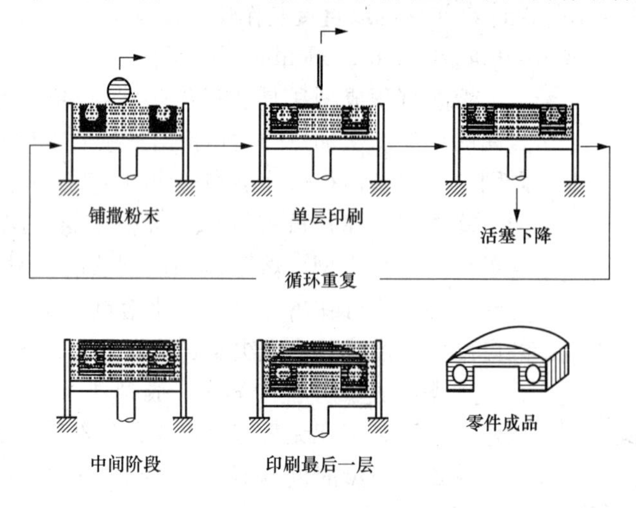

图 6-7 三维印刷法工作原理

优点：成型速度快；可使用各种材料粉末；成型设备便宜。

缺点：一般需要后序固化；精度相对较低。

此工艺应用范围广泛。在制造致密的陶瓷部件具有较大的难度，但在制造多孔的陶瓷部件（如金属陶瓷复合材多孔坯体、陶瓷模具等）方面具有较大的优越性。

6.2.2 其他快速成型工艺

除上述五种方法外，其他许多快速成型方法也已经实用化，如实体自由成型（solid freeform fabrication，SDM）、形状沉积制造（shape deposition manufacturing，SDM）、实体磨削固化（solid ground curing，SGC）、分割镶嵌（tessellation）、数码累积成型（digital brick laying，DBL）、三维焊接（three dimensional welding，3DW）、直接壳法（direct shell production casting，DSPC）、直接金属成型（direct metal deposition，DMD）等快速成型工艺方法。

6.3　3D 打印技术

3D 打印是快速成型技术中的一种，是以数字模型文件为基础，以可熔性材料（如粉末状金属、塑料等）通过熔融沉积（FDM）逐层打印的方式来构造物体的技术。3D 打印技术工艺简单、成型速度快、后处理简便，已逐渐成为研究最深入、技术最成熟、应用最广泛的一种快速成型技术。

6.3.1　3D 打印技术基本原理及制作过程

1. 基本原理

3D 打印的正式名称为增材制造，这非常恰当地描述了 3D 打印机的工作原理。“增材”是指 3D 打印通过将原材料沉积或黏合为材料层以构成三维实体的打印方法，“制造”是指 3D 打印机通过某些可测量、可重复、系统性的过程制造材料层。3D 打印原理如图 6-5 所示，借助 CAD 进行被加工工件的三维实体造型，产生数据文件并处理成面化的模型；将模型内、外表面用小三角形平面片离散化，用三个顶点和一个外向的法向量表述（即 STL 文件格式）；按等距离或不等距离的处理方法剖切模型，形成一系列相互平行的水平截面片层；利用扫描线算法计算产生最佳扫描路径；水平截面片层和扫描路径即为控制成型机的命令文件。

3D 打印机中喷头将材料熔融并按照数控指令扫描，在工作平台上逐层沉积并黏结在一起。从最底层开始，逐层制作，生成三维模型实体。工作台每次下降的高度即为分层厚度，分层越薄，所加工出的零件精度越高。

2. 制作过程

3D 打印机制造零件的工艺过程可分为三个部分：数据准备、快速成型制作及后处理。

（1）数据准备：包括 CAD 三维模型的设计、STL 数据的转换、制作方向的选择、分层切片及支撑编辑等几个过程，完成制作数据的准备。

设计零件立体图形可以在计算机上用三维绘图软件绘制，也可以由用户提供的实物样品，通过反求技术，在计算机中生成实物的三维立体图形。本工艺步骤中还包括三维立体图形的摆放位置选择。不论工件如何摆放，都能制造出零件的实体。但是由于三维立体图形放置的位置不同，制造实体时需要支撑的情况不同，直接影响加工的支撑材料消耗和零件制作的时间。另外，受 Z 轴分层高度的限制，在 Z 轴方向上的精度都会差于由步进电机控制的 X、Y 轴，所以摆放工件时尽量把尺寸和表面精度要求高的放在 X、Y 平面。如果工件尺寸超过设备成型空间，可以对数模进行切割，制作完成后再进行黏接。

数据转化及分层切片。具有三维造型的软件有许多种：Pro/E、Unigraphics、AutoCAD、Solid Works、SolidEdge、I-DEAS 等。3D 打印设备识别的通用格式是 STL 格式，在用三维软件设计完图形后应转换成 STL 格式供 3D 打印机使用，STL 格式是三角形网格的一种文件格式，所以生成 STL 格式时精度越小，得到的表面越光滑，制作出来的产品也会越精细。得到 STL 文件之后利用分层软件进行处理，现在不同的设备都会有不同的软件来进行模型后处理，主要就是对处理模型时分层厚度、扫描速度、网格间距、扫描线宽、支撑结构等的一些参数设置，现在市面上流行的设备分层软件在分层处理时都会自动生成零件支撑，所需选择的就是零件的支撑方式。

（2）快速成型制作。快速成型制作是将制作数据传输到成型机中快速成型出零件的过程，它是快速成型技术的核心。

将模型前期处理的数据传入设备后就可以进行实体制作，在制作之前要对设备进行预热、调水平、对高和支撑实体间隙的调整，这一步有的设备可以自动完成；否则，就需要手动调整，可以在工作台上放张纸，用喷嘴轻触纸张，调整工作台的水平和高度，打印测试件来调整支撑和实体间的间隙。设备准备就绪后就可以启动打印程序打印工件。打印过程中一般是先进行基础支撑的制作，基础支撑就是工件和工作台之间的支撑，然后在基础支撑上按照分层的数据逐层打印实体模型。

（3）后处理。整个零件成型之后要进行辅助处理工艺，包括零件的清洗、支撑去除、后固化、修补、打磨、表面喷漆等，目的是获得一个表面质量与机械性能更优的零件。根据支撑材料的不同分为可溶性支撑和不可溶性支撑，可溶性支撑可以利用化学试剂去除，不可溶性支撑只能手动去除，所以，用可溶性支撑的设备可以制作出内部结构复杂的零件。

6.3.2 UPrint Se 3D 打印实例

（1）接通开启电源。

（2）设备准备。此设备的准备阶段预热、对高、调水平均无须人工，自动完成，只要注意清空残料盒和托板即可。

（3）启动 CatalystEX 4.4 软件，加载三维模型，如图 6-8 所示，并按合理的方向摆放工件，如图 6-9 所示。

图 6-8 载入模型

（4）选择合理的分层厚度、模型内部网格间隙、支撑填充方式进行数模的前期处理。单击“添加到模型包”，软件自动进行分层处理和支撑的添加，如图 6-10 所示。

（5）在模型包中可以设置打印的个数，摆放到合理位置，单击“打印”按钮，把数据传送至打印机等待打印，如图 6-11 所示。

（6）启动打印。在数据传送至打印机后，按打印机上的启动按钮，打印机即开始打印工件。

（7）模型后处理。打印完成后，模型表面比较容易去除的支撑部分可以手动去除支撑；如果工件内部结构复杂，无法手动去除内部支撑，可以在超声波清洗机中利用 NaOH 溶液清洗。打印成品如图 6-12 所示。

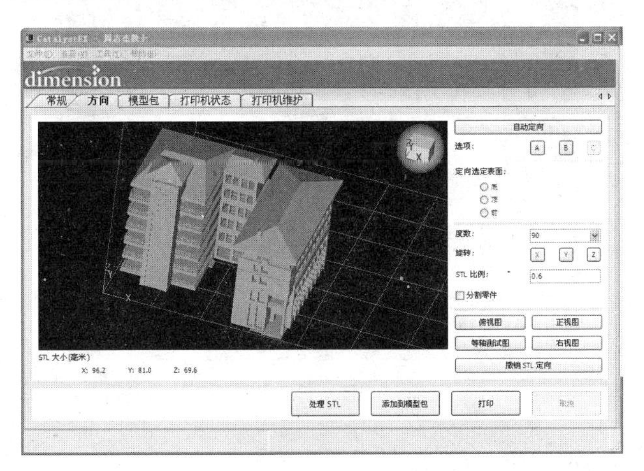

图 6-9　合理摆放工件

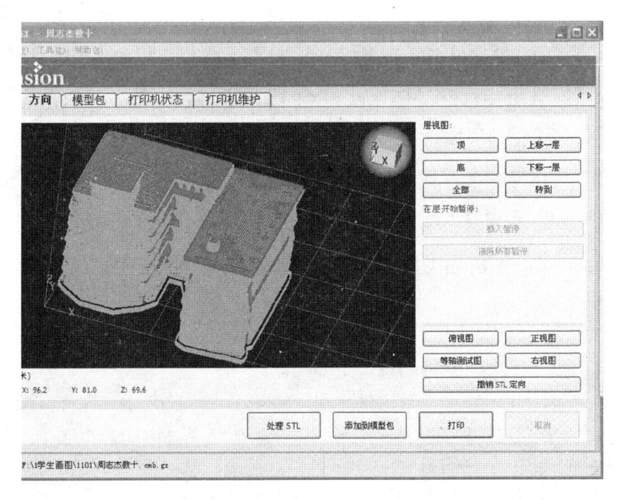

图 6-10　模型分层和支撑处理

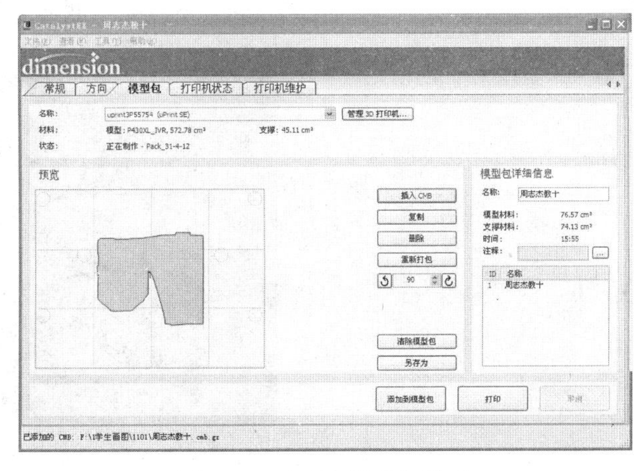

图 6-11　完成打印前期准备

图 6-12　完成制作

6.3.3　EinStart-S 3D 打印实例

（1）按下设备右侧的红色开关开启电源，设备成型室会显示上电。

（2）设备准备。长按设备显示屏下面的“OK”按钮直至显示屏开启，开启后设备 X、Y、Z 轴会自动回机器零点；然后检查托板是否平整，材料盘运转是否顺畅。

（3）在计算机上启动 3DStart 软件，软件会自动连接设备。在设备控制面板中提升 Z 轴高度至将接触到工作台，调整工作台下面的微调螺母调整工作台水平，设定 Z 轴高度，如图 6-13 所示。如果之前已调整过，可忽略此步骤。

（4）加载三维模型（见图 6-14），利用模型编辑中的旋转、缩放、移动窗口合理调整摆放工件，如图 6-15 所示，调整完后切记点击移动选项中到平台，把工件放置平台上。

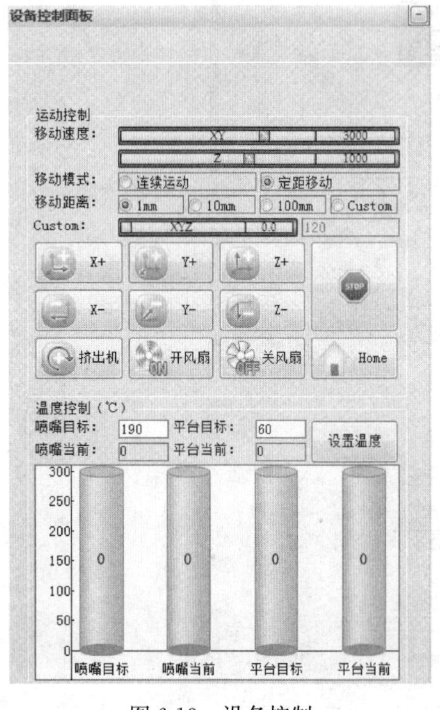

图 6-13　设备控制

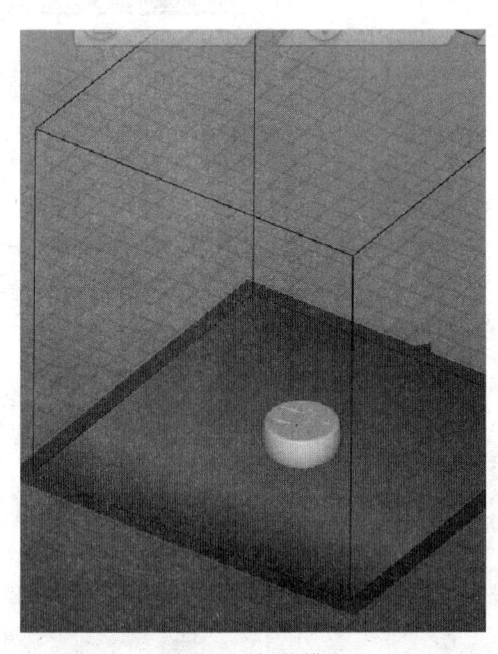

图 6-14　加载模型

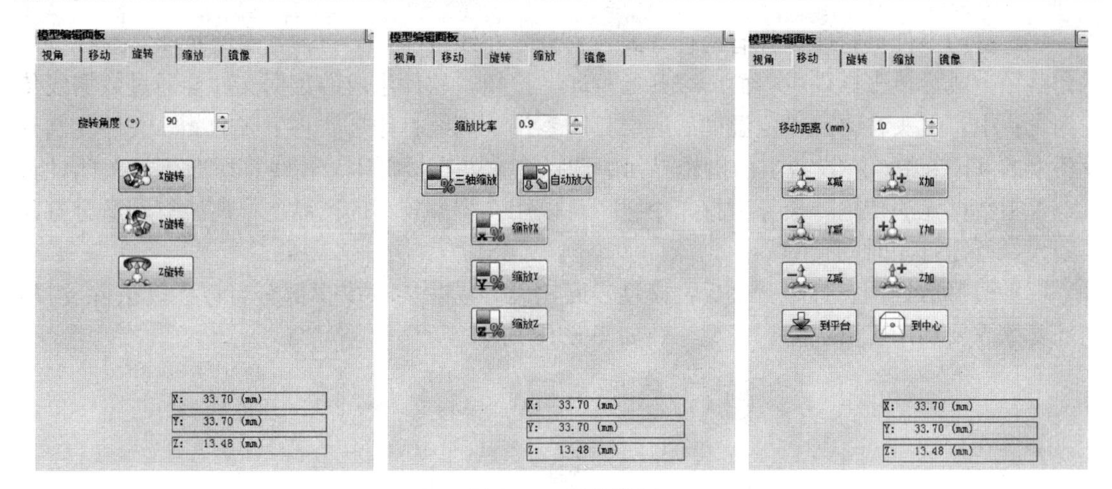

图 6-15　调整模型

（5）生成路径。单击“生成路径”，在如图 6-16 所示的“路径生成器”界面中，选择打印模式生成路径，选择打印模式，分一般、标准和精致三种；选择正确打印材料；按零件的形状选择支撑模式；参数设置方面可选用默认值。要想制作出完美的零件，可适当修改打印参数。设置完毕，单击“开始生成路径”，软件会自动对零件进行分层处理，增加支撑结构，生成设备运行路径。完成后生成一个后缀为 gsd 的文件。得到的路径文件如图 6-17 所示。

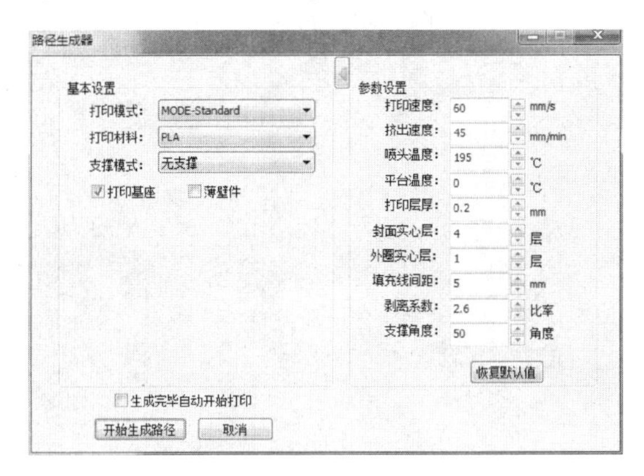

图 6-16　生成路径

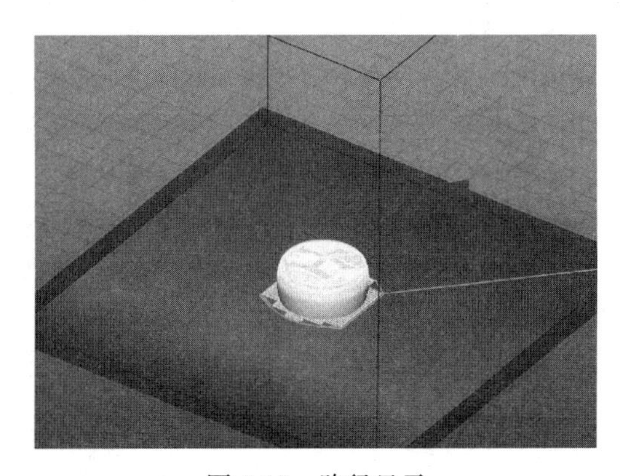

图 6-17　路径显示

（6）打印零件。打印零件有两种方式：一种是在线打印，另一种是离线打印。在线打印是在路径生成后单击软件主界面的“开始打印”按钮，软件生成的数据文件会通过数据线传输到设备中，喷头在升到设定温度后逐层打印零件。离线打印需要将生成的gsd文件复制到设备上的TF卡中，在设备上的操作界面中选择该文件直接打印。在线打印时不能关闭计算机，否则数据无法传输，会导致打印中止，可以用在零件较小的产品上；离线打印适合打印模型大，所需打印时间长的零件。

（7）模型后处理。打印完成后，模型表面比较容易去除的支撑部分可以手动去除支撑，内部支撑需要利用工具去除。成型零件如图6-18所示。

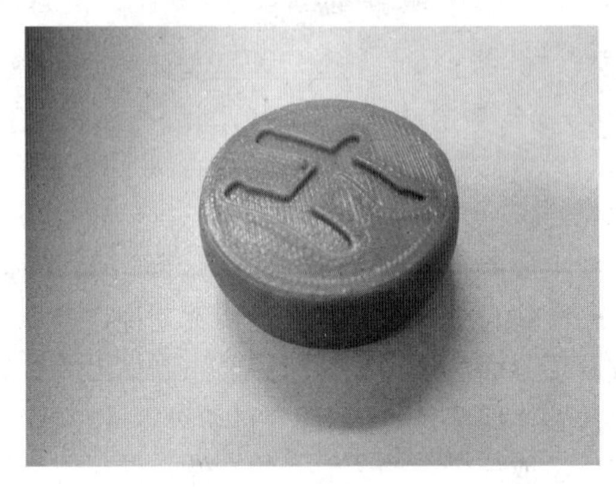

图6-18　成型零件

第 7 章　机电一体化技术

7.1　机电一体化技术概述

机电一体化技术是在以大规模集成电路和微型计算机为代表的微电子技术高度发展并向传统机械工业领域迅速渗透、机械电子技术高度结合的现代工业的基础上，将机械技术、电工电子技术、微电子技术、信息技术、传感测试技术、信号变换技术、接口技术、软件编程技术等多种技术有机地结合并综合应用的技术。

在综合应用这些技术时，要根据系统的功能目标和优化组织结构的目标，合理配置布局驱动机构、控制机构、传感检测机构、信息的接收、传输与处理机构、执行机构等，并使它们在微处理单元的控制下协调有序地工作，有机地融合在一起，达到物质与能量的有序运动。因此，机电一体化技术是在高性能、高质量、高可靠性、低能耗的意义上实现特定功能价值的系统工程。

体现机电一体化技术应用的功能系统称为机电一体化系统或机电一体化产品。

7.1.1　机电一体化的主要技术特征

机电一体化技术的主要特征有以下几点：

（1）机械技术、电子技术和信息技术的彼此功能交互，大多以机械系统的高级微机控制的形式出现。

（2）在一个具体的物理单元中，在不同子系统空间上集成。

（3）机电一体化系统控制功能的智能化。越来越先进的控制功能取代了操作人员的推理和判断。

（4）柔性化使得机电一体化产品能够灵活地满足各种要求，适应各种环境。

（5）采用微处理器控制的系统，易于增加或改变功能，而无须增加硬件成本。

（6）控制功能采用电子技术、微电子技术、微机控制技术来实现，因此，对用户来说，机电一体化系统的内部运行机制是隐蔽的。

（7）在机电一体化技术中，设计思想方法与制造技术紧密联系在一起，二者并行发展。

7.1.2　机电一体化的分类

机电一体化技术随着微电子技术及其他相关技术的迅速发展而在不断地发展着，其应用领域也在不断扩大，并形成了种类繁多的机电一体化产品，主要有以下几种：

（1）在原有机械本体上采用电子控制设备实现高性能和多功能的系统，如数控机床、机器人、发动机控制系统、自动洗衣机等。

（2）用电子设备局部置换机械控制结构形成的产品，如电子缝纫机、电子打印机、自动售货机、电子电动机、无整流子电动机等。

（3）与电子设备有机结合的信息设备，如电报机、传真机、打印机、复印机、录音机、磁盘存储器、办公自动化设备等。

（4）用电子设备全面置换机械结构的信息处理系统，如石英电子表、电子计算机、电子秤、电子交换机、电子计费器等。

（5）与电子设备有机结合的检测系统，如自动探伤机、形状识别装置、CT 扫描仪、生物化学分析仪等。

（6）利用电子设备代替机械本体工作的系统，如电火花加工机床、线切割放电加工机、激光测量机、超声波缝纫机等。

7.1.3 MPS 教学系统简介

模块化生产加工系统（modular production system，MPS）是由德国 FESTO 公司出品的教学设备。MPS 体现了机电一体化技术的实际应用。MPS 设备是一套开放式的设备，用户可根据自己的需要选择设备组成单元的数量、类型，可由多个单元组成，最少时一个单元即可自成一个独立的控制系统。由多个单元组成的系统可以体现出自动生产线的控制特点。

MPS 设备一般用可编程序逻辑控制器（programmable logic controller，PLC）控制。PLC 是专门为工业过程控制而设计的控制设备，在工业控制领域中应用非常广泛。

我中心 MPS 系统由七个单元组成，综合应用了多种技术知识，如气动控制技术、机械技术（机械传动、机械连接等）、电工电子技术、传感器应用技术、PLC 控制技术等。利用该系统，可以模拟一个与实际生产情况十分接近的控制过程，便于将理论知识应用到工程实际中，使理论与实践完美结合，从而缩短理论教学与实际应用之间的距离。

1. 基本组成

MPS 由供料单元、检测单元、加工单元、提取单元、分拣单元、提取与安装单元、工件压紧单元七个单元组成，通过传送带将各个单元连接起来。其中，每个工作单元都可自成一个独立的系统，同时也都是一个机电一体化的系统。各个单元的执行机构主要是气动执行机构，这些执行机构的运动位置都可以通过安装在其上的传感器信号来判断。

在 MPS 设备上应用了多种类型的传感器，分别用于判断物体的运动位置、物体的通过状态、物体的颜色及材质等。传感器技术是机电一体化技术中的关键技术之一，是现代工业实现高度自动化的前提之一。

MPS 设备采用 PLC 进行控制，用户可根据需要选择不同厂家的 PLC。MPS 设备的硬件结构是相对固定的，但学习者可以根据自己对设备和生产加工工艺的理解，编写一定的生产工艺过程，然后再通过编写 PLC 控制程序实现该工艺过程，从而实现对 MPS 设备的控制。

2. 基本功能

MPS 设备为学习者提供了一个半开放式的学习环境，虽然各个组成单元的结构已经固定，但是设备的各个执行机构按照什么动作顺序执行、各个单元之间如何配合、最终使 MPS 模拟何种生产加工控制过程、MPS 作为一条自动生产流水线具有怎样的操作运行模式等，学习者都可根据自己的理解，运用所学理论知识，设计出相应的 PLC 控制程序，使 MPS 设备实现一个最符合实际的自动控制过程。

但 MPS 设备的每个单元都具有最基本的功能，学习者只能在这些基本功能的基础上进行设计与发挥。各个单元的基本功能如下：

（1）供料单元：按照需要将放置在料仓中的待加工工件（毛坯料）自动地取出，并将其传送到第二个工作单元——检测单元，如图 7-1 所示。

（2）检测单元：将供料单元送来的待加工工件进行颜色及材质的识别，并进行高度检测，将符合要求的工件通过上滑槽分流到下一个工作单元——加工单元，将不符合要求的工件从下滑槽剔除，如图 7-2 所示。

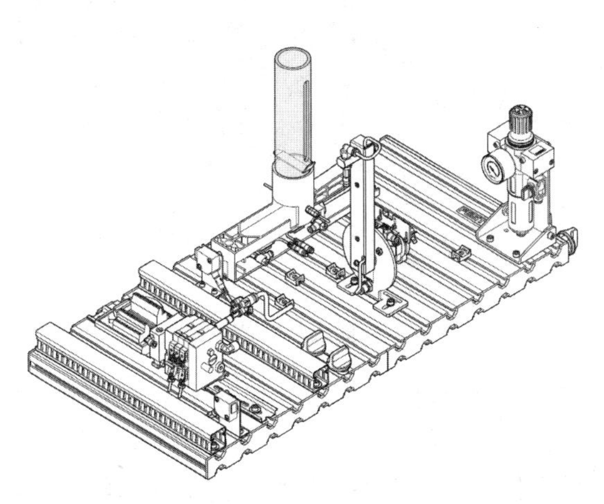

图 7-1 供料单元

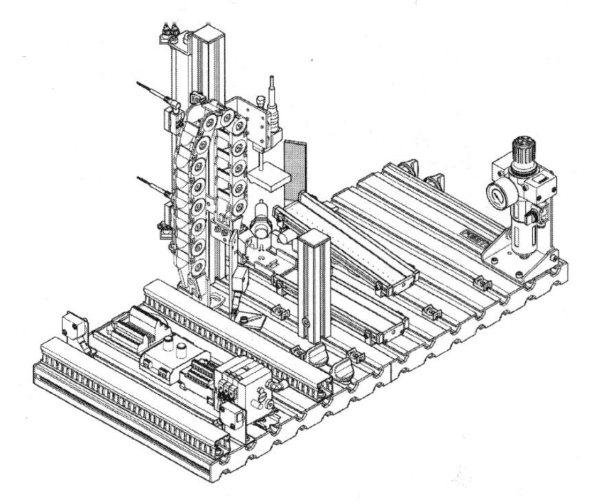

图 7-2 检测单元

（3）加工单元：分度盘下有电感传感器，当电感传感器得到信号时电机自动停止，这样保证六个分度，在一个加工位置是模拟的钻，第二个加工位置是模拟的磨，在磨削时下面气缸会先夹紧工件，到第三个位置时摆动缸摆动，工件送到下一个传送带上，如图 7-3 所示。

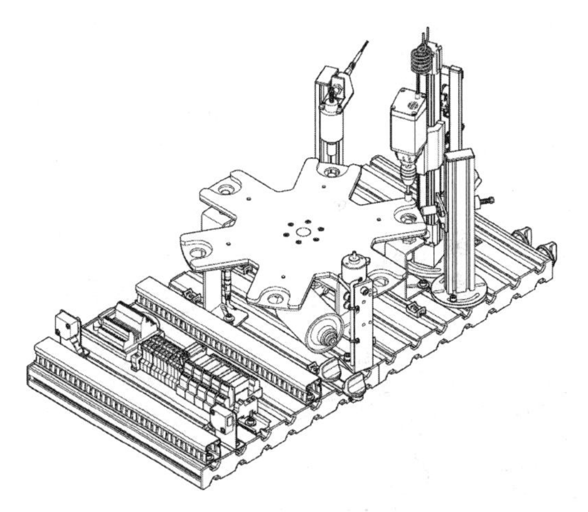

图 7-3 加工单元

（4）传送带：负责工件工位间传送。按功能区分，共有两种传送带。一种只负责传送工件。另一种带有一个检测工件中心位置高低的传感器，对应工件中心的高低，传感器会给出两种不同的状态。工件中心位置低的，传感器得到信号，传送带中间的摆动缸工作，将工件送往下一个工作单元；工件中心位置高的，传感器不得信号，传送带中间的摆动缸不工作，传送带把工件送到另一个单元。

（5）分拣单元：此工作单元根据电感传感器和光电传感器所得到的不同信号来区分出三种工件，可以将上一单元传送过来的工件按颜色或材质的不同，分别从不同的滑槽分流，如图 7-4 所示。

（6）提取与安装单元：工件到达传送带中间挡块位置时，提取机构工作，利用真空把表盘吸取到工件上，其中吸盘是带褶皱的软管，这样可以适应不同的表盘放置角度，如图 7-5 所示。

（7）压紧单元：第一个传感器得到信号后，夹紧机构夹紧工件，然后旋转 90°到压紧机

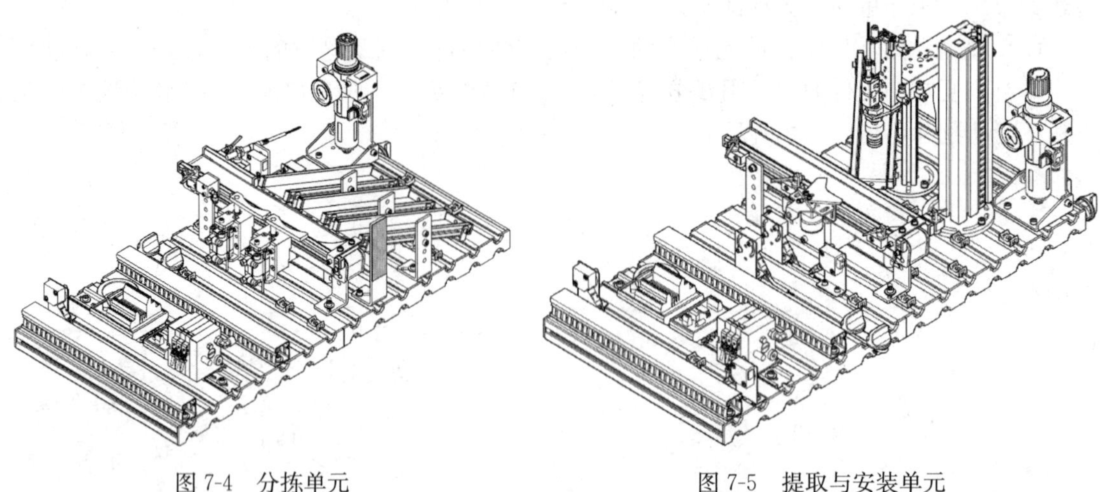

图 7-4 分拣单元　　　　图 7-5 提取与安装单元

构位置；压紧机构把表盘和工件压紧，再旋转 90°后，直行机构送工件到下一个工作单元，如图 7-6 所示。

（8）提取单元：工件到达后，第一个传感器得到信号，气抓手会工作，向下伸抓取工件，气抓手上装有光电传感器，抓上工件后有 0、1 两种不同状态，可以把黑色和红色两个颜色的工件区分开来，按气缸上两个传感器的位置分别放到两个不同的仓中，如图 7-7 所示。

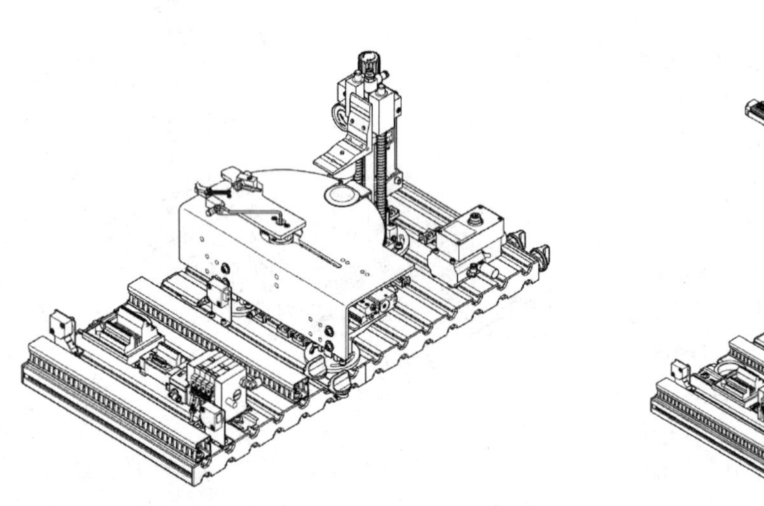

图 7-6 压紧单元

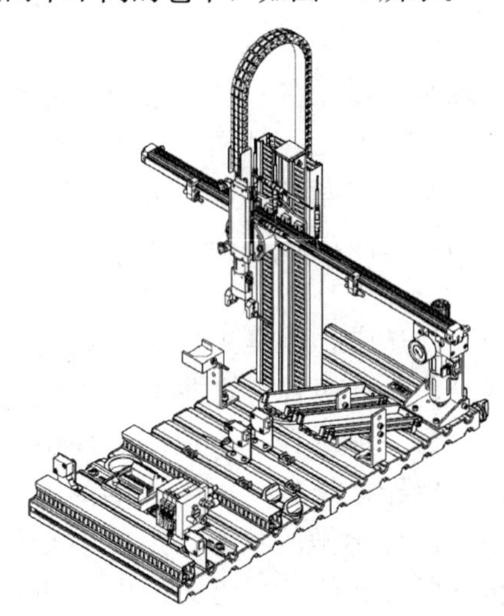

图 7-7 提取单元

7.1.4 SIMATIC S7-300 PLC 简介

SIMATIC S7-300 PLC 属于模块化中型 PLC 系统，可以满足中等性能要求的应用。它采用模块化、无排风扇的结构，易于布置安装，可自由扩展，便于掌握使用。

SIMATIC S7-300 的应用领域广泛，主要包括专用机床、纺织机械、包装机械、汽车工业、塑料加工、食品和烟草工业、楼宇自动化、电器制造工业及相关产业等。

1. S7-300 PLC 的特点

（1）S7-300 PLC 体积小巧、功能强大。SIMATIC S7-300 具有多种可供选择的 CPU，

如带集成I/O接口的CPU、集成通信接口的CPU，因此它可以满足特殊应用。集成有多点接口（MPI）的CPU，可以很容易地利用多点接口建立一个小型网络；带有集成的PROFIBUS-DP接口的CPU，利用PROFIBUS-DP接口可以很方便地组成一个工业控制网络，满足现场数据通信的要求。集成的PID控制器可作为参数化的连续作用的控制器或作为阶跃作用的控制器，可应用于压力、温度或流量的控制。

（2）S7-300 PLC具有良好的安全性。所有的CPU都装有安全系统，它可以可靠地保护整个数据库，通过一个钥匙开关可以防止越权存取数据和偶然性的错误操作，还可以通过口令保护整个程序或各个程序块。如果确实需要保护数据的安全，可以将用户数据存储在存储卡内，储存在存储卡内的数据不会因断电而丢失。

（3）模块化的结构。S7-300 PLC采用模块化的结构，这种结构可以使用户根据当时的实际需要随时进行扩展，使其能够很好地适配于各种类型的应用场合。S7-300 PLC的扩展模块主要有信号模块、功能模块、通信处理器模块、接口模块、空位模块等。

1）信号模块。其种类很多，有各种类型的数字量和模拟量的I/O模块，几乎包括适用于各种类型信号的模块；还有具有中断处理能力和诊断功能的数字量和模拟量模块，可用于危险区域的数字量和模拟量模块。

2）功能模块。功能模块是专为实现某些特殊的功能而设计的模块，包括计数/测量功能，以及各种类型的定位控制、凸轮控制和闭环控制等功能。

3）通信处理器模块。通信处理器模块用于连接网络和点对点连接。

4）接口模块。接口模块用于多机架配置的SIMATIC S7-300 PLC各机架之间的连接。

5）空位模块。空位模块用于备用槽，其重要作用是用来保留尚未参数化的信号模块所用的槽。当用信号模板替代时，无须改变硬件设计（如整个配置的地址分配）。

2. S7-300 PLC的程序设计软件

STEP7-Lite软件包或STEP7软件包是对S7-300编程的基本环境，通过它们能以简单的方式、友好的用户界面使用S7-300的全部功能。该工程软件还包含自动化项目中所有阶段（从项目组态到调试、测试及服务）的功能。

（1）STEP7-Lite软件包。STEP7-Lite是一种低成本、高效率的软件，使用SIMATIC S7-300可以完成独立的应用。STEP7-Lite的特点是能非常迅速地进入编程和简单的项目处理，但是它不能和辅助的SIMATIC软件包（如工程工具）一起使用。用STEP7-Lite编写的程序可以由STEP 7进行处理。

（2）STEP7软件包。STEP7是一个功能很强大的软件，使用STEP7可完成较大或较复杂的项目，如需要用高级语言或图形化语言进行编程或需要使用功能及通信模块的场合。STEP7与辅助的SIMATIC软件包兼容。

（3）工程工具。工程工具是SIMATIC的辅助编程软件，是一种以面向任务的方式、友好的用户界面对自动化系统进行编程的高级语言。它不是用户编程所必需的，用户可以根据需要选择使用。

SIMATIC提供的用于编程的工程工具有以下几种：

1）S7-SCL（结构化语言）：一种基于PASCAL的高级语言，用于SIMATIC S7/C7控制器的编程。

2）S7-GRAPH：对顺序控制进行图形组态，用于 SIMATIC S7/C7 控制器的编程。

3）S7-HiGraph：使用状态图对顺序或异步的生产过程进行图形化描述，用于 SIMATIC－S7/C7 控制器的编程。

4）CFC（连续功能图）：通过复杂功能的图形化内部连接生成工艺规划，用于 SIMATIC－S7 控制器的编程。

工程工具特别适用于解决较大的、复杂的控制任务的场合，但相应地它需要较高等级的 CPU 作为支持。CPU 与工程工具的关系如下：所有的 CPU 均能使用 STL、LAD 和 FBD 基本语言进行编程；如需使用 S7-SCL 高级语言，建议选择 CPU313C、CPU314 或更高等级的 CPU；如需使用图形化语言（S7-GRAPH 、S7-HiGrahp 和 CFC），建议选择 CPU314 或更高等级的 CPU。

7.2 S7 硬件基础及操作编程

7.2.1 S7 硬件系统构成

系统主要组成部件：电源模板（PS），中央处理单元（CPU），数字量输入/输出和模拟量输入/输出信号模板（SM）、通信处理器（CP）、功能模板（FM），如图 7-8 所示。

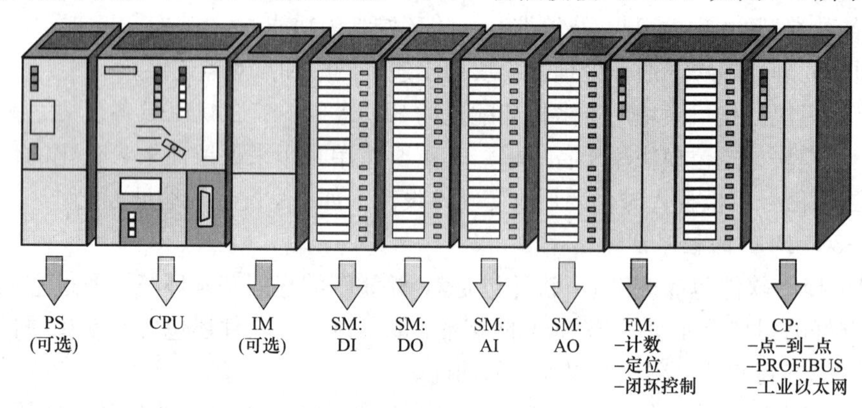

图 7-8 S7 300 系列模块式 PLC 系统组成

1. PLC 的中央处理器

PLC 都是选用主流芯片厂家的微处理器芯片作为中央处理器，因此，所选芯片性能在很大程度上决定着 PLC 的性能与扩展能力。衡量 CPU 品质最主要的两个指标是运算器位数与 CPU 工作频率。厂家通常不直接给出 CPU 型号或 CPU 运算器位数，而是通过不同产品系列加以区分。例如，西门子 PLC 分为 200 系列、300 系列与 400 系列，S7-200 系列采用的是 16 位微处理器，S7-300 系列采用的是 32 位微处理器，因此，S7-200 与 S7-300 在运算速度、可支持的最大 I/O 点数和可扩展能力方面具有非常显著的区别。此外，厂家通常通过给出 PLC 单步位指令执行时间的多少间接地给出 CPU 的运行速度。例如，松下 FP1 系列 PLC 基本位指令的执行时间为 1.6 μs/步，西门子 300 系列基本位指令的执行时间为 0.1～0.6μs/步。

2. 存储器

存储器主要用来存储程序与数据。在可编程控制器中有三种存储芯片：ROM 芯片用来存储可编程控制器生产厂家编写的监控程序（即PLC的操作系统）；Flash ROM（闪存）用来存储可改写的用户程序；RAM用来存储程序运行中的数据，包括输入/输出映像区、软继电器区、用户变量区等。在选用PLC时，用户程序可占用的存储空间是一个重要参数，通常厂家通过给出用户程序的最大语句步数来表示程序存储空间的大小。

3. 输入端口与输出端口

可编程控制器的输入端口与输出端口数字量I/O端口与模拟量I/O端口，数字量I/O端口的输入/输出能力用输入点数与输出点数表示，模拟量I/O端口的输入/输出能力用通道数与A/D转换位数来表示。

4. PLC硬件技术指标

可编程控制器硬件技术指标主要有以下几方面的内容：

（1）CPU性能。CPU的速度通过单步位指令执行时间给出。例如，西门子CPU31X的布尔指令执行时间为0.1～0.6μs/步，CPU41X的布尔指令执行时间为0.06～0.1μs/步；三菱PLCQ02CPU LD指令执行时间为0.079μs/步，MOV指令执行时间为0.245μs/步。

（2）用户程序容量。PLC用户程序存储区容量有两种表示方式。一种是给出用户程序的最大允许步数。例如，三菱PLC FX2N程序容量内置8k步，使用扩展内存盒可扩展到16k步；松下FP1系列程序容量2.7k步，FP2系列16k步。另一种是直接给出程序存储器容量，如西门子系列PLC；或给出允许的量大扩展容量，如西门子CPU315-2DP 6ES7 315-2AF01-0AB0具有48kB工作内存，通过插入式存储卡，量大可扩展为8MB。

（3）I/O点数与AI/AO通道数。I/O点数给出了PLC能够外接的开关量输入/输出点数。一般将I/O点数小于240的称为小型PLC，如西门子S7-200系列PLC；点数介于240～1000的称为中型PLC，如S7-300系列PLC；点数大于1000的称为大型PLC，如S7-400系列PLC。整体式PLC，其输入/输出点数是固定的，通常直接给出。例如松下FP1 C40为24入16出，共40点。模块式PLC的输入/输出点数则由实际扩展的数字量I/O模块点数决定。例如使用西门子S7-300系列模块式PLC，CPU模块选择6ES7 314-1，数字量I/O模块选择一块6ES7 323-1与一块6ES7 321-7，第一模块为16入16出的数字量I/O模块，第二模块为16入的数字量输入模块，故该系列的I/O点数为32入16出，共48点。对于模块式PLC，通常会给出其可扩展的最多点数。例如S7-300系列，CPU采用31X的PLC最多可扩展32个I/O模块，每个模块最多32点，最大点灵敏为1024点。

各种PLC的模拟量I/O接口都是通过扩展模块的方式构成的。例如，西门子S7-300系列模块6ES7 334-0KE80-0AB0，包括4路12位的模拟量输入与2路12位的模拟量输出。其中，A/D、D/A转换位数决定转换精度与分辨率，当转换位数为n时，分辨率为满量程的$1/2^n$。如使用上述模块测量量程为0～10V，则分辨率为（10×1/4096）V＝0.002 44V＝2.44mV。

7.2.2 S7-300的配置

（1）PLC的编址见图7-9。地址分配原则如下：

1）确定数字量信号地址：每个槽位占4个字节，递增。

2）确定模拟量信号地址：每个槽位占16个点，递增。

（2）基本单元的编址见图7-10。

（3）近程扩展。确定数字量信号地址见图7-11，确定模拟量信号地址见图7-12。

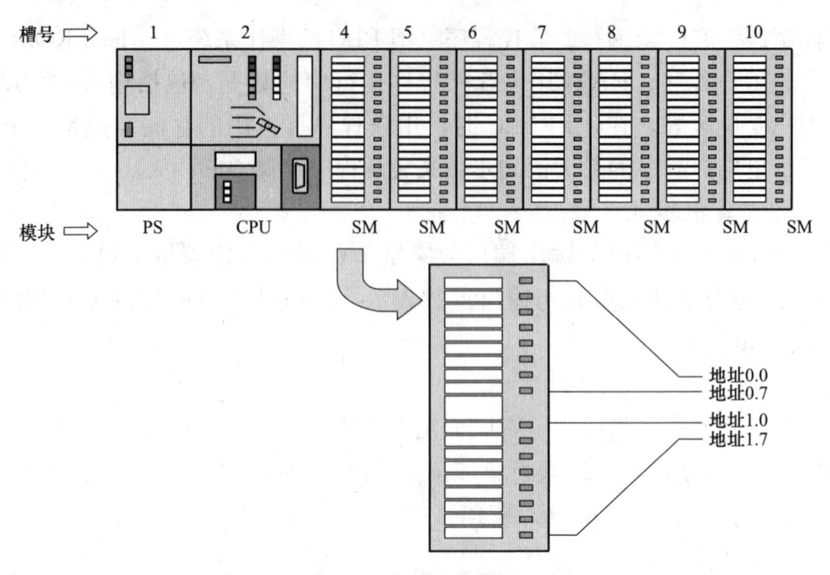

图 7-9 PLC 的编址

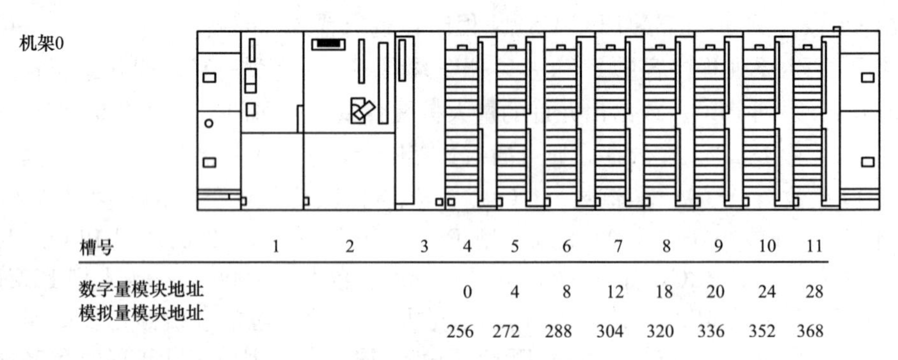

图 7-10 基本单元的编址

机架											
机架3		PS	IM(接受)	96.0 to 99.7	100.0 to 103.7	104.0 to 107.7	108.0 to 111.7	112.0 to 115.7	116.0 to 119.7	120.0 to 123.7	124.0 to 127.7
机架2		PS	IM(接受)	64.0 to 67.7	68.0 to 70.7	72.0 to 75.7	76.0 to 79.7	80.0 to 83.7	84.0 to 87.7	88.0 to 91.7	92.0 to 95.7
机架1		PS	IM(接受)	32.0 to 35.7	36.0 to 39.7	40.0 to 43.7	44.0 to 47.7	48.0 to 51.7	52.0 to 55.7	56.0 to 59.7	60.0 to 63.7
机架0	PS	CPU	IM(发送)	0.0 to 3.7	4.0 to 7.7	8.0 to 11.7	12.0 to 15.7	16.0 to 19.7	20.0 to 23.7	24.0 to 27.7	28.0 to 31.7
槽	1	2	3	4	5	6	7	8	9	10	11

图 7-11 数字量信号地址

机架		2	3	4	5	6	7	8	9	10	11
机架3		电源模块	IM（接收）	640 to 654	656 to 670	672 to 686	688 to 702	704 to 718	720 to 734	736 to 750	752 to 766
机架2		电源模块	IM（接收）	512 to 526	528 to 542	544 to 558	560 to 574	576 to 590	592 to 606	608 to 622	624 to 638
机架1		电源模块	IM（接收）	384 to 398	400 to 414	416 to 430	432 to 446	448 to 462	464 to 478	480 to 494	496 to 510
机架0	电源模块	CPU	IM（发送）	256 to 270	272 to 286	288 to 302	304 to 318	320 to 334	336 to 350	352 to 366	368 to 382
槽口号		2	3	4	5	6	7	8	9	10	11

图 7-12　模拟量信号地址

7.2.3　MPS 机电一体化培训系统 PLC 编程实例

下面以我中心现有设备为例，对编程的过程做分步指导说明。

（1）打开 S7 后，创建一个新的项目。输入项目名称，选择项目保存路径，见图 7-13。

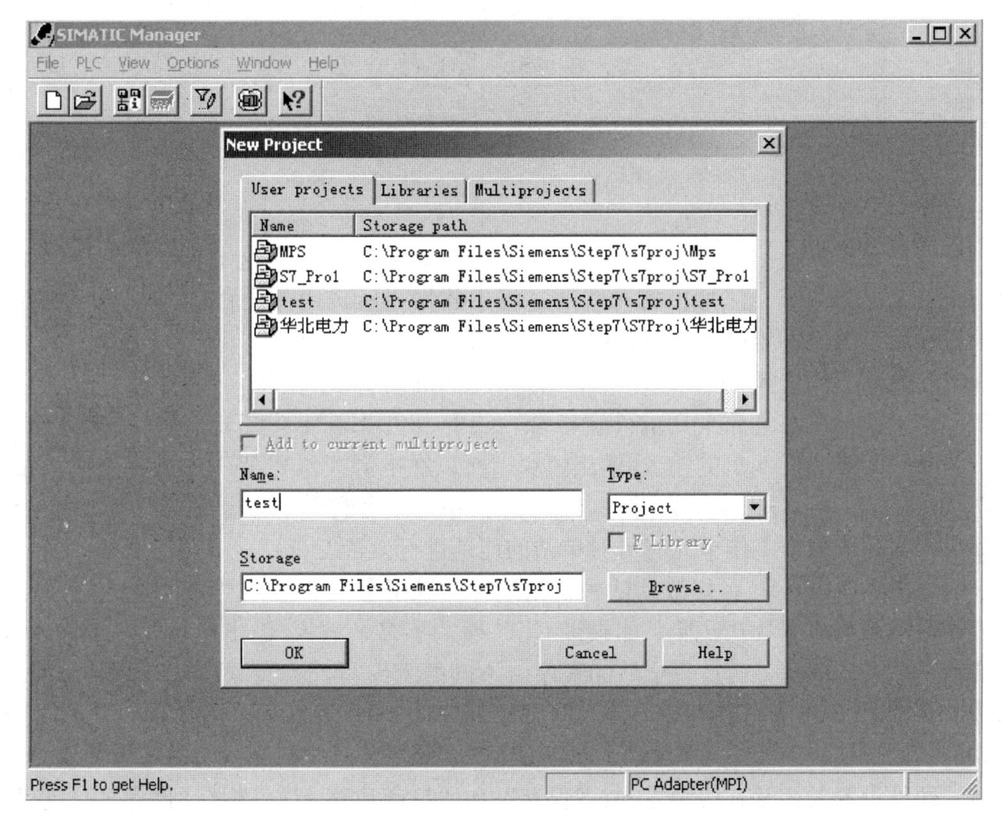

图 7-13　新建项目

（2）插入一个 SIMATIC 300 的站。可在建立项目上右键插入也可在 Insert 下拉菜单中选择，见图 7-14。

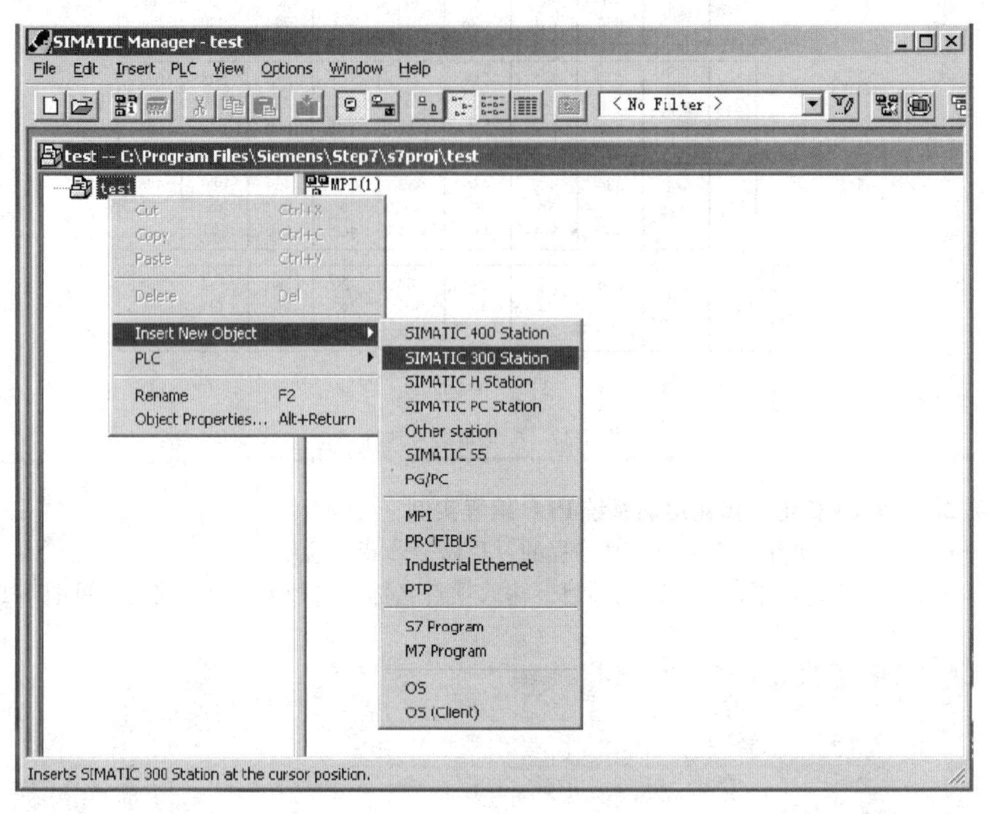

图 7-14　选择工作站

（3）选择硬件配置。如图 7-15 所示，打开 HARDWARE，在这里可以对工作单元的硬件进行设置，见图 7-15。注意：在设置的过程中软件里所选用的硬件应该与实际硬件相匹配，否则在后续编程下传过程中会报错。

（4）在界面右侧选择 SIMATIC 300，插入一个机架 Rail，见图 7-16。

（5）由于本校设备电源采用的外置电源，CPU 采用 S7 313C-2DP，这是一个集成式的 CPU，自带一组 16 进 16 出的输入/输出模块，所以在电源模块机架 1 的位置不填，在机架 2 的位置插入 CPU313C-2DP，见图 7-17。在单人单站编程时可不考虑 PROFIBUS 总线的设置，如果一人完成多个工作单元时可对单站的地址进行设置。

（6）双击 DI16/DO16，修改默认的初始地址，见图 7-18。修改初始地址的意义在于编程时往往习惯分配地址从 0 开始，如果该 CPU 插入了多个输入/输出模块，一个输入/输出模块带动一个工作单元，而且每个站的程序由不同的人编写，若大家都从 0 开始分配地址，会造成同一个 PLC 里会出现几个 0.0，进而导致工作单元的地址发生冲突，为此，需要修改默认的初始地址。

（7）硬件设置保存时有两种方式：“保存”和“保存并编译”。选择“保存”只是保存硬件设置；选择“保存并编译”，在编完程序后，硬件设置就会跟程序联系起来。为避免遗漏，建议直接选择“保存并编译”。保存完成后，可以将硬件设置下传至 PLC，或配置错误系统

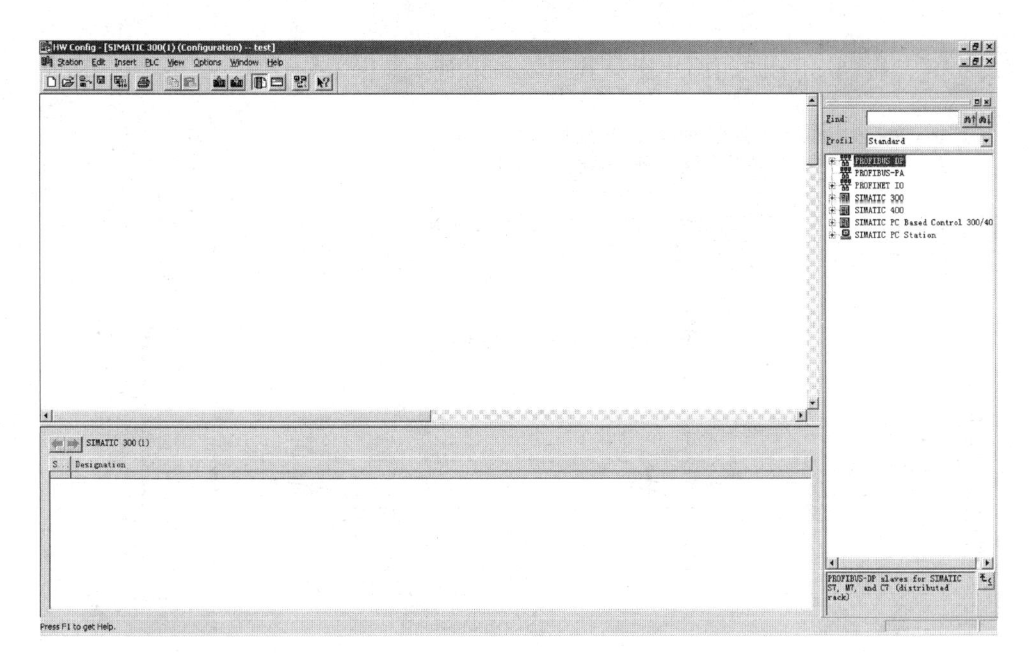

图 7-15　硬件设置界面

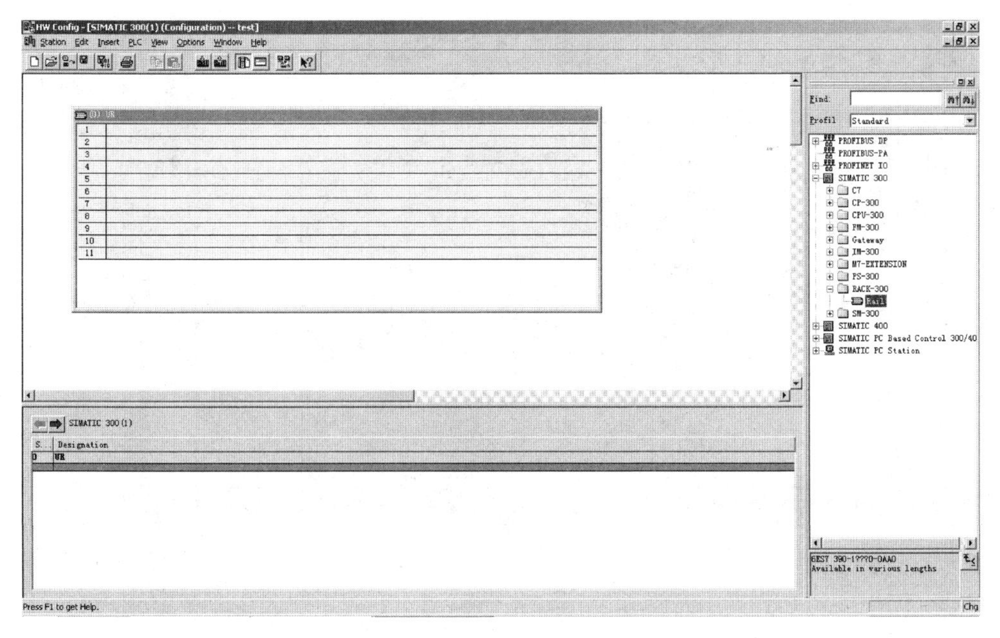

图 7-16　插入机架

会报警。

（8）S7 Program（2）中 Symbols 文件里需要填写该站所有的地址，另外备注上地址对应内容，Blocks 程序块里的地址会自动关联到 Symbols 文件里的内容，以方便编程。

（9）STEP7 生成 OB 块、FB 块、FC 块、变量表。其中，OB 块为组织块，一般称为主程序。PLC 在读程序时主要读 OB 块，由于 STEP 7 软件为模块化编程，所以一般用 FB、

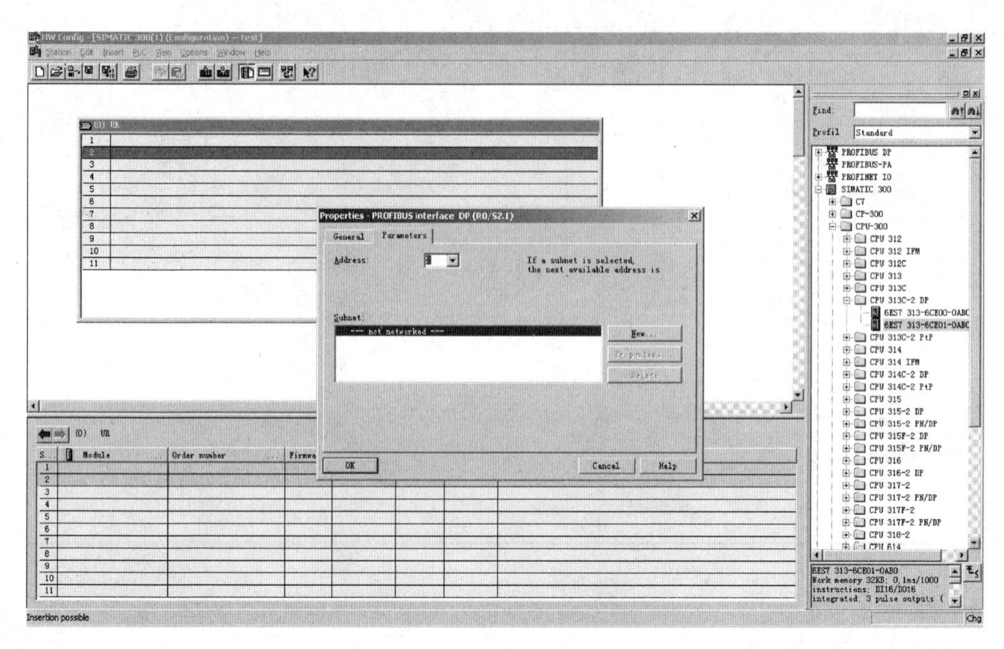

图 7-17 选择 CPU

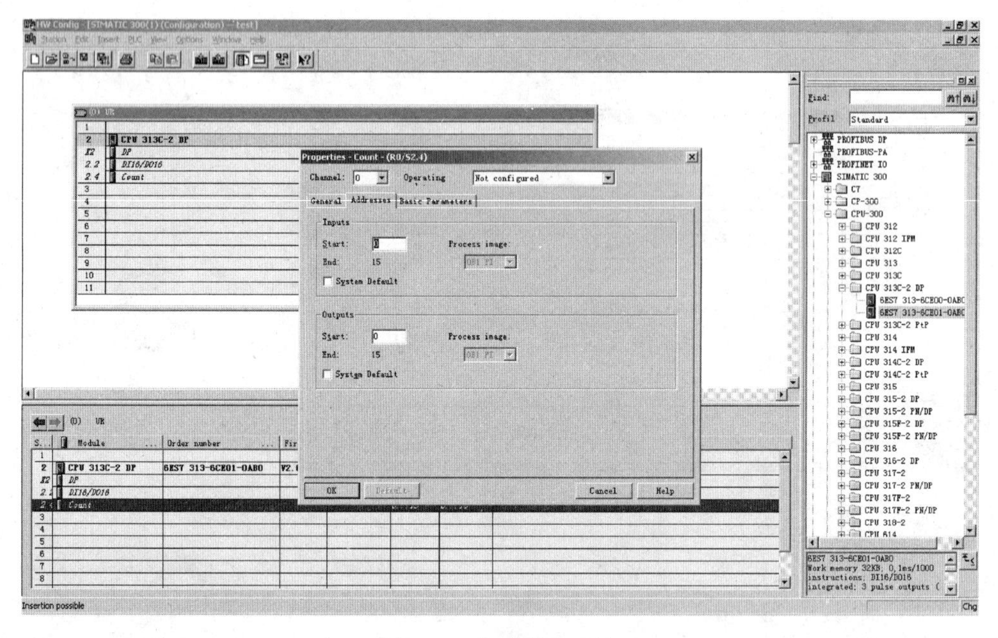

图 7-18 修改默认地址

FC 编写小程序块，然后在 OB 块中调用写好的程序块，这样相同的程序块可以相互借用。FB 块为功能块，其中有四种编程语言——梯形图、语句表、功能块和 GRAPH 语言，GRAPH 语言是对顺序控制进行图形组态，是一种比较简单易学的编程方法，一般用它编写顺序控制程序。FC 块的优先等级比 FB 块高，若二者里有相同条件满足，会先执行 FC 块，所以通常用 FC 块编写急停程序。变量表可以用来检查地址或在线控制工作单元上的执行动作。新建一个 FB1 块（见图 7-19），查找到工作单元上相应的地址，在 FB1 中把本工作单元的动作顺序按流程图的方式写出来。

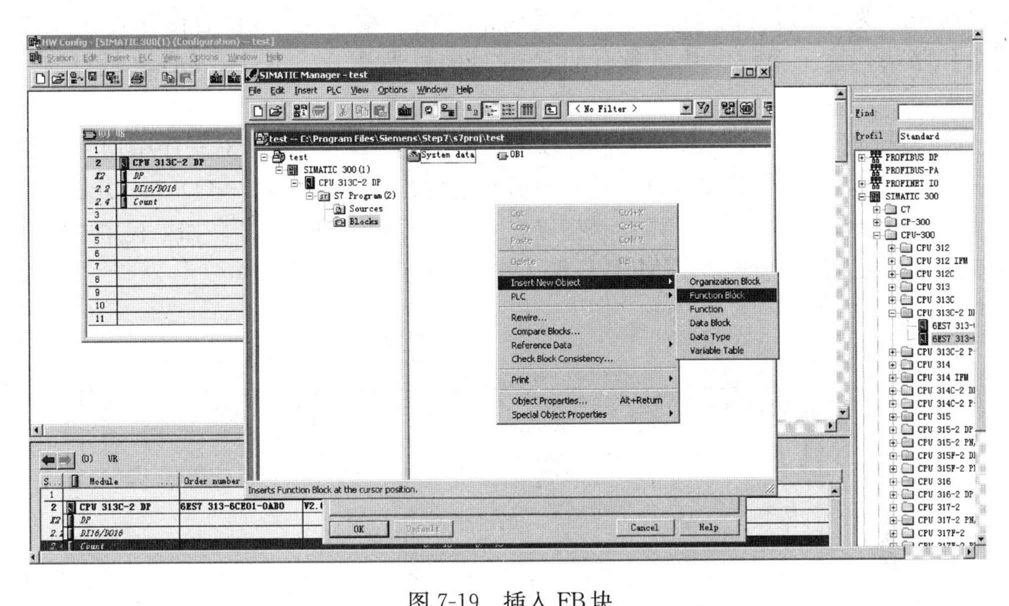

图 7-19　插入 FB 块

（10）编写 FB 程序块。程序树左侧为输入满足的条件，右侧为输入满足条件后执行输入的动作，如图 7-20 所示。左侧主要会用到或、与、非、等命令，右侧主要会用到地址置

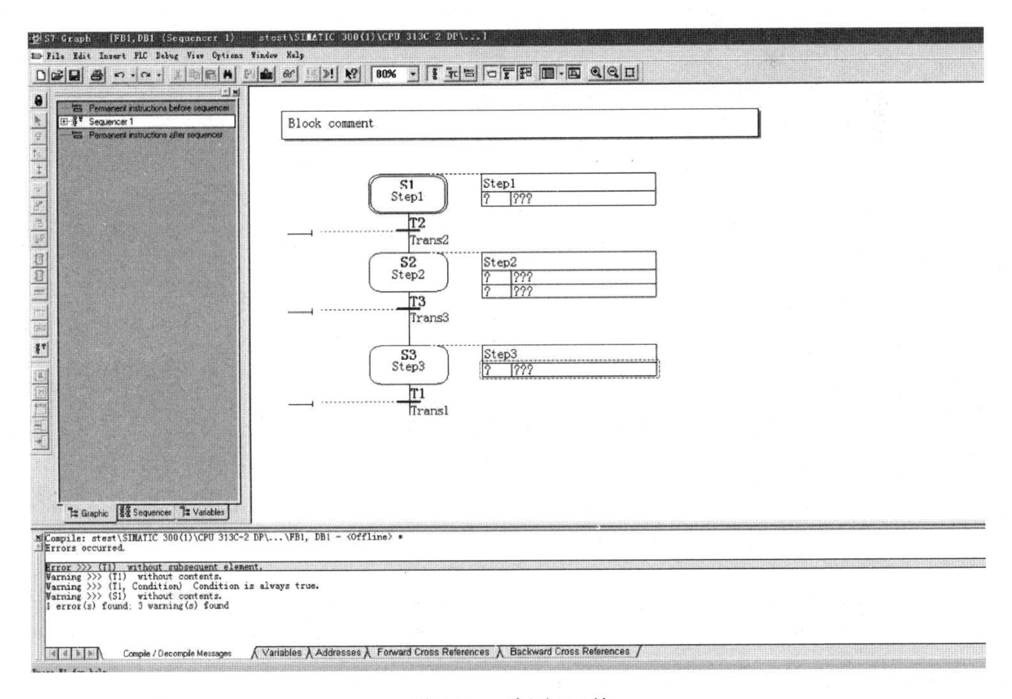

图 7-20　编写 FB 块

1、置0、延时等命令，其中，S为置1，动作连续执行、N也为置1，动作只执行一个脉冲、R为置0，动作停止、延时用D，延时需要自定义一个以M开头的延时地址，延时的时间格式为＃T××S，××为需要延时的时间。编写完FB块后保存，软件会自动生三个程序块，这三个程序块是软件自己编写的机器语言，其中，DB块是对应FB块的数据库。

（11）编写FC程序块。编写FC程序块时，可利用MOVE指令对程序中用到的输出地址置0，如图7-21所示。其中，QB0指以0开头的输出，包括Q0.0～Q0.7；QB1指以1开头的输出，包括Q1.0～Q1.7；MB0是指以0开头的所有中间继电器。如果程序中应用到更多的输出地址的话再增加相应的MOVE块。

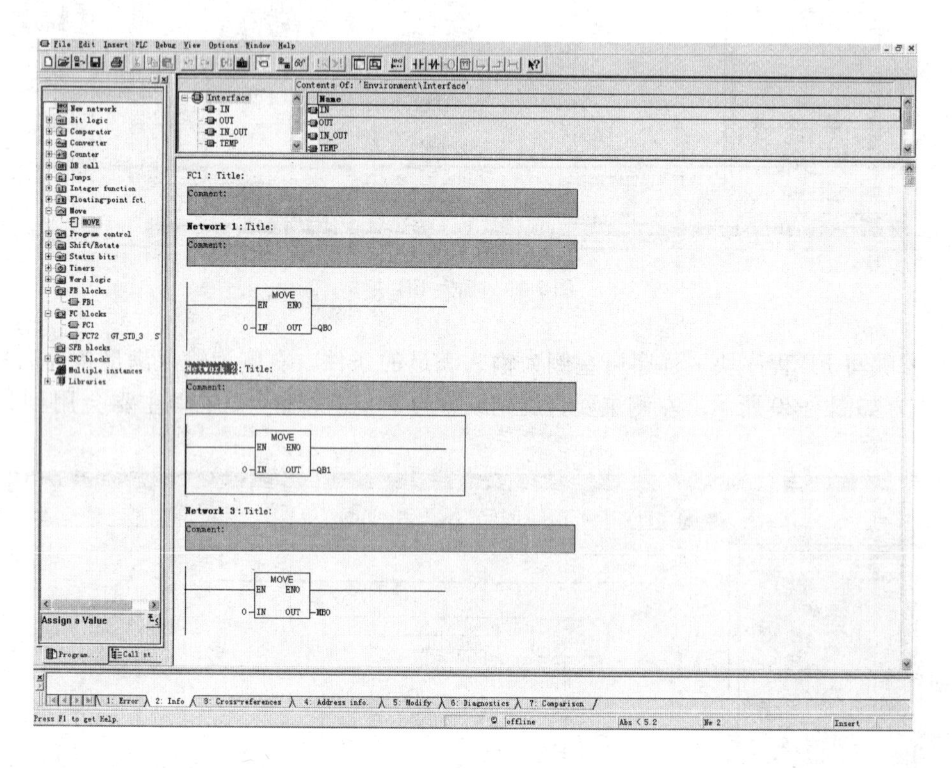

图7-21　编写FC块

（12）在OB1块中调用FB块和FC块。可以在“View”菜单中选择LAD格式，然后在左侧程序栏里选择之前编写的FB和FC块，拖至右侧Network下面横线上。调入FB块时注意要填写FB1的数据库块DB1，调入FC1时注意前面加上停止开关的地址，如图7-22所示。

（13）下传程序。配置DOWNLOAD端口为USB模式，然后将编程电缆一端接计算机USB口，一端接在相应工作单元PLC的端口上，单击“Download”命令，下传程序至PLC；如果有问题，再次修改程序并下传，直到程序运行无误为止。

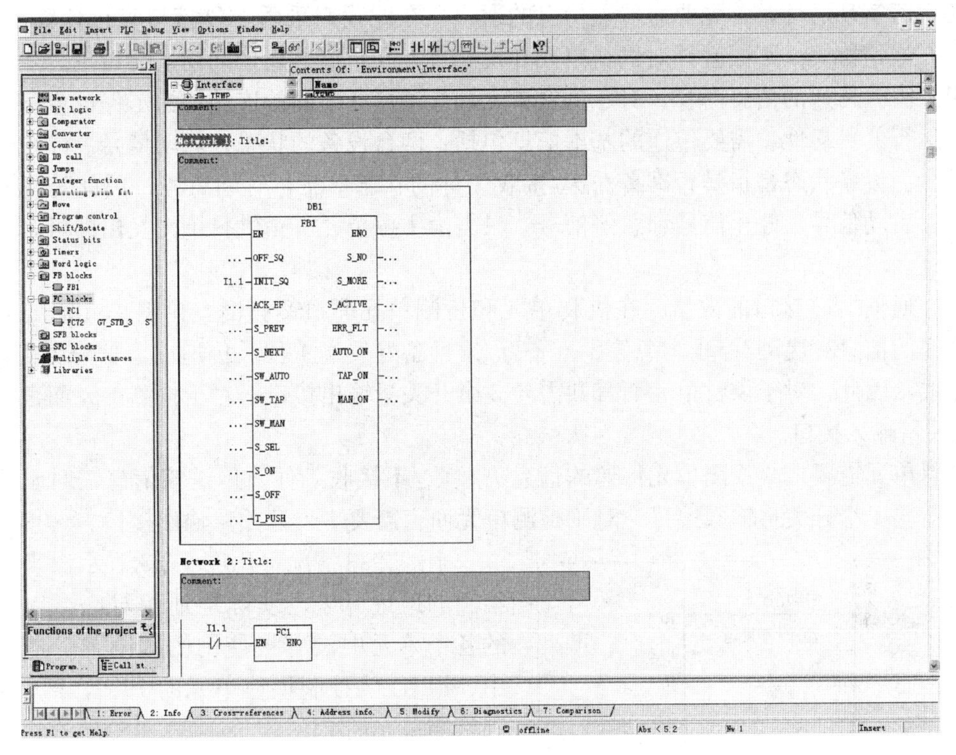

图7-22　在OB块中调用FB块和FC块

7.3　MPS的整体控制

前面介绍的是用一台PLC控制一台设备的控制方法，但是一台设备既可以由一台PLC控制也可以由两台PLC控制。用一台PLC控制时，该PLC需要具备足够I/O接口；用两台PLC控制时，就要涉及两台PLC之间的数据通信问题。实现的方法有多种，例如，通过现场总线方式、多点接口连接方式、I/O接口直接传输方式等。

由于在本系统中需要传输的数据很简单，而且每个单元都已经配备了PLC，并且都有一定数量的I/O接口未被使用，因此采用I/O接口直接传输的方式。

在本书中只介绍联机后自动控制功能的实现方法。

7.3.1　两个相邻工作单元之间的联机控制技术

本节主要介绍供料单元与检测单元联机后的控制技术。两个单元联机后，需要做两方面的工作：一个是硬件方面的，另一个是软件方面的。在硬件方面需要设计用于两个单元进行通信的I/O接口；软件方面需要更改两个单元的控制程序。

1. 通信I/O接口设计

当两个单元连接起来后，在运行时，两个单元就不再是完全彼此独立的了，而是相互制约。在供料单元和检测单元联机后，供料单元供料时要判断检测单元是否做好了接收准备，而检测单元要求供料单元供料时，也要确认供料单元是否准备好了输送工件，否则它们就不能协调地运行。供料单元和检测单元之间的这种协调关系是通过进行信息的交换（通信）来解决的。若实现通信，首先要有传递信息的通道，在此我们采用I/O接口直接传输的方式；其次要有通信协议。下面就针对供料单元和检测单元联机后的通信问题进行讨论。

（1）需要传递的信息内容。对于供料单元和检测单元之间的连接，为了保证设备的正常运行和运行的可靠性，需要传递的基本信息包括：两台设备的状态；启动信号、停止信号和急停信号。设备状态是指是否准备发送/接收工件的状态信息，有问有答，因此是双向的信息交换。启动信号、停止信号和急停信号，只需由主控单元——供料单元发出即可，因此是单向信息。

（2）通信I/O接口的数量。在供料单元和检测单元联机运行时，供料单元需要向检测单元传递的信息有启动/停止、急停、准备好/未准备好发送工件。传递以上信息各需要用1位数据线，因此，对于供料单元而言共需要3个开关量输出接口，对于检测单元而言则需要3个开关量输入接口。

供料单元需要接收检测单元传递的信息有接收/不接收工件。传送该信息，对于供料单元而言需要1个开关量输入接口，对于检测单元而言需要1个开关量输出接口。

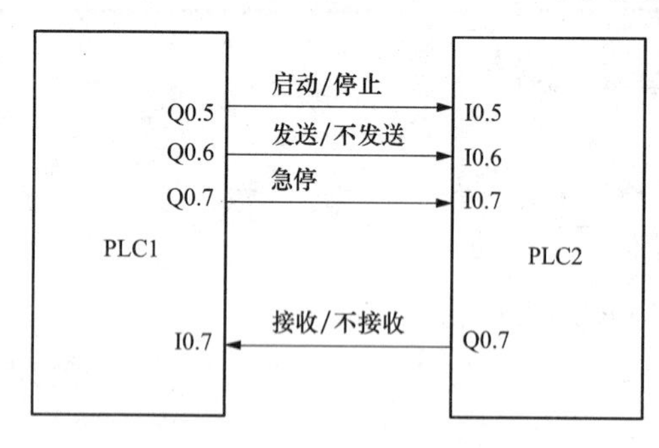

图7-23 I/O接口

上述接口情况可用图7-23表示出来。图中给出的地址并未与实际地址相对应，均为假设的各个单元中没有被使用的“闲置”地址。其中，PLC1为控制供料单元的PLC，PLC2为控制检测单元的PLC。

（3）各单元的控制开关安排。供料单元为MPS的第一个单元，因此MPS的各个功能控制开关设置在供料单元以利于操作控制。从一般生产设备应该具备的控制功能的角度来说，供料单元可以设置的控制开关包括自动/手动转换控制开关、启动控制开关、停止控制开关、急停控制开关、复位控制开关。

根据设备控制的实际要求，设备的复位操作是要有一定的顺序的，应该按照倒序规律进行复位，即按照分拣单元—操作手单元—加工单元—检测单元—供料单元的顺序进行复位。在上述的PLC控制设计方案中，各个单元的复位采用分别控制的方式比较方便。因此，该单元的复位控制开关只控制本单元的复位。

2. 控制程序的编写与调试

（1）程序的编写。在前面的章节中已经讲述了各个单元在独立运行时的控制程序的编写方法，联机后各个单元的控制功能与工艺过程没有大的变动，只是各个单元在运行条件上增加了一些相邻单元的信息，因此在实现上并不困难，无须重新从头编写各单元的控制程序，只在原有的程序上稍加改动即可。

联机后，修改过的供料单元自动控制功能下的工艺流程如图7-24所示。主要的修改部分已经用楷体字标出。检测单元的工艺流程也要做相应的修改，读者可自行练习。

在考虑联机后的工艺流程时，首要应考虑设备的安全问题，即考虑两个单元之间的机构是否会发生空间上的冲突。对于供料单元来说，在向检测单元发送工件时，检测单元的升降工作台必须始终处于最下端；从检测单元的角度来讲，其升降工作台在接收工件时除了要在最下端外，上升时必须要确认供料单元的摆臂已经不在工作台的上方。这个问题的解决是靠在两个单元之间进行信号交换来实现的，因此对交换信号的设计就成了关键，即必须确定好何时勿收信号、信号何时结束。

其次要考虑的是工作（生产）效率、节能等问题。虽然 MPS 是机构简单的模拟设备，但是也可以设计出不同的工艺过程，不同的工艺过程会产生不同的工作效率和不同的能量消耗，因此，在设计工艺过程时要加以考虑。

在确定了工艺流程的基础上便可编写控制程序。可参考如图 7-24 所示的工艺流程先编写出相应的程序流程，然后再编写出供料单元的控制程序。

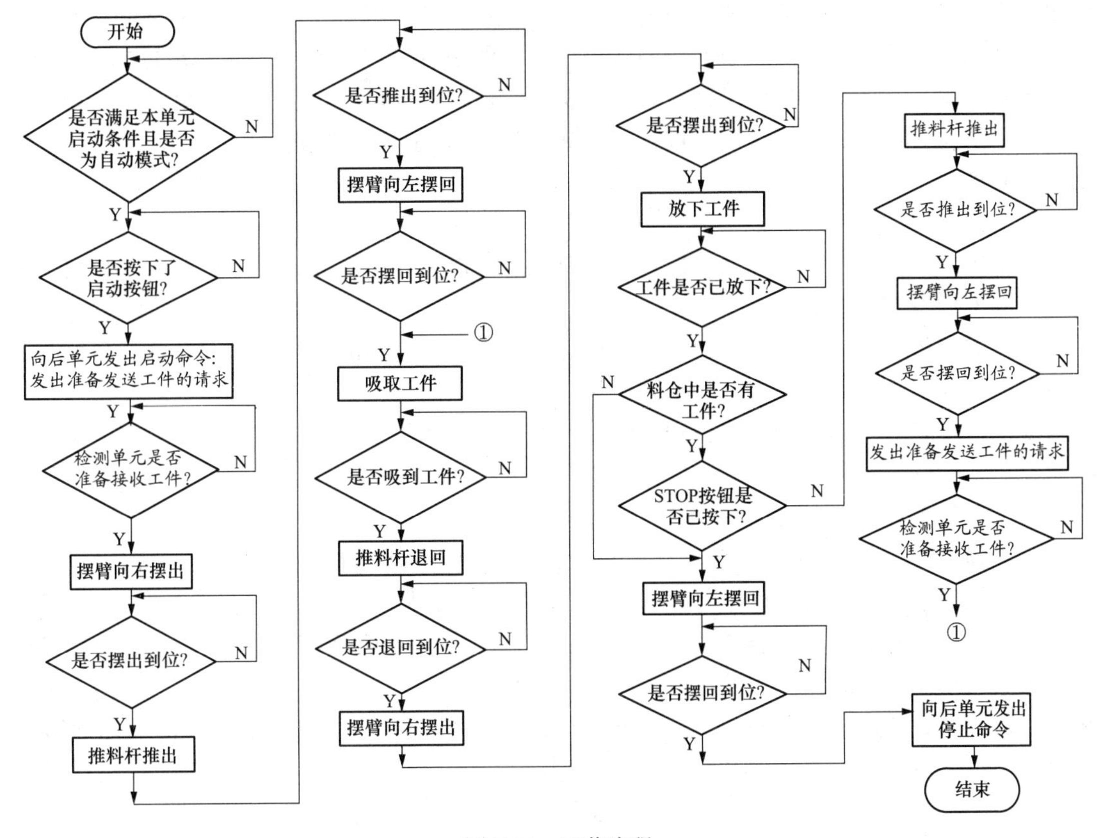

图 7-24　工艺流程

检测单元与供料单元联机后，检测单元程序的修改并不复杂，请参照供料单元自行修改。

（2）程序的调试。当供料单元和检测单元的程序都修改好以后，经过仔细检查就可以进行联机调试。

调试时，首先按照设计好的通信接口地址，将两个单元的 PLC 接口连接好，但是请先不要将两个单元实际连接起来，彼此应当保持一定的距离，距离以两个单元在工作时不发生接触为准，目的是在程序发生错误时避免造成两个单元的机构发生碰撞。然后就可以运行调试了。

在调试过程中，因为两个单元并未实际连接在一起，因此，供料单元送出的工件并不能实际落到检测单元的工作台上。所以在该环节上要通过人工“辅助”，将供料单元送出的工件用手接住，与此同时在检测单元的工作台上放上另一个工件，用这种方法就解决了因为两个单元未连接在一起而造成无法实际输送工件的问题。

上面介绍的是供料单元和检测单元之间的联机控制，读者也可以将检测单元和加工单元、加工单元和操作手单元、操作手单元和分拣单元分别连接起来进行控制。

7.3.2 三个相邻工作单元之间的联机控制技术

下面介绍供料单元、检测单元和加工单元联机后的控制技术。对于三个相邻工作单元之间的联机控制，同样需要做即硬件和软件两个方面的工作。在硬件方面需要设计的是用于两个单元进行通信的I/O接口；在软件方面需要更改检测单元和加工单元的控制程序。

在这三个单元中，以供料单元作为首控单元，即联机后在自动工作模式下工作时，控制权在第一个单元——供料单元。而有些控制功能的控制权则可能要分到各个单元，如复位控制功能、手动单步控制功能（用于设备安装或维修后的调试）。在此只介绍联机后自动控制功能的实现方法。

1. 通信I/O接口设计

三个单元联机运行时的通信接口与两个单元的接口一样。下面只介绍检测单元和加工单元之间的I/O接口设计。

（1）需要传递的信息内容。对于检测单元和加工单元之间的连接，与供料单元和检测单元之间的连接基本类似，只是增加了颜色信息。

颜色信息是指经过检测单元识别后的工件颜色，颜色信息要与工件一起准确地传送给加工单元。工件的颜色共有三种：红、黑、银白。

（2）通信I/O接口的数量。

1）检测单元。检测单元需要向加工单元传递的信息有启动/停止、急停、准备好/未准备好发送工件及三种颜色信息。传送“启动/停止”“准备好/未准备好发送工件”“急停”信号各需用1位数据线，共需要3个开关量输出接口。对于三种颜色信息，最简单的方法是使用3根数据线传送，显然占用的接口资源是最多的。为了节省有限的接口资源，采用2根数据线进行传送，编码规则见表7-1。因此，检测单元在与加工单元联机工作时，需要5个PLC的开关量输出接口。检测单元在向加工单元发送工件前需要查看加工单元发来的是否允许发送工件的信息，因此需要1个开关量输入接口用于接收该信息。

表7-1 颜色信息编码规则

数据线	工件颜色		
	黑色	银白色	红色
1	0	1	0
2	0	1	1

2）加工单元。根据检测单元的分析，加工单元需要有5个开关量的输入接口与检测单元的5个输出接口对应，分别用于接收“启动/停止”“发送/不发送”“急停”及“颜色”信息；需要一个输出接口用于发送本单元的“接收/不接收”的信息。

将上述接口情况用接口图的形式表达出来，如图7-25所示。图中给出的地址与实际地址并不是相对应的，均为假设的各个单元中没有被使用的“闲置”地址。其中，PLC2为控制检测单元的 PLC，PLC3 为控制加工单元的 PLC。

2. 控制程序的编写与调试

（1）程序的编写。前面已经讲述了供料单元与检测单元在联机后如何修改两个单元的自动控制功能下的工艺流程等问题，现在由于在其基础上又增加了一个加工单元，所以除了加工单元的工艺流程需要修改外，检测单元的工艺流程也需要进行相应的修改。

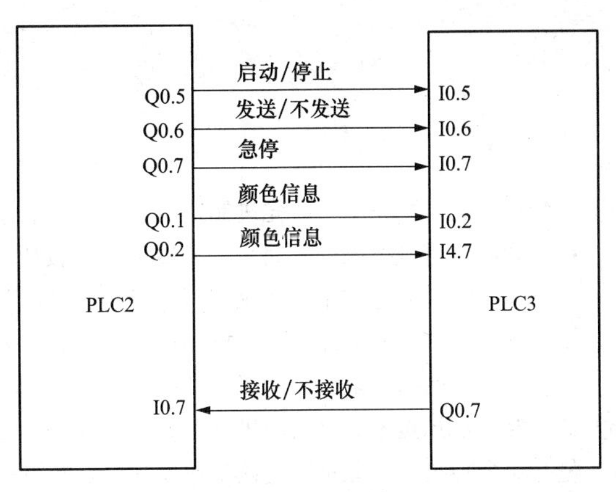

图 7-25　I/O 接口

在修改加工单元的工艺流程、程序流程时，最关键的是要解决好颜色信息的接收与传递问题。由于在加工单元中共有 4 个工位，每一个工件在加工单元上都要经过这 4 个工位，理论上在某一个时刻供料单元上的工件数量最多可以是 4 个，而这 4 个工件中的每个工件的颜色都是 3 种颜色中的一种，即工件的颜色具有不确定性。但是工件的颜色应当是与工件始终保持一致的，也就是说颜色要随着工件"走"、工件转一个工位该工件的颜色也要随之"转"一个工位。这样才能保证工件在经过本单允的加工后，其颜色保持不变。将这个问题解决好了，加工单元的程序编写也就不成问题了。

（2）程序的调试。调试程序的前提必须是已经认真地检查过了程序，并且没有错误。

在调试前，先将供料单元、检测单元、加工单元依次连接在一起，然后将两两单元之间的 PLC 的接口线进行正确连接。注意，该做法的前提是供料单元与检测单元的联机调试已经成功完成。

调试时，请用 STEP7 软件的功能监视工件的颜色是否按照规律准确地进行了传送。

3. 多个工作单元之间的联机控制技术

在 MPS 中，多个单元的结构基本上可以反映出一个实际的生产加工过程：毛坯自动上料—毛坯质量检测加工—加工质量检测—取走加工完毕的工件—按照一定的规律分拣或分装工件。只要按照上述控制方法上再增加后续单元，就可以实现多个单元的联机控制。

参 考 文 献

[1] 李梦群，庞学慧，王凡．先进制造技术导论，北京：国防工业出版社，2005.
[2] 戴庆辉．先进制造系统．北京：机械工业出版社，2006.
[3] 任小中．先进制造技术．武汉：华中科技大学出版社，2013.
[4] 李耀刚，王利华，邢预恩．机械制造技术基础．武汉：华中科技大学出版社，2013.
[5] 张艳蕊，王明川，刘晓微．工程训练．北京：科学出版社，2013.
[6] 杨有君．数控技术．北京：机械工业出版社，2005.
[7] 易红．数控技术．北京：机械工业出版社，2005.
[8] 魏峥，赵功，宋晓明．SolidWorks 设计与应用教程．北京：清华大学出版社，2008.
[9] 赵罘，龚堰珏，卢顺杰．SolidCAM 中文版计算机辅助加工教程．北京：清华大学出版社，2010.
[10] 王红．公差与测量技术．北京：机械工业出版社，2012.
[11] 梁荣茗．三坐标测量机的设计、使用、维修与检定．北京：中国计量出版社，2001.
[12] 郭慧明．三坐标测量机．北京：国防工业出版社，1984.
[13] 罗晓晔，王慧珍，朱红建．机械检测技术．杭州：浙江大学出版社，2012.
[14] 王瑞金．特种加工技术．北京：机械工业出版社，2011.
[15] 卢秉恒．机械制造技术基础．3 版．北京：机械工业出版社，2008.
[16] 吴怀宇．3D 打印三维智能数字化创造．北京：电子工业出版社，2014.
[17] 郭少豪，吕振．3D 打印：改变世界的新机遇新浪潮．北京：清华大学出版社，2013.
[18] 刘增辉．模块化生产加工系统应用技术．北京：电子工业出版社，2005.
[19] 朱思洪．机电一体化技术．北京：中国农业出版社，2004.
[20] 李书田．机电一体化职业培训教程．北京：中央广播电视大学出版社，2008.